高 等 数 学

主　编　刘　萍　贾　彪
副主编　曹　可　王翠菁
主　审　魏　勇

东 南 大 学 出 版 社
·南京·

内容提要

本书是依据教育部最新制定的《高职高专教育高等数学课程教学基本要求》和《高职高专教育人才培养目标及规格》编写而成的.

本书汲取了部分一线优秀教师实际教学中的教改成果和国内外同类教材的优点,更强调知识点引入的实际背景,突出知识的应用.全书内容包括函数与极限、导数与微分、导数的应用、不定积分(常微分方程简介)、定积分及其应用、数学建模简介等.除第 6 章外,书中每小节都附有习题,每章还附有复习题和自测题,题型丰富,题量大,便于学生自学.书中还编写了部分数学史知识和数学应用性阅读材料,以期学生开阔视野,增加数学修养,提升应用数学知识的能力.

本书可作为三年制高职高专、成人高等学历教育的数学教材,也可作为专升本或专转本学生自学的参考教材.

图书在版编目(CIP)数据

高等数学/刘萍,贾彪主编．—南京:东南大学出版社,2014.8

ISBN 978-7-5641-5129-4

Ⅰ.高… Ⅱ.①刘…②贾… Ⅲ.高等数学—高等职业教育—教材 Ⅳ.O13

中国版本图书馆 CIP 数据核字(2014)第 183982 号

高等数学

出版发行	东南大学出版社
社 址	南京市四牌楼 2 号(邮编:210096)
出 版 人	江建中
责任编辑	吉雄飞(办公电话:025-83793169)
经 销	全国各地新华书店
印 刷	兴化印刷有限责任公司
开 本	700mm×1000mm 1/16
印 张	13.75
字 数	270 千字
版 次	2014 年 8 月第 1 版
印 次	2014 年 8 月第 1 次印刷
书 号	978-7-5641-5129-4
定 价	28.00 元

本社图书若有印装质量问题,请直接与营销部联系,电话:025-83791830。

前　言

20 世纪 90 年代以来,随着我国高等教育的不断调整、改革,高等职业技术教育得到了迅猛发展,一大批以普通高中毕业生和中等职业技术学校毕业生为生源,以培养经济建设和社会发展急需的中高级应用型、技能型人才为目标的高等职业技术学院应运而生.

高等数学作为高等职业技术教育的一门必修的公共基础课,是学生学习有关专业知识、专门技术及获取新知识和能力的重要基础,具有很强的工具功能;同时,高等数学也对提高学生的文化素质,培养其逻辑思维能力以及分析问题、解决问题的能力有着重要影响.

本教材是在认真研究、领会教育部制定的《高职高专教育高等数学课程教学基本要求》的基础上,结合编者多年高等数学教学的经验,并吸收其他同类教材的优点,综合考虑目前高职高专生源的具体状况编写而成的.本教材具有以下特点:

(1) 每章前都有本章的学习基本要求,使学习者学习时目标更明确.

(2) 尽量从知识的实际背景出发引入知识,注重概念与定理的直观描述,淡化了数学理论,逻辑推理做到适可而止.

(3) 除第 6 章外,书中每小节后配有相应的习题,供学习者练习.第 1~5 章还都配有复习题和自测题,其中复习题分成 A、B 两部分,A 部分的题为基础题和难度适中的题,要求所有学生都会做;B 部分的题是有一定难度和灵活性的题,为有能力并想进一步深造的学生留有接口.

(4) 教材中选编了部分数学史知识和某些数学应用性的阅读材料,既能让学生了解数学发展的历程,又能增强学生应用数学知识的能力.

(5) 在给学习者的建议部分,特别强调了非智力因素,如学习态度、学习方法等在高等数学学习过程中的重要性.

本书引文和第 1 章由贾彪编写,第 2 章和第 6 章由王翠菁编写,第 3 章和附录由曹可编写,第 4 章和第 5 章由刘萍编写,王文锦校对了部分书稿及习题.全书由刘萍统稿,魏勇主审.

在本书编写过程中,我们参阅了国内外高等数学的一些优秀教材,并为体现内容的典型性与广泛性,书中部分例题与练习题引自这些教材,在此一并表示感谢.

由于编者水平所限,书中定有不尽如人意的地方,敬请读者指正.

编者

2014 年 6 月

目　录

0 引 文

0.1 感受微积分

微积分是人类文明发展史上理性智慧的精华,它的出现,显著地促进了整个科学技术的发展,是数学发展史上的里程碑. 微积分到底能解决哪些问题呢？它研究问题的基本思想和方法是什么？我们不妨通过下面三个例子来感受一下微积分.

1) 作图问题

首先,大家都能熟练地作出 $y=2^u$ 和 $u=\dfrac{1}{x}$ 这两个函数的图形（如图 0.1.1 和图 0.1.2 所示）. 但是,如何比较精确地作出 $y=2^{\frac{1}{x}}$ 的图形呢？（在这里,读者不妨先合上书,想一想）

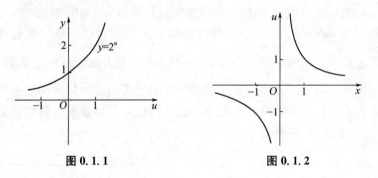

图 0.1.1   图 0.1.2

$y=2^{\frac{1}{x}}$ 的定义域为 $(-\infty,0)\bigcup(0,+\infty)$,我们当然可以给出图形上的一些点,如 $\left(-2,2^{-\frac{1}{2}}\right),\left(-1,\dfrac{1}{2}\right),(1,2),(2,\sqrt{2})$ 等等. 但仅仅有这些点并不能很好地把握图形的特征,至少还应弄清以下两点：

① 当 $x\to\infty$ 时 y 有何变化趋势,即在无穷远处函数 $y=2^{\frac{1}{x}}$ 的图形有何特征;

② 当 $x\to0$ 时 y 有何变化趋势,即函数 $y=2^{\frac{1}{x}}$ 的图形在 $x=0$ 点附近有何特征.

当 $x\to\infty$ 时, $\dfrac{1}{x}\to0$,这时 $y=2^{\frac{1}{x}}\to1$,即在无穷远处函数 $y=2^{\frac{1}{x}}$ 的图形与水平直线 $y=1$ 愈来愈接近.

当 x 从 $x=0$ 点两侧趋向于 0 时，$y=2^{\frac{1}{x}}$ 的变化完全不同. 当 $x\to 0-$ 时(从 $x=0$ 左侧趋近于 0)，$\dfrac{1}{x}\to-\infty$，这时 $y=2^{\frac{1}{x}}\to 0$；当 $x\to 0+$ 时(从 $x=0$ 右侧趋近于 0)，$\dfrac{1}{x}\to+\infty$，这时 $y=2^{\frac{1}{x}}\to+\infty$. 即当 $x\to 0-$ 时，函数 $y=2^{\frac{1}{x}}$ 的图形无限接近原点；当 $x\to 0+$ 时，函数 $y=2^{\frac{1}{x}}$ 的图形向上无限接近 y 轴.

综合以上讨论，可比较精确地画出 $y=2^{\frac{1}{x}}$ 的图形(见图 0.1.3).

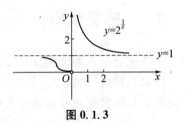

图 0.1.3

细心的读者从图形上可以看出，$y=2^{\frac{1}{x}}$ 在 $(-\infty,0)$ 和 $(0,+\infty)$ 内都是递减的，但是它们图形的走势却是不一样的. 这个问题到第 3 章才能解决.

2) 速度问题

中学物理中，已经对匀速直线运动和匀变速直线运动做了较为详细的介绍. 如果物体做更一般的直线运动，已知其运动方程为 $s=f(t)$，如何确定运动物体在某一时刻的瞬时速度呢？例如：已知物体做直线运动，运动方程为 $s=t^3$(s 的单位为 m，t 的单位为 s)，则当 $t=1$ s 时，物体的瞬时速度 $v(1)$ 是多少？如何确定？

首先，由运动方程 $s=t^3$ 应该知道，物体所做的直线运动既不是匀速直线运动，也不是匀变速直线运动(想一想：为什么？)，当然不能使用公式 $v=\dfrac{s}{t}$ 求速度. 但是，我们可以先在 $t=1$ s 近旁的一个很短时间区间里求出该物体运动的平均速度 $\bar{v}$. 显然，$\bar{v}$ 随着时间区间的不同而变化. 时间区间愈小，平均速度 $\bar{v}$ 就愈接近于 $t=1$ s 时的瞬时速度 $v(1)$. 先看表 0.1.1.

表 0.1.1

时间区间	$[1,1.1]$	$[1,1.01]$	$[1,1.001]$	$[1,1.0001]$	$\cdots$
平均速度 $\bar{v}$ (m/s)	3.31	3.0301	3.003001	3.000300	$\cdots$

由上表可见，在 $t=1$ s 近旁，时间区间愈小，$\bar{v}$ 愈接近于 3. 因此，物体在 $t=1$ s 时的瞬时速度 $v(1)$ 应该是 3 m/s.

换另一个角度，我们可以先计算出物体在 $[1,t]$ 时间区间上的平均速度. 在该时间区间内，运动物体所用时间 $\Delta t=t-1(\mathrm{s})$，经过的路程

$$\Delta s=f(t)-f(1)=t^3-1^3(\mathrm{m}),$$

因此平均速度

$$\bar{v}=\frac{\Delta s}{\Delta t}=\frac{t^3-1}{t-1}=t^2+t+1(\mathrm{m/s}),$$

显然 t 愈趋近于 1 时, $\bar{v}$ 就愈趋近于 $v(1)$. 另一方面, $t \to 1$ 时, $\bar{v} = t^2 + t + 1 \to 3(\text{m/s})$, 因而 3 m/s 正是 $t = 1$ s 时运动物体瞬时速度的精确值, 即 $v(1) = 3$ m/s.

3) 面积问题

我国古代数学家刘徽借助圆内接正多边形的周长、面积, 得出圆的周长、面积. 他在割圆术中提出"割之弥细, 所失弥少. 割之又割, 以至于不可割, 则与圆周合体而无所失矣."(见图 0.1.4)

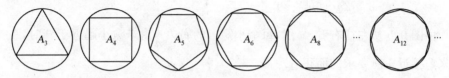

图 0.1.4

设 A_n 是圆内接正 n 边形的面积. 图 0.4 由左向右十分清晰地反映了随着圆内接正 n 边形边数 n 的增大, A_n 愈来愈接近圆的面积的过程. 即若圆的面积为 A, 则

$$A_n \to A \quad (n \to \infty).$$

我们通过下面的例子再来感受一下这种思想.

求抛物线 $y = x^2$ 与直线 $x = 1$ 及 x 轴围成的曲边三角形的面积(见图 0.1.5).

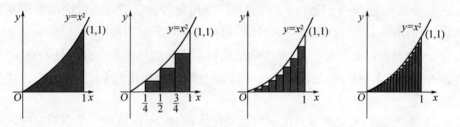

图 0.1.5

对应于区间 $[0, 1]$, 设想用垂直于 x 轴的直线

$$x = \frac{i}{n} \quad (i = 1, 2, \cdots, n-1)$$

将曲边三角形分割成 n 个底边长为 $\frac{1}{n}$ 的小的图形(每一个小的图形称为一个小曲边梯形). 当 n 很大时, 每个小曲边梯形曲边上的 y 值变化不大, 我们就用每个小曲边梯形左边的直线段的长 $\left(\frac{i-1}{n}\right)^2 (i = 1, 2, \cdots, n)$ 作为矩形的一边, 底 $\frac{1}{n}$ 作为矩形的另一边, 用小矩形的面积 $\left(\frac{i-1}{n}\right)^2 \cdot \frac{1}{n} \ (i = 1, 2, \cdots, n)$ 近似代替每一个小曲边梯形的面积. 把 n 个小矩形的面积加起来, 有

$$A_n = \frac{1}{n}\left(\frac{1-1}{n}\right)^2 + \frac{1}{n}\left(\frac{2-1}{n}\right)^2 + \cdots + \frac{1}{n}\left(\frac{n-1}{n}\right)^2$$

$$= \frac{1}{n^3}\left[1^2 + 2^2 + \cdots + (n-1)^2\right]$$

$$= \frac{1}{n^3} \cdot \frac{(n-1) \cdot n \cdot (2n-1)}{6}$$

$$= \frac{1}{3} - \frac{1}{2n} + \frac{1}{6n^2}.$$

由图 0.5 从左往右看,显然,每个小矩形的底边 $\frac{1}{n}$ 愈来愈小趋近于 0 时, A_n 就愈来愈接近于所要求的面积 A.

另一方面, $n \to \infty$ 时,有

$$A_n = \frac{1}{3} - \frac{1}{2n} + \frac{1}{6n^2} \to \frac{1}{3},$$

因此, $\frac{1}{3}$ 正是所求面积 A 的精确值,即 $A = \frac{1}{3}$.

以上三个问题是微积分学中的一些基本问题,下面我们再回顾一下这三个问题.

① 作图问题:对于函数 $y = 2^{\frac{1}{x}}$,如果仅仅用初等数学的方法讨论函数的基本性质,给出图形上的一些点,就无法比较精确地画出它的图形. 只有讨论了 $x \to \infty$ 以及 $x \to 0$ 时 y 的变化趋势,才能准确地把握 $y = 2^{\frac{1}{x}}$ 的图形在无穷远处和在 $x = 0$ 点附近变化的主要特征. 而抓住了这些特征,比较精确地作出 $y = 2^{\frac{1}{x}}$ 的图形才成为可能.

② 速度问题:初等数学只能求出运动物体在 $t = 1\,\mathrm{s}$ 附近的一个很短时间区间上的平均速度;在这里,我们让时间区间无限地变小并趋近于 0,从而用运动、变化的观点求得了 $t = 1\,\mathrm{s}$ 时的瞬时速度.

③ 面积问题:初等数学能做的工作就是对某个具体的 n(如 $n = 16$)求出 A_n 的大小(仅为 A 的近似值);而在这里,我们让每个小矩形的边长 $\frac{1}{n}$ 无限趋近于 0,从而由 A_n 无限趋近于 $\frac{1}{3}$ 而得到了 A 的精确值.

初等数学研究的对象是常量,研究问题的方法是建立在有限的观念上,用静止、孤立的观点研究问题;而微积分是研究变量的数学,建立在无限的观念上,用运动、变化的观点研究问题. 恩格斯曾说过:"只有微积分学才能使自然科学有可能用数学来不仅仅表明状态,并且也表明过程、运动."

学习者在学习微积分时应注意到这些区别,并逐步熟悉和适应用运动、变化的观点来研究变量数学.

0.2　给学习者的建议

目前高等数学的理论与方法已广泛地应用于自然科学、工程技术乃至社会科学等领域,学习者在学习前一定要充分认识到学习高等数学的重要性.

著名数学家霍格说过:"如果一个学生要成为完全合格的、多方面武装的科学家,在其发展初期就必定来到一座大门并且通过这座门.这座门上用每一种人类语言刻着同样一句话——'这里使用数学语言'."尽管这是对未来的科学家说的,但是对工科的学习者来说,要想较为透彻地学习工科某专业的知识,没有高等数学作为工具是不可能的.古人也曾说过:"工欲善其事,必先利其器."

有些学习者由于在校时高等数学学得比较好,因而毕业后在专业继续深造过程中得心应手,十分顺利;也有些学习者在毕业后返回母校的聚会上曾对数学教师说:进入社会后几乎没有机会应用作为知识的数学,然而您教给我们的数学思想、数学思维方法等却深深地影响着我们,随时随地发挥着作用,使我们终生受益.

不可否认,由于高等数学的抽象内容和符号语言与人们的日常生活距离很大,学习者在学习过程中难免会遇到一些障碍和困难.为此,作为一线教师,我们对学习者给出以下几条建议:

(1)要端正学习态度.作为一线教师,我们通过多年来的观察和研究,发现大部分没有学好高等数学的学习者并不是由于智力因素造成的,而是由于没有端正学习态度,学习不认真,没有良好的学习方法、学习习惯等非智力因素造成的;甚至有的学生很聪明,由于一开始没有引起足够的重视,基础没打好,等到后来幡然醒悟,再想学好高等数学时困难重重,不得不花大量的时间和精力,结果却收效甚微,十分遗憾.因而,学习高等数学时,学习者们一定要从一开始就一步一个脚印地认真学好每一个知识点,有问题就要通过请教教师和同学把它弄清楚,不积累问题.

(2)决不能像读小说或其他作品一样地去读教材,尤其对于其中的概念,应逐字逐句不止一遍地去读它,并认真地了解这些概念的实际背景.古人说得好:"读书百遍,其意自现."

(3)学习高等数学重在领悟其基本思想方法并能应用到今后的学习和生活中,不断提高自己的应用数学能力.

(4)要养成良好的学习习惯.课后不要急于做作业,要先阅读教材,整理课堂笔记,梳理一下知识点,甚至查阅一些相关的参考书或资料;要独立完成作业,不抄袭,不敷衍.

只要你尽自己的努力,相信你一定能够学好高等数学.

1 函数与极限

自然界中一切事物都在不停地变化着，人们要征服自然，改造自然，造福人类，就必须研究、掌握这些变化的客观规律，而数学就是研究现实世界中空间形式和数量关系的学科. 作为变化着的事物及它们之间依存关系的反映，在数学中就产生了变量与函数的概念. 高等数学的主要研究对象就是变量与函数，它是在极限的基础上给出了微积分等更高级、更精美的工具，使人们有可能更好地研究函数与变量的特性，从而在量的方面掌握事物变化的客观规律. 本章将在较为系统地归纳、总结中学有关函数知识的基础上介绍极限的概念及运算，并利用极限给出函数的连续性与闭区间上连续函数的性质.

1.1 函数

1.1.1 函数的概念

先考虑下面三个例子.

例 1.1.1 一列火车在平直的轨道上制动后的运动规律为 $s=20t-0.2t^2$,其中 s 表示路程(m),t 表示时间(s).

例 1.1.2 2014 年 1 月 23 日,我国国有银行公布的存款利率如表 1.1.1 所示.

表 1.1.1

时间	3 个月	6 个月	1 年	2 年	3 年	5 年
年利率(%)	2.85	3.05	3.25	3.75	4.25	4.75

例 1.1.3 气象台气温自动记录仪记下的某地某日 24 小时内的气温曲线如图 1.1.1 所示,其中 T 表示温度(℃),t 表示时间(时).

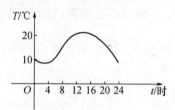

图 1.1.1

以上每一个例子都描述了一种规则.如例 1.1.3 中,只要在 $[0,24]$ 中任意给定一时刻 t_0,通过图 1.1.1 先找到曲线上横坐标为 t_0 的点,再量出该点的纵坐标,就能唯一地确定 t_0 时刻的气温 T_0 了.显然,以上三例中一个变量总是依赖另一个变量,这就产生了函数.

定义 1.1.1 设 x 和 y 是两个变量,D 是 **R** 的一个非空子集.对于任意的 $x \in D$,变量 y 按照某个对应关系 f 都有唯一确定的实数与之对应,则称 y 是定义在数集 D 上的 x 的函数,记作 $y=f(x)$.其中,x 称为自变量,y 称为因变量;D 称为函数的定义域,数集 $\{y \mid y=f(x), x \in D\}$ 称为函数的值域.

当自变量 x 取定某一数值 x_0 时,如果 $y=f(x)$ 有唯一确定的值与之对应,便称 $y=f(x)$ 在 x_0 点有定义,且将 x_0 点的函数值记作 $f(x_0)$ 或 $y\big|_{x=x_0}$.

1.1.2 函数的表示法

前面的三个例子依次对应着函数的一种表示法,即公式法(用显示公式)、表格法(用函数值列表)、图示法(用函数图形).

1.1.3 函数的基本性质

1) 单调性

定义 1.1.2 设函数 $f(x)$ 在区间 D 上有定义,对于任意的 $x_1, x_2 \in D$,且 $x_1 < x_2$:

(1) 如果 $f(x_1) < f(x_2)$,则称函数 $f(x)$ 在 D 上单调增加;

(2) 如果 $f(x_1) > f(x_2)$,则称函数 $f(x)$ 在 D 上单调减少.

显然,如果 $f(x)$ 为单调增加函数,则其对应的曲线随着 x 的增大从左向右逐渐上升;如果 $f(x)$ 为单调减少函数,则其对应的曲线随着 x 的增大从左向右逐渐下降.

单调增加和单调减少的函数统称为单调函数,使函数 $f(x)$ 单调增加或单调减少的区间称为函数 $f(x)$ 的单调区间.

例如,$y=x^3$ 在 $(-\infty,+\infty)$ 上单调增加;$y=x^2$ 在 $(-\infty,0]$ 上单调减少,在 $[0,+\infty)$ 上单调增加.

但是 $y=\tan x$ 在它的定义域内不是单调增加的,如取 $x_1=\dfrac{\pi}{4}$,$x_2=\pi$,即 $x_1 < x_2$,有 $\tan\dfrac{\pi}{4}=1$,$\tan\pi=0$,得 $f(x_1) > f(x_2)$.然而,$y=\tan x$ 在 $\left(k\pi-\dfrac{\pi}{2},k\pi+\dfrac{\pi}{2}\right)$,$k\in\mathbf{Z}$ 上却是单调增加的.

2) 奇偶性

定义 1.1.3 设函数 $f(x)$ 的定义域 D 关于原点对称,则对于任意的 $x\in D$:

(1) 如果恒有 $f(-x)=f(x)$,则称 $f(x)$ 为偶函数;

(2) 如果恒有 $f(-x)=-f(x)$,则称 $f(x)$ 为奇函数.

偶函数的图形关于 y 轴对称,奇函数的图形关于原点对称.

3) 周期性

定义 1.1.4 设函数 $f(x)$ 在定义域 D 上有定义,若对于任意的 $x\in D$,都存在一个非零的常数 T,使 $f(x+T)=f(x)$ 成立,则称函数 $f(x)$ 为周期函数,其中 T 为 $f(x)$ 的周期.

当周期函数存在最小正周期时,通常所说的周期指的是函数的最小正周期.

显然,若函数 $f(x)$ 是周期为 T 的周期函数,则在长度为 T 的两个相邻区间上函数 $f(x)$ 的图形相同.也就是说,只要知道周期函数在一个周期内的形态,就可以利用周期性推知它的全部形态.

4) 有界性

定义 1.1.5 设函数 $f(x)$ 在区间 D 上有定义,如果存在正的常数 M,使得
$$|f(x)|\leqslant M,$$
则称函数 $f(x)$ 在 D 上有界;否则,称函数 $f(x)$ 在 D 上无界.

有界函数的图形夹在两条平行于 x 轴的直线 $y=-M$ 和 $y=M$ 之间.

根据 $y=\tan x$ 的图形我们知道,$y=\tan x$ 在 $\left(-\dfrac{\pi}{2},\dfrac{\pi}{2}\right)$ 上无界,但是 $y=\tan x$ 在 $\left[-\dfrac{\pi}{4},\dfrac{\pi}{4}\right]$ 上有界.(想一想:为什么?)

1.1.4 基本初等函数

首先,介绍一类简单而重要的函数——线性函数.

当函数 $y=f(x)$ 的图形是一条不垂直于 x 轴的直线时,我们就说 y 是 x 的线性函数.线性函数的一般形式是

$$y=kx+b,$$

其中,k 是直线的斜率,b 是 y 轴上的截距.

特别的,当 $k=0$ 时,$y=b$ 是常量函数.

线性函数的典型特征是它们以恒定的速度变化着.

线性函数、幂函数、指数函数、对数函数、三角函数、反三角函数统称为基本初等函数.

基本初等函数是构成复杂函数的基础,这些函数在中学里大都详细讨论过.对学习者来说,要能熟练地画出它们的图形,掌握它们的性质.

为了帮助学习者复习这些知识,现将一些常用的基本初等函数及其定义域、值域、图形和基本特性列表说明(见表 1.1.2).

表 1.1.2

	函数	定义域与值域	图形	特性
线性函数	$y=kx+b$ ($k>0$)	$x\in(-\infty,+\infty)$ $y\in(-\infty,+\infty)$		单调增加;$b=0$ 时为奇函数
	$y=b$ ($k=0$)	$x\in(-\infty,+\infty)$ $y\in\{b\}$		常量函数;偶函数;周期函数(没有最小正周期)
	$y=kx+b$ ($k<0$)	$x\in(-\infty,+\infty)$ $y\in(-\infty,+\infty)$		单调减少;$b=0$ 时为奇函数

函数	定义域与值域	图形	特性
$y=x$	$x\in(-\infty,+\infty)$ $y\in(-\infty,+\infty)$		奇函数;单调增加
$y=x^2$	$x\in(-\infty,+\infty)$ $y\in[0,+\infty)$		偶函数;在$(-\infty,0]$内单调减少,在$[0,+\infty)$内单调增加
幂函数 $y=x^3$	$x\in(-\infty,+\infty)$ $y\in(-\infty,+\infty)$		奇函数;单调增加
$y=\dfrac{1}{x}=x^{-1}$	$x\in(-\infty,0)\bigcup(0,+\infty)$ $y\in(-\infty,0)\bigcup(0,+\infty)$		奇函数;分别在区间$(-\infty,0)$和区间$(0,+\infty)$内单调减少
$y=\sqrt{x}=x^{\frac{1}{2}}$	$x\in[0,+\infty)$ $y\in[0,+\infty)$		单调增加

	函数	定义域与值域	图形	特性
指数函数	$y=a^x$ $(a>1)$	$x\in(-\infty,+\infty)$ $y\in(0,+\infty)$		单调增加
	$y=a^x$ $(0<a<1)$	$x\in(-\infty,+\infty)$ $y\in(0,+\infty)$		单调减少
对数函数	$y=\log_a x$ $(a>1)$	$x\in(0,+\infty)$ $y\in(-\infty,+\infty)$		单调增加
	$y=\log_a x$ $(0<a<1)$	$x\in(0,+\infty)$ $y\in(-\infty,+\infty)$		单调减少
三角函数	$y=\sin x$	$x\in(-\infty,+\infty)$ $y\in[-1,1]$		奇函数;周期为 2π;有界;在 $\left(2k\pi-\dfrac{\pi}{2},2k\pi+\dfrac{\pi}{2}\right)$ 内单调增加,在 $\left(2k\pi+\dfrac{\pi}{2},2k\pi+\dfrac{3\pi}{2}\right)$ 内单调减少
	$y=\cos x$	$x\in(-\infty,+\infty)$ $y\in[-1,1]$		偶函数;周期为 2π;有界;在 $(2k\pi,2k\pi+\pi)$ 内单调减少,在 $(2k\pi+\pi,2k\pi+2\pi)$ 内单调增加

	函数	定义域与值域	图形	特性
三角函数	$y=\tan x$	$x\neq k\pi+\dfrac{\pi}{2}\quad(k\in\mathbf{Z})$ $y\in(-\infty,+\infty)$		奇函数;周期为 π;无界; 在 $\left(k\pi-\dfrac{\pi}{2},k\pi+\dfrac{\pi}{2}\right)$ 内单调增加
	$y=\cot x$	$x\neq k\pi\quad(k\in\mathbf{Z})$ $y\in(-\infty,+\infty)$		奇函数;周期为 π;无界; 在 $(k\pi,k\pi+\pi)$ 内单调减少
反三角函数	$y=\arcsin x$	$x\in[-1,1]$ $y\in\left[-\dfrac{\pi}{2},\dfrac{\pi}{2}\right]$		奇函数;有界;单调增加
	$y=\arccos x$	$x\in[-1,1]$ $y\in[0,\pi]$		有界;单调减少
	$y=\arctan x$	$x\in(-\infty,+\infty)$ $y\in\left(-\dfrac{\pi}{2},\dfrac{\pi}{2}\right)$		奇函数;有界;单调增加
	$y=\text{arccot} x$	$x\in(-\infty,+\infty)$ $y\in(0,\pi)$		有界;单调减少

1.1.5 复合函数

例 1.1.4 质量为 m 的物体从空中由静止自由下落,经过时间 T 到达地面,求物体下落过程中动能随时间变化的函数关系式.

解 设物体在 t 时刻的速度为 v,动能为 E,则由物理学知识可知 $E=\frac{1}{2}mv^2$,又知道自由落体的速度 $v=gt$,于是

$$E=\frac{1}{2}mv^2=\frac{1}{2}m(gt)^2=\frac{1}{2}mg^2t^2,$$

即

$$E=\frac{1}{2}mg^2t^2, \quad t\in[0,T].$$

这里 E 通过 v 的联系表示成了 t 的函数,此时 E 就是 t 的复合函数. 一般的,有以下定义.

定义 1.1.6 设 y 是 u 的函数,即 $y=f(u)$,又 u 是 x 的函数,即 $u=\varphi(x)$,且 $\varphi(x)$ 的值域与 $f(u)$ 的定义域的交集非空,那么 y 通过 u 的联系成为 x 的函数. 这个函数称为由 $y=f(u),u=\varphi(x)$ 复合而成的复合函数,记作 $y=f[\varphi(x)]$,其中 u 称为中间变量.

例 1.1.5 指出下列函数的复合过程:

(1) $y=\sqrt{2-x^2}$; (2) $y=\sin 3x$; (3) $y=\dfrac{1}{\sin^3 x}$; (4) $y=3\cos\sqrt{1+x^2}$.

解 (1) $y=\sqrt{2-x^2}$ 是由 $y=\sqrt{u},u=2-x^2$ 复合而成的;

(2) $y=\sin 3x$ 是由 $y=\sin u,u=3x$ 复合而成的;

(3) 因为 $y=\dfrac{1}{\sin^3 x}=(\sin x)^{-3}$,所以 $y=\dfrac{1}{\sin^3 x}$ 是由 $y=u^{-3},u=\sin x$ 复合而成的;

(4) $y=3\cos\sqrt{1+x^2}$ 是由 $y=3\cos u,u=\sqrt{v},v=1+x^2$ 复合而成的.

这里需要注意以下几点:

(1) 正确写出复合函数的复合过程会对以后求函数的导数或积分带来很多方便.

(2) 遇到复合函数,要由外往里逐层写出复合过程.

(3) 不是任意两个函数都可以复合成复合函数的. 如 $y=\sqrt{u},u=-1-x^2$ 就不能复合成一个复合函数,这是因为 $u=-1-x^2$ 的值域为 $(-\infty,-1]$,它与 $y=\sqrt{u}$ 的定义域 $[0,+\infty)$ 的交集为空集.

1.1.6 初等函数

定义 1.1.7 由基本初等函数经过有限次的四则运算和复合步骤所形成的函数叫初等函数.

如 $y=x\sqrt{1-x^2}$，$y=\dfrac{2+\sqrt{x}}{3-\sqrt[3]{x}}$，$y=\log_a(x+\sqrt{a^2+x^2})$，$y=x+\cos5x$ 等等都是初等函数. 在以后学习过程中，一些重要的结论都是对初等函数给出的.

例 1.1.6 大气温度 T 随着上空的高度 h 的增加而降低，已知在上空 11 km 以下，大约每升高 1 km 气温降低 6℃，而在 11 km 以上的上空气温却几乎不变. 设地面温度为 20℃，求：

（1）T 与 h 的函数关系，并作出函数的图形；

（2）在 $h=2\,500$ m 和 11 500 m 处的气温.

解 （1）因为当 $0\leqslant h\leqslant11$ 时，T 随 h 的增大是均匀降低的，所以 T 与 h 之间具有线性关系. 设

$$T=kh+b,$$

根据题中条件，当 $h=0$ 时 $T=20$，即

$$20=k\cdot0+b \Rightarrow b=20,$$

当 $h=1$ 时，温度 T 比地面温度降低了 6℃，应有

$$20-6=k\cdot1+b \Rightarrow 14=k+20 \Rightarrow k=-6,$$

于是，当 $0\leqslant h\leqslant11$ 时，有

$$T=-6h+20,$$

这里的斜率 $k=-6$℃/km 表示温度随高度的变化速度.

在 11 km 以上的上空，温度几乎与 11 km 高空处的气温一样，即当 $h>11$ 时，有

$$T=-6\times11+20=-46(\text{℃}).$$

综上，温度 T 与 h 的函数关系是

$$T=\begin{cases}-6h+20, & 0\leqslant h\leqslant11,\\ -46, & h>11,\end{cases}$$

其图形见图 1.1.2.

这种函数称为分段函数，它是一类非初等函数，但是在现实生活中却是经常会见到的.

（2）当 $h=2\,500$ m$=2.5$ km 时，有

$$T=-6\times2.5+20=5(\text{℃}).$$

当 $h=11\,500$ m$=11.5$ km 时，这时 $h>11$，因此 $T=-46$℃.

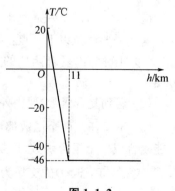

图 1.1.2

习题 1.1

1. 求下列函数的定义域:

(1) $y=\dfrac{1}{x^2-3x+2}$; (2) $y=\lg(5-2x)+\dfrac{1}{x+1}$.

2. 设 $f(x)=\begin{cases}3^x, & x<0, \\ 3x+2, & x\geqslant 0,\end{cases}$ 求 $f(-2), f(0), f[f(-1)]$.

3. 设 $f(x)=\dfrac{1}{1-x}$,求 $f(0), f(x+h), f\left(\dfrac{1}{x}\right)$.

4. 下列函数中,哪些是奇函数? 哪些是偶函数? 哪些是非奇非偶函数?

(1) $f(x)=x-1$; (2) $f(x)=x^2\sin x$;

(3) $f(x)=\dfrac{\mathrm{e}^x+\mathrm{e}^{-x}}{2}$; (4) $f(x)=\lg\dfrac{2+x}{2-x}$.

5. 写出下列函数的复合过程:

(1) $y=\cos 7x$; (2) $y=\dfrac{1}{\sqrt[3]{x+1}}$;

(3) $y=\mathrm{e}^{-\sqrt{x+1}}$; (4) $y=\ln(\tan 3x)$.

6. 某公司职员的家距离公司 3 km,早晨 8 点 30 分从家里骑自行车出发上班,9 点到公司.请问下述各事件对应下列图形中的哪一个;若有事件找不出对应图形,请将该事件用图形表达出来(以 t 为离家的时间,s 为离家的距离).

(1) 离开家不久,自行车坏了,修理好后再继续走,准时到达公司;

(2) 离开家后不久发现忘带公文包,立即回家取了公文包再去上班,结果迟到了;

(3) 离开家后想早点到公司便快速骑行,半路上遇到同事后边聊天边骑车,准时到达公司;

(4) 离开家后不久出了个小车祸,到附近的医院简单治疗后刚好 9 点到家.

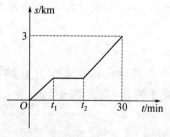

图 1.1.3

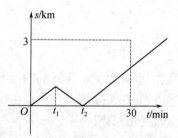

图 1.1.4

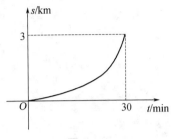

图 1.1.5

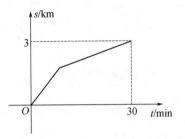

图 1.1.6

7. 2011 年 9 月 1 日我国《个人所得税法》规定,个人收入所得税以每月扣除三金一险后收入额减去 3 500 元后的余额为纳税所得额,其税率表如下:

表 1.1.3

级数	全月应纳税所得额	税率(%)
1	不超过 1 500 元	3
2	超过 1 500 元至 4 500 元的部分	10
3	超过 4 500 元至 9 000 元的部分	20
4	超过 9 000 元至 35 000 元的部分	25
⋮	⋮	⋮

(1) 试求个人收入不超过 8 000 元时税金 y 元与月收入 x 元的函数关系;

(2) 当月收入为 3 800 元和 6 000 元时应缴纳的税金各是多少?

1.2 函数的极限

《庄子》中有一句话:"一尺之棰,日取其半,万世不竭.'这句话的意思是说有一根一尺长的木棒,如果第一天截取它的一半,以后每天截取前一天剩余的一半,那么这根棒是永远截不完的.

设木棒第 n 天的剩余量为 x_n,则 $x_n = \dfrac{1}{2^n}, n = 1, 2, \cdots$. 它的值按下列数列变化:

$$\frac{1}{2}, \frac{1}{4}, \frac{1}{8}, \cdots, \frac{1}{2^n}, \cdots.$$

在初等数学里常常关注这样的问题:第 10 天棒的剩余量是多少?直到第 10 天共截取了多长的棒?等等. 但是,现在我们更关注的是,当天数 n 无限增大时棒的剩余量 x_n 的变化趋势!

把棒的剩余量 x_n 表示在如图 1.2.1 所示的数轴上,显然,当 n 无限增大时,棒的剩余量 x_n 越来越小并无限接近于 0. 数 0 尽管不是数列 $\left\{\dfrac{1}{2^n}\right\}$ 中的数,但它却刻

画了数列 $\left\{\dfrac{1}{2^n}\right\}$ 的变化趋势. 我们把数 0 称为数列 $\left\{\dfrac{1}{2^n}\right\}$ 的极限,记作

$$\lim_{n\to\infty}\frac{1}{2^n}=0 \quad 或 \quad \frac{1}{2^n}\to 0 \quad (n\to\infty).$$

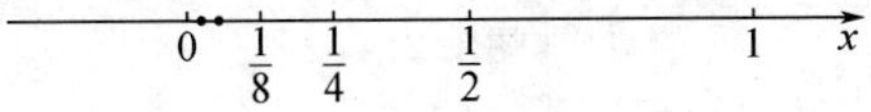

图 1.2.1

1.2.1 数列的极限

定义 1.2.1 已知数列 $\{x_n\}$,如果当 n 无限增大时 x_n 无限趋近于某一确定的常数 A,则称数 A 为 n 无限增大时数列 $\{x_n\}$ 的极限,记作

$$\lim_{n\to\infty}x_n=A \quad 或 \quad x_n\to A \quad (n\to\infty).$$

如果 $\lim\limits_{n\to\infty}x_n=A$,我们也说当 $n\to\infty$ 时数列 $\{x_n\}$ 收敛于 A;如果 $n\to\infty$ 时 x_n 不能趋近于某一确定的常数 A,则说数列 $\{x_n\}$ 发散或 $\lim\limits_{n\to\infty}x_n$ 不存在.

例 1.2.1 写出下列数列的部分项并在数轴上表示出来,再观察各数列的极限.

(1) $x_n=\dfrac{n+1}{n}$;　　　　　(2) $x_n=\left(-\dfrac{1}{2}\right)^n$;　　　　　(3) $x_n=2$;

(4) $x_n=\dfrac{1+(-1)^n}{2}$;　　　　(5) $x_n=2n-1$.

解 (1) $2,\dfrac{3}{2},\dfrac{4}{3},\dfrac{5}{4},\cdots,\dfrac{n+1}{n},\cdots$,如图 1.2.2 所示:

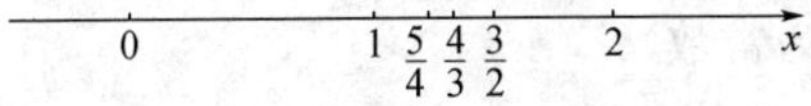

图 1.2.2

当 n 无限增大时,$\dfrac{n+1}{n}$ 无限趋近于 1,即

$$\lim_{n\to\infty}\frac{n+1}{n}=1.$$

(2) $-\dfrac{1}{2},\dfrac{1}{4},-\dfrac{1}{8},\dfrac{1}{16},\cdots,\left(-\dfrac{1}{2}\right)^n,\cdots$,如图 1.2.3 所示:

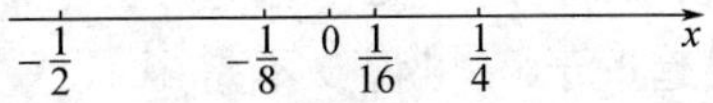

图 1.2.3

当 n 无限增大时,$\left(-\dfrac{1}{2}\right)^n$ 无限趋近于 0,即

$$\lim_{n\to\infty}\left(-\frac{1}{2}\right)^n=0.$$

(3) $2,2,2,2,\cdots,2,\cdots$,如图 1.2.4 所示:

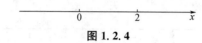

图 1.2.4

这是一个常数列,当 n 无限增大时,2 与 2 可以看作任意地接近,因此

$$\lim_{n\to\infty}2=2.$$

(4) $0,1,0,1,\cdots,\frac{1+(-1)^n}{2},\cdots$,如图 1.2.5 所示:

图 1.2.5

当 n 无限增大时,$\frac{1+(-1)^n}{2}$ 在 0 与 1 之间跳动,因此它不能无限趋近一个确定的常数,故 $\lim_{n\to\infty}\frac{1+(-1)^n}{2}$ 不存在.

(5) $1,3,5,7,\cdots,2n-1,\cdots$,如图 1.2.6 所示:

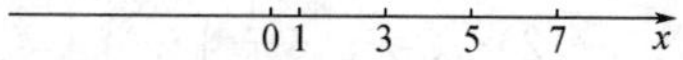

图 1.2.6

当 n 无限增大时,$2n-1$ 的值越来越大,不能趋近于一个确定的常数,故 $\lim_{n\to\infty}(2n-1)$ 不存在.

由引例和上例可得到两个基本极限:

(1) $\lim_{n\to\infty}C=C$ (C 为常数);

(2) $\lim_{n\to\infty}q^n=0$ ($|q|<1$).

1.2.2 函数的极限

1) $x\to\infty$ 时 $f(x)$ 的极限

考察函数 $y=\frac{1}{x}$ 的图形(见图 1.2.7):当 $x\to\infty$ 时(即 $|x|$ 无限增大时)对应曲线上的点无限趋近于 x 轴,其纵坐标 y 的值无限趋近于 0.尽管 0 不是函数 $y=\frac{1}{x}$ 所能取到的函数值,但 0 却刻画了在无穷远处函数 $y=\frac{1}{x}$ 的变化趋势! 因此,称常数 0 为函

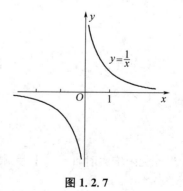

图 1.2.7

数 $y=\dfrac{1}{x}$ 当 $x\to\infty$ 时的极限.

定义 1.2.2 设函数 $y=f(x)$ 在 $|x|>m(m>0)$ 上有定义. 如果当 $|x|$ 无限增大时, $y=f(x)$ 的值无限趋近于确定的常数 A, 则称 A 为 $x\to\infty$ 时 $f(x)$ 的极限, 记作

$$\lim_{x\to\infty}f(x)=A \quad 或 \quad f(x)\to A \quad (x\to\infty).$$

按定义, 有 $\lim\limits_{x\to\infty}\dfrac{1}{x}=0$.

上述定义中, 当 $x>0$ 且无限增大时函数 $f(x)$ 的极限为 A, 记作

$$\lim_{x\to+\infty}f(x)=A \quad 或 \quad f(x)\to A \quad (x\to+\infty);$$

当 $x<0$ 且 $|x|$ 无限增大时函数 $f(x)$ 的极限为 A, 记作

$$\lim_{x\to-\infty}f(x)=A \quad 或 \quad f(x)\to A \quad (x\to-\infty).$$

例 1.2.2 用极限描述当 $x\to-\infty$ 时 $y=2^x$ 的变化趋势.

解 $y=2^x$ 的图形见图 1.2.8. 当 $x\to-\infty$ 时 $y=2^x$ 的图形向左远离原点, 这时图形上点的纵坐标 y 的值无限趋近于 0, 因此

$$\lim_{x\to-\infty}2^x=0.$$

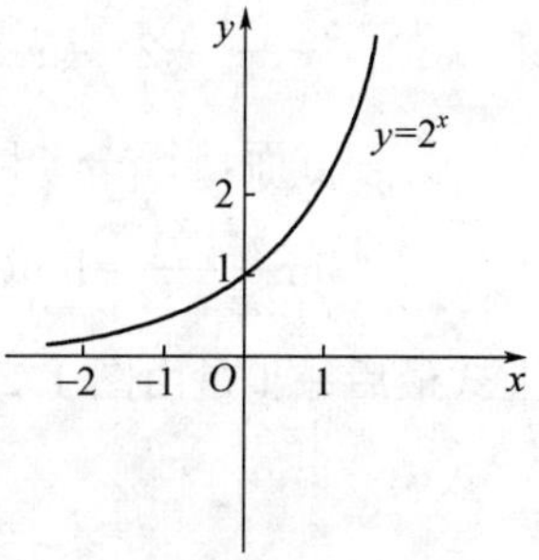

想一想: ① $\lim\limits_{x\to+\infty}2^x$ 是否存在? 为什么?

② 对一般的指数函数 $y=a^x$, 你有何结论?

③ $\lim\limits_{x\to\infty}\sin x$ 是否存在?

当 $\lim\limits_{x\to\infty}f(x)=A$ 时, 从几何上明显可知, 当 $x\to\infty$ 时 $y=f(x)$ 的图形无限趋近于直线 $y=A$, 因此直线 $y=A$ 能够刻画曲线 $y=f(x)$ 的某种性质. 于是我们给出以下概念——水平渐近线.

图 1.2.8

定义 1.2.3 如果下面三个式子:

$$\lim_{x\to\infty}f(x)=A, \quad \lim_{x\to-\infty}f(x)=A, \quad \lim_{x\to+\infty}f(x)=A$$

其中有一个成立, 则称直线 $y=A$ 为曲线 $y=f(x)$ 的水平渐近线.

因为 $\lim\limits_{x\to\infty}\dfrac{1}{x}=0$, 所以 $y=0$ 是曲线 $y=\dfrac{1}{x}$ 的水平渐近线; 因为 $\lim\limits_{x\to-\infty}2^x=0$, 所以 $y=0$ 是曲线 $y=2^x$ 的水平渐近线.

2) $x\to x_0$ 时 $f(x)$ 的极限

在实际问题中, 常常需要研究当 $x\to x_0$ 时函数 $y=f(x)$ 的变化趋势. 我们先从几何直观上观察函数 $f(x)=x+1$ 当 $x\to1$ 时(两侧均可)的变化趋势(见图 1.2.9).

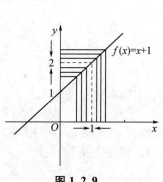

图 1.2.9

显然,当 x 从小于 1 的方向无限趋近于 1 时,$f(x)$ 递增地趋近于 2;当 x 从大于 1 的方向趋近于 1 时,$f(x)$ 递减地趋近于 2. 即当 x 趋近于 1 时,$f(x)=x+1$ 无限趋近于 2. 这时,我们就说数 2 为 $x\to 1$ 时函数 $f(x)=x+1$ 的极限,记作

$$\lim_{x\to 1}(x+1)=2 \quad 或 \quad x+1\to 2 \quad (x\to 1).$$

一般的,我们有以下定义.

定义 1.2.4 设函数 $f(x)$ 在 x_0 点的左右近旁有定义,如果当 x 无限趋近于 x_0 时,相应的函数值 $f(x)$ 无限趋近于某一个确定的常数 A,则称数 A 为函数 $f(x)$ 当 $x\to x_0$ 时的极限,记作

$$\lim_{x\to x_0}f(x)=A \quad 或 \quad f(x)\to A \quad (x\to x_0).$$

应当指出:① 定义 1.2.4 中并没有要求函数 $f(x)$ 在 x_0 点有定义.

例如,函数 $g(x)=\dfrac{x^2-1}{x-1}$(见图 1.2.10)在 $x=1$ 处无定义,但仍然有

$$\frac{x^2-1}{x-1}\to 2 \quad (x\to 1).$$

另一方面,当 $x\to 1$ 且 $x\neq 1$ 时,有

$$\lim_{x\to 1}\frac{x^2-1}{x-1}=\lim_{x\to 1}(x+1)=2,$$

上式最后一步是由图 1.2.9 得到的.

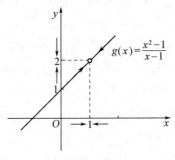

图 1.2.10

② 由定义 1.2.4 不难得到两个基本极限:

$$\lim_{x\to x_0}C=C \quad (C 为常数), \quad \lim_{x\to x_0}x=x_0.$$

③ 当 $x\to x_0$ 时,若 $x\to x_0^-$,表示 x 从 x_0 的左侧趋近于 x_0;若 $x\to x_0^+$,表示 x 从 x_0 的右侧趋近于 x_0.

定义 1.2.5 设函数 $f(x)$ 在 x_0 点的左近旁有定义,如果当 x 从 x_0 的左侧无限趋近于 x_0 时,$f(x)$ 无限趋近于某一个确定的常数 A,则称数 A 为函数 $f(x)$ 当 $x\to x_0$ 时的左极限,记作

$$\lim_{x\to x_0^-}f(x)=A \quad 或 \quad f(x)\to A \quad (x\to x_0^-),$$

也可简记为

$$f(x_0^-) = A.$$

类似的,当 $x \to x_0$ 时,若 $f(x)$ 存在右极限 A,则记作

$$\lim_{x \to x_0^+} f(x) = A \quad 或 \quad f(x) \to A \quad (x \to x_0^+),$$

也可简记为

$$f(x_0^+) = A,$$

读者不妨试着自己写出它的定义.

例 1.2.3 函数 $f(x)$ 的图形见图 1.2.11,求出以下极限(如果有极限的话):

(1) $\lim\limits_{x \to 1^-} f(x)$; (2) $\lim\limits_{x \to 1^+} f(x)$;

(3) $\lim\limits_{x \to 1} f(x)$; (4) $\lim\limits_{x \to 3} f(x)$.

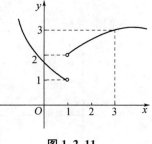

图 1.2.11

解 从图形中不难看出,当 x 从左侧趋近于 1 时,$f(x)$ 无限趋近于 1;当 x 从右侧趋近于 1 时,$f(x)$ 无限趋近于 2;不论 x 怎样趋近于 3,$f(x)$ 无限趋近于 3. 因此

(1) $\lim\limits_{x \to 1^-} f(x) = 1$;

(2) $\lim\limits_{x \to 1^+} f(x) = 2$;

(3) $\lim\limits_{x \to 1} f(x)$ 不存在;(想想:为什么?)

(4) $\lim\limits_{x \to 3} f(x) = 3$.

应当指出:① $x \to x_0$ 时 $f(x)$ 的极限是刻画函数 $f(x)$ 在 x_0 近旁局部性质的概念;

② 一般的,只有求分段函数分段点处的极限时才考虑左右极限;

③ $\lim\limits_{x \to x_0} f(x) = A \Leftrightarrow f(x_0^-) = f(x_0^+) = A$.

例 1.2.4 已知

$$f(x) = \begin{cases} 1, & x < 1, \\ x, & x > 1, \end{cases}$$

求:(1) $\lim\limits_{x \to 1} f(x)$;(2) $\lim\limits_{x \to -1} f(x)$;(3) $\lim\limits_{x \to 2} f(x)$.

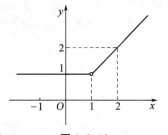

图 1.2.12

解 函数 $f(x)$ 的图形见图 1.2.12.

(1) 因为 $x = 1$ 为该分段函数的分段点,所以要考虑其左右极限. 因为

$$\lim_{x \to 1^-} f(x) = \lim_{x \to 1^-} 1 = 1,$$

$$\lim_{x \to 1^+} f(x) = \lim_{x \to 1^+} x = 1 = \lim_{x \to 1^-} f(x),$$

故

$$\lim_{x \to 1} f(x) = 1;$$

(2) $\lim\limits_{x \to -1} f(x) = \lim\limits_{x \to -1} 1 = 1$;

(3) $\lim\limits_{x \to 2} f(x) = \lim\limits_{x \to 2} x = 2.$

3) 曲线的垂直渐近线

我们来考察 $f(x) = \dfrac{1}{x-1}$ 的图形（见图 1.2.13），显然有

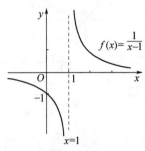

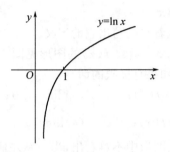

图 1.2.13

图 1.2.14

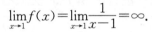

$$\lim\limits_{x \to 1} f(x) = \lim\limits_{x \to 1} \dfrac{1}{x-1} = \infty.$$

尽管 $x=1$ 不是函数 $f(x) = \dfrac{1}{x-1}$ 定义域中的点，但是当 $x \to 1$ 时，$f(x) = \dfrac{1}{x-1}$ 的绝对值无限增大。在图形上，曲线 $f(x) = \dfrac{1}{x-1}$ 当 $x \to 1$ 时向下或向上无限趋近于直线 $x=1$，这时称直线 $x=1$ 为曲线 $f(x) = \dfrac{1}{x-1}$ 的一条垂直渐近线.

对于曲线 $y = \ln x$（见图 1.2.14），因为 $\lim\limits_{x \to 0^+} \ln x = -\infty$，所以曲线 $y = \ln x$ 有垂直渐近线 $x=0$.

定义 1.2.6 如果下面的式子

$$\lim\limits_{x \to x_0} f(x) = +\infty, \qquad \lim\limits_{x \to x_0} f(x) = -\infty,$$
$$\lim\limits_{x \to x_0^-} f(x) = +\infty, \qquad \lim\limits_{x \to x_0^-} f(x) = -\infty,$$
$$\lim\limits_{x \to x_0^+} f(x) = +\infty, \qquad \lim\limits_{x \to x_0^+} f(x) = -\infty,$$

至少有一个满足，则称直线 $x = x_0$ 为曲线 $y = f(x)$ 的垂直渐近线.

习题 1.2

1. 用自己的语言解释一下 $\lim\limits_{x \to 1} f(x) = 3$ 的含义. 如果 $f(1) = 2$，那么上式是否可能成立？为什么？

2. 已知函数 $f(x)$ 的图形如图 1.2.15 所示,判断下列极限是否存在.如果极限存在,写出极限值;如果极限不存在,说明理由.

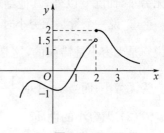

(1) $\lim\limits_{x\to 0}f(x)$;　　　　(2) $\lim\limits_{x\to 2^-}f(x)$;

(3) $\lim\limits_{x\to 2^+}f(x)$;　　　　(4) $\lim\limits_{x\to 2}f(x)$.

3. 观察下列数列的变化趋势,若数列收敛,写出它的极限.

图 1.2.15

(1) $x_n=\dfrac{n-1}{n}$;　　　　(2) $x_n=(-1)^n\dfrac{1}{2n}$;

(3) $x_n=(-1)^{n-1}n$;　　　　(4) $x_n=\cos n\pi$.

4. 画出 $y=\sin x,y=\cos x$ 的图形,并求出下列极限:

(1) $\lim\limits_{x\to 0}\sin x$;　　　　(2) $\lim\limits_{x\to 0}\cos x$.

5. 画出下列函数的草图,求它们的水平渐近线或垂直渐近线(如果存在的话):

(1) $y=\arctan x$;　　　　(2) $y=3^{-x}$;

(3) $y=\dfrac{1+x}{x}$;　　　　(4) $y=x^2+1$.

6. 设 $f(x)=\dfrac{2x}{|x|}$,(1) 求 $f(0^-),f(0^+)$;(2) $\lim\limits_{x\to 0}f(x)$是否存在?

1.3　无穷小与无穷大　极限运算法则

在讨论变量的变化趋势时,有两种极端的情形备受人们关注.一种是当自变量在某一变化过程中,因变量以 0 为极限;另一种是自变量在某一变化过程中,因变量的绝对值无限增大.于是就有了无穷小与无穷大的概念.

1.3.1　无穷小与无穷大

1) 无穷小

(1) 无穷小的概念

定义 1.3.1　在某个变化过程中,以 0 为极限的变量称为无穷小量,简称为无穷小.

例如,$\lim\limits_{x\to\infty}\dfrac{1}{x}=0$,因此当 $x\to\infty$ 时 $\dfrac{1}{x}$ 是无穷小;$\lim\limits_{x\to-\infty}2^x=0$,因此当 $x\to-\infty$ 时 2^x 是无穷小;$\lim\limits_{x\to 0}3x=0,\lim\limits_{x\to 0}\sin x=0$,因此当 $x\to 0$ 时 $3x$ 与 $\sin x$ 都是无穷小.

应当指出:① 无穷小是变量,它描述了一种变化状态.常量中只有 0 可以看作无穷小,而除 0 以外,其他绝对值再小的数都不是无穷小.

② 说一个量是无穷小时,必须先指明引起这个量变化的自变量的变化过程. 如说 $\frac{1}{x}$ 是无穷小是错误的,这是因为只有当 $x \to \infty$(或 $x \to +\infty$, $x \to -\infty$)时 $\frac{1}{x} \to 0$, $\frac{1}{x}$ 为无穷小;而当 $x \to 1$ 时 $\frac{1}{x} \to 1$, $\frac{1}{x}$ 不是无穷小.

(2) 无穷小的性质

性质 1 有限个无穷小的代数和是无穷小.

性质 2 有界变量与无穷小的乘积是无穷小.

推论 1 常数与无穷小的乘积是无穷小.

推论 2 有限个无穷小的乘积是无穷小.

必须注意:无穷多个无穷小的和未必是无穷小. 如 $n \to \infty$ 时, $\frac{1}{n^2}, \frac{2}{n^2}, \cdots, \frac{n}{n^2}$ 都是无穷小,但是

$$\lim_{n \to \infty}\left(\frac{1}{n^2} + \frac{2}{n^2} + \cdots + \frac{n}{n^2}\right) = \lim_{n \to \infty}\frac{n(n+1)}{2n^2} = \lim_{n \to \infty}\frac{1}{2}\left(1 + \frac{1}{n}\right)$$
$$= \frac{1}{2},$$

即当 $n \to \infty$ 时, $\frac{1}{n^2} + \frac{2}{n^2} + \cdots + \frac{n}{n^2}$ 不是无穷小.

例 1.3.1 求 $\lim\limits_{x \to \infty}\dfrac{\sin x}{x}$.

解 因为 $\dfrac{\sin x}{x} = \dfrac{1}{x} \cdot \sin x$,且

$$\lim_{x \to \infty}\frac{1}{x} = 0, \quad |\sin x| \leqslant 1,$$

所以

$$\lim_{x \to \infty}\frac{\sin x}{x} = 0 \quad (\text{无穷小性质 2}).$$

上例给出了一种求极限的方法.

(3) 有极限的函数与无穷小的关系

设 $\lim\limits_{x \to x_0}f(x) = A$,则当 $x \to x_0$ 时 $f(x) \to A$,故此时 $f(x) - A \to 0$. 记 $\alpha(x) = f(x) - A$,则当 $x \to x_0$ 时 $\alpha(x)$ 是无穷小. 由此有以下定理.

定理 1.3.1 $\lim\limits_{x \to x_0}f(x) = A \Leftrightarrow f(x) = A + \alpha(x)$,其中 $\alpha(x)$ 是 $x \to x_0$ 的无穷小.

上述定理中的 $x \to x_0$ 换成其他变化过程,结论仍成立.

2) 无穷大

(1) 无穷大的概念

定义 1. 3. 2 如果在某个变化过程中变量的绝对值无限增大,则称该变量在此变化过程中为无穷大量,简称无穷大.

例如,$\lim\limits_{x \to \infty} x^2 = +\infty$,所以当 $x \to \infty$ 时 x^2 是无穷大;$\lim\limits_{x \to 0} \dfrac{1}{x} = \infty$,所以当 $x \to 0$ 时 $\dfrac{1}{x}$ 是无穷大;$\lim\limits_{x \to \frac{\pi}{2}^-} \tan x = +\infty$,所以当 $x \to \dfrac{\pi}{2}^-$ 时 $\tan x$ 是无穷大.

应当指出:① 无穷大是一个变量,其变化状态是变量的绝对值无限增大,如当 $n \to \infty$ 时 $f(n) = -n$ 是无穷大,但是任一个常数(不管多么大)都不是无穷大.

② 说一个量是无穷大,必须先指明引起这个变量变化的自变量的变化过程. 例如说 $\dfrac{1}{x}$ 是无穷大是没有意义的,因为 $x \to 1$ 时 $\dfrac{1}{x} \to 1$,甚至 $x \to \infty$ 时 $\dfrac{1}{x} \to 0$,此时 $\dfrac{1}{x}$ 是无穷小.

(2) 无穷大与无穷小的关系

定理 1. 3. 2 在自变量的同一变化过程中:

① 若 $\alpha(x)$ 是无穷小($\alpha(x) \neq 0$),则 $\dfrac{1}{\alpha(x)}$ 是无穷大;

② 若 $\alpha(x)$ 是无穷大,则 $\dfrac{1}{\alpha(x)}$ 是无穷小.

简单地说,在自变量的同一变化过程中,无穷大与无穷小有倒数关系.

1.3.2 极限运算法则

在第 1.2 节中,我们通过函数图形和极限定义给出了一些基本极限. 我们可以利用这些基本极限及下面的极限运算法则,求出更为复杂的函数的极限.

极限运算法则 设 $\lim\limits_{x \to x_0} f(x) = A, \lim\limits_{x \to x_0} g(x) = B$,则

(1) $\lim\limits_{x \to x_0} [f(x) \pm g(x)] = \lim\limits_{x \to x_0} f(x) \pm \lim\limits_{x \to x_0} g(x) = A \pm B$;

(2) $\lim\limits_{x \to x_0} [f(x) \cdot g(x)] = \lim\limits_{x \to x_0} f(x) \cdot \lim\limits_{x \to x_0} g(x) = AB$;

(3) $\lim\limits_{x \to x_0} \dfrac{f(x)}{g(x)} = \dfrac{\lim\limits_{x \to x_0} f(x)}{\lim\limits_{x \to x_0} g(x)} = \dfrac{A}{B}, \quad B \neq 0$.

由极限运算法则(2)可得到以下两个推论.

推论 1 $\lim\limits_{x \to x_0} [Cf(x)] = C \lim\limits_{x \to x_0} f(x) = CA, \quad C$ 为常数.

推论 2 $\lim\limits_{x \to x_0} [f(x)]^n = \left[\lim\limits_{x \to x_0} f(x)\right]^n = A^n, \quad n \in \mathbf{N}$.

显然,有 $\lim\limits_{x \to x_0} x^n = x_0^n$.

应当指出:① 在法则中,自变量的变化过程统一换成其他过程(如 $x \to \infty$)时,

结论仍成立.

② 每个法则都可用语言叙述. 如法则(2)可叙述为在自变量的同一变化过程中，两个极限存在的函数的乘积的极限等于它们极限的乘积.

③ 使用商的极限法则，不但要求分子、分母的极限都存在，还要求分母的极限不为零.

这些法则应用定理 1.3.1 是可以证明的.（证明留给有兴趣、有能力的读者）

例 1.3.2 求 $\lim\limits_{x\to 2}(x^2-3x+5)$.

解
$$\lim_{x\to 2}(x^2-3x+5)=\lim_{x\to 2}x^2+\lim_{x\to 2}(-3x)+\lim_{x\to 2}5$$
$$=\left(\lim_{x\to 2}x\right)^2-3\lim_{x\to 2}x+\lim_{x\to 2}5=2^2-3\times 2+5$$
$$=3.$$

例 1.3.3 求 $\lim\limits_{x\to 1}\dfrac{x+1}{x^2+5x+2}$.

解
$$\lim_{x\to 1}\frac{x+1}{x^2+5x+2}=\frac{\lim\limits_{x\to 1}(x+1)}{\lim\limits_{x\to 1}(x^2+5x+2)}=\frac{\lim\limits_{x\to 1}x+\lim\limits_{x\to 1}1}{\left(\lim\limits_{x\to 1}x\right)^2+5\lim\limits_{x\to 1}x+\lim\limits_{x\to 1}2}$$
$$=\frac{1+1}{1^2+5\times 1+2}=\frac{1}{4}.$$

例 1.3.4 求 $\lim\limits_{x\to -1}\dfrac{x^2-1}{x+1}$.

解 当 $x\to -1$ 时分母 $x+1\to 0$，不能直接使用商的极限法则. 注意到 $x\to -1$ 但 $x\neq -1$，因而 $x+1\neq 0$，因此有

$$\lim_{x\to -1}\frac{x^2-1}{x+1}=\lim_{x\to -1}\frac{(x+1)(x-1)}{x+1}=\lim_{x\to -1}(x-1)$$
$$=\lim_{x\to -1}x+\lim_{x\to -1}(-1)=-1-1=-2.$$

上例中，当 $x\to -1$ 时分子、分母都是无穷小，这种类型的极限称为"$\dfrac{0}{0}$"型，例中所用的方法称为**"约去零因子法"**.

例 1.3.5 求 $\lim\limits_{x\to \infty}\dfrac{2x^2+3x+1}{5x^2+x-1}$.

解 因为分子、分母在 $x\to \infty$ 时都是无穷大，不能直接使用商的极限法则，但若将分子、分母同除以分母的最高次幂，情况就不同了. 即有

$$\lim_{x\to \infty}\frac{2x^2+3x+1}{5x^2+x-1}=\lim_{x\to \infty}\frac{2+\dfrac{3}{x}+\dfrac{1}{x^2}}{5+\dfrac{1}{x}-\dfrac{1}{x^2}}=\frac{\lim\limits_{x\to \infty}2+3\lim\limits_{x\to \infty}\dfrac{1}{x}+\lim\limits_{x\to \infty}\dfrac{1}{x^2}}{\lim\limits_{x\to \infty}5+\lim\limits_{x\to \infty}\dfrac{1}{x}-\lim\limits_{x\to \infty}\dfrac{1}{x^2}}$$
$$=\frac{2+3\times 0+0}{5+0-0}=\frac{2}{5}.$$

上例中,当 $x \to \infty$ 时分子、分母都是无穷大,这种类型的极限称为"$\dfrac{\infty}{\infty}$"型,例中所用的方法称为"**无穷小分出法**".

例 1.3.6 求 $\lim\limits_{x \to \infty} \dfrac{x+1}{2x^2+3x}$.

解 这是"$\dfrac{\infty}{\infty}$"型,分子、分母同除以分母的最高次幂 x^2,有

$$\lim_{x \to \infty} \frac{x+1}{2x^2+3x} = \lim_{x \to \infty} \frac{\dfrac{1}{x}+\dfrac{1}{x^2}}{2+\dfrac{3}{x}} = \frac{\lim\limits_{x \to \infty}\dfrac{1}{x}+\lim\limits_{x \to \infty}\dfrac{1}{x^2}}{\lim\limits_{x \to \infty}2+3\lim\limits_{x \to \infty}\dfrac{1}{x}}$$

$$= \frac{0+0}{2+0} = 0.$$

例 1.3.7 求 $\lim\limits_{x \to \infty} \dfrac{2x^2+3x}{x+1}$.

解 这也是"$\dfrac{\infty}{\infty}$"型,但是分子的最高次幂的指数比分母的最高次幂的指数高. 即使分子、分母同除以分母的最高次幂,分子仍为无穷大. 由例 1.3.6 知 $\lim\limits_{x \to \infty} \dfrac{x+1}{2x^2+3x}$ $=0$,再由定理 1.3.2 可知 $x \to \infty$ 时 $\dfrac{2x^2+3x}{x+1}$ 是无穷大. 尽管其极限不存在,仍记为

$$\lim_{x \to \infty} \frac{2x^2+3x}{x+1} = \infty.$$

观察以上三例分子、分母的最高次幂的情况,你对更一般的情况

$$\lim_{x \to \infty} \frac{a_0 x^n + a_1 x^{n-1} + \cdots + a_n}{b_0 x^m + b_1 x^{m-1} + \cdots + b_m} \quad (a_0 \neq 0, b_0 \neq 0, m, n \in \mathbf{N})$$

有何结论? 试写出这个结论.

习题 1.3

1. 判断下面说法是否正确:

(1) 设 $\lim\limits_{x \to \infty} f(x)$,$\lim\limits_{x \to \infty} g(x)$ 都存在,则 $\lim\limits_{x \to \infty}[f(x)+g(x)]$ 一定存在;

(2) 设 $\lim\limits_{x \to x_0}[f(x)+g(x)]$ 存在,则 $\lim\limits_{x \to x_0} f(x)$,$\lim\limits_{x \to x_0} g(x)$ 一定都存在;

(3) 设 $\lim\limits_{x \to x_0} f(x)$,$\lim\limits_{x \to x_0} g(x)$ 都存在,则 $\lim\limits_{x \to x_0} f(x)g(x)$ 一定存在;

(4) 设 $\lim\limits_{x \to x_0} f(x)g(x)$ 存在,则 $\lim\limits_{x \to x_0} f(x)$,$\lim\limits_{x \to x_0} g(x)$ 一定都存在.

2. 判断下面的运算是否正确,并说明原因.

(1) $\lim\limits_{x\to\infty}\dfrac{\sin x}{x}=\lim\limits_{x\to\infty}\dfrac{1}{x}\cdot\lim\limits_{x\to\infty}\sin x=0$;

(2) $\lim\limits_{x\to1}\dfrac{x}{x-1}=\dfrac{\lim\limits_{x\to1}x}{\lim\limits_{x\to1}x-\lim\limits_{x\to1}1}=\dfrac{1}{0}=\infty$;

(3) $\lim\limits_{x\to2}\left(\dfrac{1}{x-2}-\dfrac{1}{x^3-8}\right)=\lim\limits_{x\to2}\dfrac{1}{x-2}-\lim\limits_{x\to2}\dfrac{1}{x^3-8}=\infty-\infty=0.$

3. 两个无穷小的商仍是无穷小吗? 若不一定,有哪些可能? 试举例说明.

4. 自变量在怎样的变化过程中下列函数为无穷小和无穷大?

(1) $y=x+1$;　　　　(2) $y=\dfrac{1}{(x-1)^2}$;　　　　(3) $y=3^{\frac{1}{x}}$.

5. 求下列极限:

(1) $\lim\limits_{x\to\infty}\dfrac{x^2+1}{(x+1)^2}$;

(2) $\lim\limits_{x\to\infty}\dfrac{2x^2+5x-1}{3x^2+4}$;

(3) $\lim\limits_{x\to\infty}\dfrac{x^2+5x+2}{x+3}$;

(4) $\lim\limits_{x\to\infty}\dfrac{(2x+1)^3(3x+5)^2}{(3x+2)^5}.$

6. 求下列极限:

(1) $\lim\limits_{x\to1}(x^2+3x-1)$;

(2) $\lim\limits_{x\to2}\dfrac{x^2-2x+3}{3x^2+x}$;

(3) $\lim\limits_{x\to3}\dfrac{x^2-3x+2}{x^2-1}$;

(4) $\lim\limits_{h\to0}\dfrac{(x+h)^2-x^2}{h}$;

(5) $\lim\limits_{x\to-1}\left(\dfrac{1}{x+1}-\dfrac{3}{x^3+1}\right)$;

(6) $\lim\limits_{n\to\infty}\dfrac{n(n+1)}{(n+2)(n+3)}.$

1.4 两个重要极限　无穷小的比较

1.4.1 两个重要极限

1) $\lim\limits_{x\to0}\dfrac{\sin x}{x}=1$

设有函数 $f(x)=\dfrac{\sin x}{x}$,我们先用计算器计算得表 1.4.1 中的数据:

表 1.4.1

x	1	0.1	0.01	0.001	⋯
$\dfrac{\sin x}{x}$	0.841 5	0.998 4	1.000 0	1.000 0	⋯

由此推测：当 $x \to 0^+$ 时，$f(x) \to 1$.

又因为

$$f(-x) = \frac{\sin(-x)}{-x} = \frac{-\sin x}{-x} = \frac{\sin x}{x} = f(x),$$

所以 $f(x) = \frac{\sin x}{x}$ 是偶函数，故当 $x \to 0^-$ 时，$f(x) \to 1$.

由 $\lim\limits_{x \to 0^-} \frac{\sin x}{x} = \lim\limits_{x \to 0^+} \frac{\sin x}{x} = 1$，所以

$$\lim\limits_{x \to 0} \frac{\sin x}{x} = 1.$$

这个重要极限可以应用下面的极限存在准则证明，我们先不加证明地把该准则叙述如下.

极限存在准则　设 $g(x)$，$f(x)$，$h(x)$ 在 x_0 点左右附近有定义，若 $g(x) \leqslant f(x) \leqslant h(x)$，且

$$\lim\limits_{x \to x_0} g(x) = \lim\limits_{x \to x_0} h(x) = A,$$

则

$$\lim\limits_{x \to x_0} f(x) = A.$$

该准则又称为夹逼定理，对 $x \to \infty$ 和数列也成立.

*证明　作图 1.4.1 所示的单位圆，其中 $0 < x < \frac{\pi}{2}$，AT 与圆相切，$BC \perp AO$. 所以

$$S_{\triangle AOB} = \frac{1}{2} \times 1^2 \times \sin x,$$

$$S_{扇形 AOB} = \frac{1}{2} \times 1^2 \times x,$$

$$S_{\triangle AOT} = \frac{1}{2} \times 1^2 \times \tan x.$$

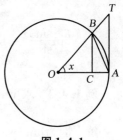

图 1. 4. 1

由于

$$S_{\triangle AOB} < S_{扇形 AOB} < S_{\triangle AOT},$$

因此

$$\frac{1}{2} \sin x < \frac{1}{2} x < \frac{1}{2} \tan x,$$

从而有

$$1 < \frac{x}{\sin x} < \frac{1}{\cos x},$$

于是

$$\cos x < \frac{\sin x}{x} < 1.$$

用 $-x$ 代替 x 时上式仍成立,即对 $-\dfrac{\pi}{2}<x<0$ 也成立.由习题 1.2 第 4 题可知 $\lim\limits_{x\to0}\cos x=1$,而 $\lim\limits_{x\to0}1=1$,所以由极限存在准则有

$$\lim_{x\to0}\frac{\sin x}{x}=1.$$

该重要极限有以下特点:

(1) 它是带有三角函数的 "$\dfrac{0}{0}$" 型;

(2) 它在形式上可写成 $\lim\limits_{\square\to0}\dfrac{\sin\square}{\square}$,其中 $\square$ 表示任意单位为弧度的同一个无穷小.

例 1.4.1 求 $\lim\limits_{x\to0}\dfrac{\tan x}{x}$.

解 $\lim\limits_{x\to0}\dfrac{\tan x}{x}=\lim\limits_{x\to0}\dfrac{\sin x}{x}\cdot\dfrac{1}{\cos x}=\lim\limits_{x\to0}\dfrac{\sin x}{x}\cdot\dfrac{\lim\limits_{x\to0}1}{\lim\limits_{x\to0}\cos x}=1.$

例 1.4.2 求 $\lim\limits_{x\to0}\dfrac{\sin3x}{\sin7x}$.

解 这是一个含有三角函数的 "$\dfrac{0}{0}$" 型,应想到利用第一个重要极限,即有

$$\lim_{x\to0}\frac{\sin3x}{\sin7x}=\lim_{x\to0}\frac{\dfrac{\sin3x}{3x}}{\dfrac{\sin7x}{7x}}\cdot\frac{3}{7}=\frac{3}{7}\cdot\frac{\lim\limits_{3x\to0}\dfrac{\sin3x}{3x}}{\lim\limits_{7x\to0}\dfrac{\sin7x}{7x}}=\frac{3}{7}.$$

例 1.4.3 求 $\lim\limits_{x\to0}\dfrac{1-\cos x}{x^2}$.

解 因为 $\lim\limits_{x\to0}\cos x=1$,所以 $\lim\limits_{x\to0}(1-\cos x)=0$.这是带有三角函数的 "$\dfrac{0}{0}$" 型,而要利用第一个重要极限需出现正弦函数,注意到 $1-\cos x=2\sin^2\dfrac{x}{2}$,于是

$$\lim_{x\to0}\frac{1-\cos x}{x^2}=\lim_{x\to0}\frac{2\sin^2\dfrac{x}{2}}{x^2}=\frac{1}{2}\lim_{\frac{x}{2}\to0}\left(\frac{\sin\dfrac{x}{2}}{\dfrac{x}{2}}\right)^2=\frac{1}{2}.$$

2) $\lim\limits_{x\to\infty}\left(1+\dfrac{1}{x}\right)^x=\mathrm{e}$

这是第二个重要极限.

我们这里仅通过下面的数表(见表 1.4.2)来观察当 $x\to\infty$ 时 $\left(1+\dfrac{1}{x}\right)^x$ 的变化趋

势.可以看出,当 x 离原点越来越远时,$\left(1+\dfrac{1}{x}\right)^x$ 变化的速度越来越慢并趋于一个确定的常数.我们把这个常数记作 e. e=2.718 281 828 459 045…,是一个无理数.

表 1.4.2

x	-1	-10	-100	$-1\,000$	$-10\,000$	$-100\,000$	…
$\left(1+\dfrac{1}{x}\right)^x$	—	2.87	2.732	2.720	2.718 4	2.718 3	…
x	1	10	100	1 000	10 000	100 000	…
$\left(1+\dfrac{1}{x}\right)^x$	2	2.59	2.705	2.717	2.718	2.718 27	…

e 是一个重要的常数,常把其作为指数函数与对数函数的底,从而产生了 $y=$ e^x 与自然对数 $y=\ln x$.

应当指出:(1) 这个重要极限的底 $1+\dfrac{1}{x}\to1(x\to\infty)$,指数是无穷大. 这也是一种不定型,记作"$1^\infty$". 细心的读者通过思考不难发现

$$\lim_{x\to\infty}\left(1+\frac{1}{x}\right)^{10\,000}=\left[\lim_{x\to\infty}\left(1+\frac{1}{x}\right)\right]^{10\,000}=1,$$

但是 $\lim\limits_{x\to\infty}\left(1+\dfrac{1}{x}\right)^x=\mathrm{e}=2.718\,28\cdots$. 这就是哲学中的量变质变规律在数学中的具体体现.

(2) 在第二个重要极限中,若令 $u=\dfrac{1}{x}$,那么,当 $x\to\infty$ 时 $u\to0$,这样就得到了它的一种等价形式:

$$\lim_{u\to0}(1+u)^{\frac{1}{u}}=\mathrm{e}.$$

(3) 第二个重要极限可以更一般地写成

$$\lim_{\square\to\infty}\left(1+\frac{1}{\square}\right)^{\square}=\mathrm{e}\quad\text{或}\quad\lim_{\square\to0}(1+\square)^{\frac{1}{\square}}=\mathrm{e},$$

式中的"□"代表同一个变量表达式.

例 1.4.4　求 $\lim\limits_{x\to\infty}\left(\dfrac{x+3}{x}\right)^x$.

解　当 $x\to\infty$ 时 $\dfrac{x+3}{x}\to1$,故 $\lim\limits_{x\to\infty}\left(\dfrac{x+3}{x}\right)^x$ 是"1^∞"型.

根据第二个重要极限的特点,有

$$\lim_{x\to\infty}\left(\frac{x+3}{x}\right)^x=\lim_{x\to\infty}\left(1+\frac{3}{x}\right)^x=\lim_{x\to\infty}\left[\left(1+\frac{3}{x}\right)^{\frac{x}{3}}\right]^3$$

$$=\left[\lim_{\frac{x}{3}\to\infty}\left(1+\frac{3}{x}\right)^{\frac{x}{3}}\right]^3=\mathrm{e}^3.$$

这里 $\lim\limits_{x\to 0}\dfrac{\sin x}{x}=1$ 和 $\lim\limits_{x\to\infty}\left(1+\dfrac{1}{x}\right)^x=\mathrm{e}$ 之所以被称为两个重要极限,是因为在微分学中推导一些基本求导公式时要用到它们.

在本节以上各例中,应用两个重要极限求极限的方法称为公式法.

1.4.2 无穷小的比较

在研究 y 随 x 变化的快慢程度以及很多实际问题中,常常要研究两个无穷小之比的极限. 例如,研究直线运动物体的瞬时速度、电流强度、非均匀线棒的线密度、化学物质的分解速度、人口增长速度等,在实质上都是要研究两个无穷小之比的极限. 因此,在许多情况下两个无穷小之比的极限都有确定的意义.

当 $x\to 0$ 时,$x,2x,x^2,\sin x$ 都是无穷小,但它们趋于 0 的速度却不尽相同(见表 1.4.3).

表 1.4.3

x	0.1	0.01	0.001	0.000 1	0.000 01	…
$2x$	0.2	0.02	0.002	0.000 2	0.000 02	…
x^2	0.01	0.000 1	0.000 001	0.000 000 01	0.000 000 000 1	…
$\sin x$	0.099 8	0.009 999 8	0.000 999 99	0.000 099 999	0.000 01	…

它们相互之比的极限也各不相同:

$$\lim_{x\to 0}\frac{2x}{x}=2,\quad \lim_{x\to 0}\frac{x^2}{x}=0,\quad \lim_{x\to 0}\frac{\sin x}{x}=1,\quad \lim_{x\to 0}\frac{x}{x^2}=\infty.$$

一般的,有如下定义.

定义 1.4.1 设 α,β 是同一自变量变化过程中的两个无穷小,且 $\beta\neq 0$.

(1) 如果 $\lim\dfrac{\alpha}{\beta}=0$,则称 α 是比 β 高阶的无穷小,记作 $\alpha=o(\beta)$;

(2) 如果 $\lim\dfrac{\alpha}{\beta}=\infty$,则称 α 是比 β 低阶的无穷小;

(3) 如果 $\lim\dfrac{\alpha}{\beta}=A\ (A\neq 0)$,则称 α 与 β 是同阶无穷小;

(4) 如果 $\lim\dfrac{\alpha}{\beta}=1$,则称 α 与 β 是等价无穷小,记作 $\alpha\sim\beta$.

显然等价无穷小是同阶无穷小的特殊情况.

当 $x\to 0$ 时,常用的等价无穷小有

$\sin x\sim x$ (第一个重要极限)

$\tan x\sim x$ (例 1.4.1)

$1-\cos x\sim\dfrac{1}{2}x^2$ (例 1.4.3)

$\ln(1+x) \sim x$ （例 1.5.4）

$\mathrm{e}^x - 1 \sim x$ （例 3.1.3）

$\sqrt[n]{1+x} - 1 \sim \dfrac{1}{n}x$, $n \in \mathbf{N}^*$ （例 3.1.4）

关于等价无穷小,有以下定理.

定理 1.4.1 设 $\alpha \sim \alpha_1$, $\beta \sim \beta_1$,且 $\lim \dfrac{\alpha_1}{\beta_1}$ 存在,则 $\lim \dfrac{\alpha}{\beta}$ 一定也存在,且

$$\lim \frac{\alpha}{\beta} = \lim \frac{\alpha_1}{\beta_1}.$$

有了这个定理,例 1.4.2 也可以这样做:

因为 $x \to 0$ 时,$\sin 3x \sim 3x$,$\sin 7x \sim 7x$,所以

$$\lim_{x \to 0} \frac{\sin 3x}{\sin 7x} = \lim_{x \to 0} \frac{3x}{7x} = \frac{3}{7}.$$

例 1.4.5 求 $\lim\limits_{x \to 0} \dfrac{1 - \cos 3x}{x \sin x}$.

解 因为 $x \to 0$ 时,$1 - \cos 3x \sim \dfrac{1}{2}(3x)^2$,$\sin x \sim x$,所以

$$\lim_{x \to 0} \frac{1 - \cos 3x}{x \sin x} = \lim_{x \to 0} \frac{\dfrac{1}{2}(3x)^2}{x \cdot x} = \frac{9}{2}.$$

这种求极限的方法称为**等价代换法**.

习题 1.4

1. 求下列极限:

(1) $\lim\limits_{x \to 0} \dfrac{\sin 3x}{x}$;

(2) $\lim\limits_{x \to 0} x \cot x$;

(3) $\lim\limits_{x \to \frac{\pi}{2}} \dfrac{\cos x}{\dfrac{\pi}{2} - x}$;

(4) $\lim\limits_{x \to \infty} x \sin \dfrac{3}{x}$;

(5) $\lim\limits_{x \to \infty} \left(1 - \dfrac{2}{x}\right)^x$;

(6) $\lim\limits_{x \to 0} (1 + 3x)^{\frac{1}{x}}$;

(7) $\lim\limits_{x \to \frac{\pi}{2}} (1 + \cos x)^{2\sec x}$.

2. 当 $x \to -1$ 时,无穷小 $1 + x$ 与 $\dfrac{1}{2}(1 - x^2)$ 是否同阶? 是否等价?

*3. 当 $x \to 0$ 时,下列无穷小与 x 相比,哪个是高阶无穷小? 哪个是同阶无穷小?

(1) $\tan x^2$;

(2) $x + \sin x$;

(3) $x - \tan x$.

1.5 函数的连续性

第1.2节在关于极限 $\lim\limits_{x \to x_0} f(x) = A$ 的定义中,并不要求函数 $y = f(x)$ 在 x_0 点有定义,只要 x 趋近 x_0 时 $f(x)$ 无限趋近于常数 A 即可. 但是,我们遇到的许多函数不但在 x_0 点有定义,而且当 $x \to x_0$ 时 $f(x)$ 的极限值 A 正是函数 $f(x)$ 在 x_0 点的函数值 $f(x_0)$,即 $\lim\limits_{x \to x_0} f(x) = f(x_0)$. 如 $f(x) = x + 1$,$\lim\limits_{x \to 1} f(x) = \lim\limits_{x \to 1} (x+1) = 2 = f(1)$.

当 $\lim\limits_{x \to x_0} f(x) = f(x_0)$ 时,函数 $y = f(x)$ 在 x_0 点就具有了连续的性质,其对应的图形在经过 $x = x_0$ 时没有缝隙(见图 1.5.1),这时我们就称 $y = f(x)$ 在 x_0 点连续.

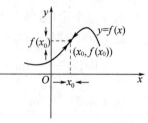

图 1.5.1

1.5.1 连续函数

1) $y = f(x)$ 在 $x = x_0$ 点连续

定义 1.5.1 如果 $\lim\limits_{x \to x_0} f(x) = f(x_0)$,则称函数 $y = f(x)$ 在 $x = x_0$ 点连续.

由定义可以看出,函数在 $x = x_0$ 点连续隐含着三个条件:

(1) 函数 $f(x)$ 在 x_0 点及左右近旁有定义;

(2) $\lim\limits_{x \to x_0} f(x)$ 存在;

(3) $\lim\limits_{x \to x_0} f(x) = f(x_0)$.

如果上述条件中有一个不满足,那么函数 $y = f(x)$ 在 x_0 点就不连续.

现实生活中有许多现象都是连续的,如气温、人的身高、一架飞机飞行的距离等等都是随着时间连续变化的.

如果 $\lim\limits_{x \to x_0^-} f(x) = f(x_0)$,则称函数 $y = f(x)$ 在 x_0 点**左连续**;如果 $\lim\limits_{x \to x_0^+} f(x) = f(x_0)$,则称函数 $y = f(x)$ 在 x_0 点**右连续**.

显然,函数 $y = f(x)$ 在 x_0 点连续 $\Leftrightarrow$ 函数 $y = f(x)$ 在 x_0 点**既左连续又右连续**.

现在,再重述一下函数 $y = f(x)$ 在 x_0 点连续的定义. 如图 1.5.1 所示,当 x 趋近于 x_0 时 $f(x)$ 无限趋近于 $f(x_0)$,因此函数 $y = f(x)$ 在 x_0 点连续具有"x 的微小改变只使 $f(x)$ 发生微小改变"的性质. 若令 $\Delta x = x - x_0$,称 Δx 为自变量 x 在 x_0 点的改变量,则相应函数 $y = f(x)$ 的改变量 $\Delta y = f(x) - f(x_0) = f(x_0 + \Delta x) - f(x_0)$. 当 $\Delta x \to 0$ 时 $x \to x_0$,于是

$$\lim_{\Delta x \to 0} \Delta y = \lim_{x \to x_0} [f(x) - f(x_0)] = \lim_{x \to x_0} f(x) - \lim_{x \to x_0} f(x_0)$$
$$= f(x_0) - f(x_0) = 0.$$

这样,就有了一个与定义 1.5.1 等价的定义.

定义 1.5.2 如果 $\lim\limits_{\Delta x \to 0}\Delta y=0$,则称 $y=f(x)$ 在 x_0 点连续,其中

$$\Delta y=f(x)-f(x_0)=f(x_0+\Delta x)-f(x_0).$$

2) $y=f(x)$ 在区间连续

定义 1.5.3 如果函数 $y=f(x)$ 在开区间 (a,b) 内每一点都连续,则称函数 $y=f(x)$ 在区间 (a,b) 内连续;如果函数 $y=f(x)$ 在开区间 (a,b) 内连续,并且在左端点右连续,在右端点左连续,则称函数 $y=f(x)$ 在闭区间 $[a,b]$ 上连续.

如果函数 $y=f(x)$ 在区间 I 上连续,也说 $y=f(x)$ 是区间 I 上的连续函数,I 为 $y=f(x)$ 的连续区间.

可以想象,在一个区间上连续的函数,其图形是没有间断的,可以一笔画出来.

例 1.5.1 图 1.5.2~图 1.5.6 所示函数中哪些函数有不连续点?为什么?

(1)
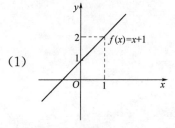

图 1.5.2

(2)
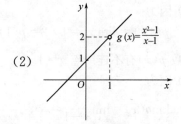

图 1.5.3

(3)
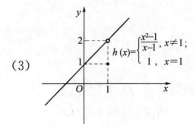

图 1.5.4

(4)
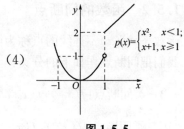

图 1.5.5

(5)
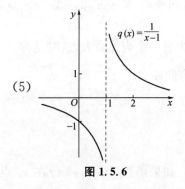

图 1.5.6

解 （1）$f(x) = x+1$ 的定义域为 $(-\infty, +\infty)$，对于任意的 $x_0 \in (-\infty, +\infty)$，都有

$$\lim_{x \to x_0} f(x) = \lim_{x \to x_0}(x+1) = \lim_{x \to x_0} x + \lim_{x \to x_0} 1$$
$$= x_0 + 1 = f(x_0),$$

因此，$f(x) = x+1$ 在 $(-\infty, +\infty)$ 内没有不连续的点.

（2）$g(x) = \dfrac{x^2-1}{x-1}$ 在其定义域 $(-\infty, 1) \bigcup (1, +\infty)$ 内是连续的（请读者自己想想为什么），但在 $x=1$ 点没有定义，因此 $g(x)$ 有不连续点 $x=1$.

（3）因为

$$\lim_{x \to 1} h(x) = \lim_{x \to 1} \frac{x^2-1}{x-1} = \lim_{x \to 1}(x+1) = 2 \neq 1 = h(1),$$

所以 $h(x)$ 有不连续点 $x=1$.

（4）因为

$$p(1^-) = \lim_{x \to 1^-} x^2 = 1 \neq 2 = p(1),$$

所以函数 $p(x)$ 有不连续点 $x=1$.

（5）因为

$$\lim_{x \to 1} q(x) = \lim_{x \to 1} \frac{1}{x-1} = \infty,$$

所以 $q(x)$ 有不连续点 $x=1$.

1.5.2　函数的间断点

函数 $y=f(x)$ 不连续的点称为函数 $y=f(x)$ 的间断点.

我们把间断点作如下的分类：

$$\begin{cases} \text{第一类间断点}: f(x_0^-), f(x_0^+) \text{都存在} \begin{cases} \text{可去间断点}: f(x_0^-) = f(x_0^+) \\ \text{跳跃间断点}: f(x_0^-) \neq f(x_0^+) \end{cases} \\ \text{第二类间断点}: f(x_0^-), f(x_0^+) \text{中至少有一个不存在} \end{cases}$$

在例 1.5.1 中，$x=1$ 是 $g(x)$ 和 $h(x)$ 的可去间断点，是 $p(x)$ 的跳跃间断点，是 $q(x)$ 的第二类间断点.

在第二类间断点中，如果 $f(x_0^-), f(x_0^+)$ 至少有一个为无穷大，这时也称 x_0 点为无穷间断点. 例如，$x=1$ 是 $q(x) = \dfrac{1}{x-1}$ 的无穷间断点.

1.5.3　初等函数的连续性

1）连续函数的运算

定理 1.5.1（连续函数和差积商的连续性）　如果函数 $f(x), g(x)$ 在 x_0 点连

续，则 $f(x) \pm g(x), f(x) \cdot g(x), \dfrac{f(x)}{g(x)}(g(x_0) \neq 0)$ 在 x_0 点也连续.

应当指出：(1) 此定理可根据函数在 x_0 点连续的定义及极限运算法则证明；
(2) 和、差、积可推广至有限个函数的情形.

定理 1.5.2(复合函数的连续性)　设函数 $u = \varphi(x)$ 在 x_0 点连续，$y = f(u)$ 在 $u_0 = \varphi(x_0)$ 点连续，则复合函数 $y = f[\varphi(x)]$ 在 x_0 点连续，即

$$\lim_{x \to x_0} f[\varphi(x)] = f[\varphi(x_0)].$$

此定理给出了复合运算与极限运算次序的可交换性，即在定理的条件下

$$\lim_{x \to x_0} f[\varphi(x)] = f[\lim_{x \to x_0} \varphi(x)].$$

例 1.5.2　求 $\lim\limits_{x \to 0} \sqrt{1 + x}$.

解　$\lim\limits_{x \to 0} \sqrt{1 + x} = \sqrt{\lim\limits_{x \to 0}(1 + x)} = 1.$

下面的定理对于计算某些极限是方便的.

定理 1.5.3　设 $\lim\limits_{x \to x_0} \varphi(x) = a$，函数 $f(u)$ 在 $u = a$ 连续，则有

$$\lim_{x \to x_0} f[\varphi(x)] = f[\lim_{x \to x_0} \varphi(x)] = f(a).$$

定理中 $x \to x_0$ 换成 $x \to \infty$ 等其他变化过程，结论仍成立.

例 1.5.3　求 $\lim\limits_{x \to +\infty} \dfrac{\sqrt{x}}{\sqrt{x+1} + \sqrt{x-1}}$.

解　这是 "$\dfrac{\infty}{\infty}$" 型，有

$$\lim_{x \to +\infty} \frac{\sqrt{x}}{\sqrt{x+1} + \sqrt{x-1}} = \lim_{x \to +\infty} \frac{1}{\sqrt{1 + \dfrac{1}{x}} + \sqrt{1 - \dfrac{1}{x}}}$$

$$= \frac{\lim\limits_{x \to +\infty} 1}{\sqrt{\lim\limits_{x \to +\infty} \dfrac{1}{x} + 1} + \sqrt{1 - \lim\limits_{x \to +\infty} \dfrac{1}{x}}}$$

$$= \frac{1}{2}.$$

例 1.5.4　求 $\lim\limits_{x \to 0} \dfrac{\ln(1 + x)}{x}$.

解　这是 "$\dfrac{0}{0}$" 型，有

$$\lim_{x \to 0} \frac{\ln(1 + x)}{x} = \lim_{x \to 0} \ln(1 + x)^{\frac{1}{x}} = \ln\left[\lim_{x \to 0}(1 + x)^{\frac{1}{x}}\right]$$

$$= \ln e = 1.$$

2）初等函数的连续性

基本初等函数在它们的定义域内都是连续的，这个结论由基本初等函数的图形不难看出.

再由初等函数的定义、定理 1.5.1、定理 1.5.2 及上述结论可推出如下重要结论：**初等函数在其定义区间内都是连续的**.

例 1.5.5　求 $\lim\limits_{x \to 1} \dfrac{\sin x \cdot \ln x}{\sqrt{1+x^2}}$.

解　因为 $\dfrac{\sin x \cdot \ln x}{\sqrt{1+x^2}}$ 是初等函数，它在 $x=1$ 点有定义，所以在 $x=1$ 点连续，于是

$$\lim_{x \to 1} \frac{\sin x \cdot \ln x}{\sqrt{1+x^2}} = \frac{\sin 1 \cdot \ln 1}{\sqrt{1+1^2}} = 0.$$

这种利用初等函数连续性求极限的方法称为**代入求极限法**.

如果 $f(x)$ 为初等函数且在 x_0 点有定义，则

$$\lim_{x \to x_0} f(x) = f(x_0).$$

因此，求极限的第一步是要判断极限的类型，这也是关键的一步；第二步是根据极限的类型采用相应的解法.

1.5.4　闭区间上连续函数的性质

在闭区间上连续的函数具有一些重要的性质，这些性质的几何意义是明显的，因此我们仅从几何直观上给出这些性质，略去了证明.

如果函数 $y=f(x)$ 在闭区间 $[a,b]$ 上连续，则其图形应是以 $A(a,f(a))$ 和 $B(b,f(b))$ 为端点的有限长曲线段，能被一笔画出. 该图形一定有最高点及最低点，最高点对应的函数值为函数 $f(x)$ 的最大值，最低点对应的函数值为函数 $f(x)$ 的最小值. 于是有以下定理.

1）最大值和最小值定理

定理 1.5.4　在闭区间 $[a,b]$ 上连续的函数一定有最大值和最小值.

如图 1.5.7 所示，$y=f(x)$ 在 $[a,b]$ 上连续，其最大值为 $f(\xi)$，最小值为 $f(a)$.

由定理 1.5.4 可知，闭区间上连续的函数一定有界.

应该指出：(1) 这是一个存在性的定理，在定理中并没有给出最大值和最小值的求法（这要到第 3 章才能解决）.

(2) 在闭区间 $[a,b]$ 上连续仅仅是 $y=f(x)$ 在 $[a,b]$ 上有最大值和最小值的充分但不必要的条件. 请读者自己研究图 1.5.8 所示的函数.

(3) 定理中的"闭区间"和"连续"两个条件必须都满足，否则结论就不一定成立（见图 1.5.9 和图 1.5.10）

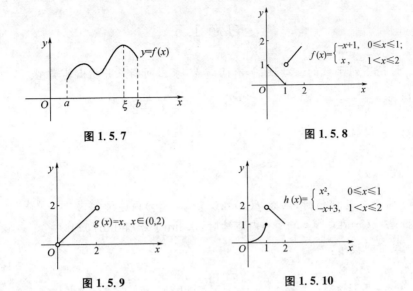

图 1.5.7　　　　　　　　　　　图 1.5.8

图 1.5.9　　　　　　　　　　　图 1.5.10

2) 介值定理

定理 1.5.5　设函数 $f(x)$ 在闭区间 $[a,b]$ 上连续,则对介于 $f(x)$ 的最小值 m 和最大值 M 之间的任何实数 $\mu(m<\mu<M)$,在开区间 (a,b) 内至少有一点 ξ,使

$$f(\xi)=\mu.$$

此定理称为介值定理. 其几何意义是明显的,即介于 $y=m$ 和 $y=M$ 之间的任意一条水平直线 $y=\mu$ 至少与曲线 $y=f(x)$ 相交一次(见图 1.5.11).

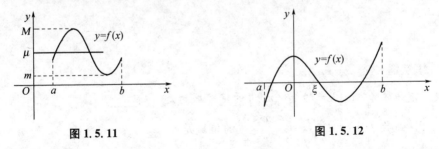

图 1.5.11　　　　　　　　　　　图 1.5.12

推论　设函数 $y=f(x)$ 在闭区间 $[a,b]$ 上连续,且 $f(a)\cdot f(b)<0$,则在开区间 (a,b) 内至少有一点 ξ,使 $f(\xi)=0$.

该推论又称为零点定理或方程根的存在定理,其几何意义如图 1.5.12 所示.

习题 1.5

1. 讨论下列函数的连续性;如有间断点,求出间断点并指出其类型.

(1) $y=\dfrac{1}{3+x}$;

(2) $y=\dfrac{x^2-1}{x^2+3x+2}$;

(3) $y=\dfrac{\sin x}{x}$;

(4) $y=\dfrac{3x}{1-x^2}$.

2. 设 $f(x)=\begin{cases} x^2+\mathrm{e}^x, & x\leqslant 0; \\ x+a, & x>0. \end{cases}$

(1) 常数 a 为何值时,函数 $f(x)$ 在 $(-\infty,+\infty)$ 内连续?

(2) 当 $f(x)$ 在 $(-\infty,+\infty)$ 内连续时,求 $\lim\limits_{x\to -1}f(x)$ 和 $\lim\limits_{x\to 1}f(x)$.

3. 求下列极限:

(1) $\lim\limits_{x\to -2}\dfrac{x^2+2}{x+1}$;

(2) $\lim\limits_{x\to \frac{x}{4}}\dfrac{\cos 3x}{2\sin(\pi-x)}$;

(3) $\lim\limits_{x\to \frac{1}{2}}\dfrac{4x^2-1}{2x-1}$;

(4) $\lim\limits_{x\to 4}\dfrac{\sqrt{x+5}-3}{x-4}$.

4. 证明:方程 $x^3+3x^2-1=0$ 在 $(0,1)$ 内至少有一个实根.

复习题一

A

一、填空题

1. 函数 $y=\ln(1-x)+\sqrt{x+4}$ 的定义域为是_____.

2. 函数 $f(x)=\begin{cases} x^2, & 0<x<3, \\ 2^x, & 3<x\leqslant 4 \end{cases}$ 的值域是_____.

3. 设 $f(x)=\begin{cases} x^2, & x<0, \\ 1, & x=0, \\ x-1, & x>0, \end{cases}$ 则 $f(-1)=$_____,$f[f(1)]=$_____.

4. 已知 $f\left(\cos\dfrac{x}{2}\right)=1+\sin^2\dfrac{x}{2}$,则 $f(x)=$_____.

5. 函数 $y=\mathrm{e}^{\cos(1+x^2)}$ 是由_____、_____和_____复合而成的.

6. $\lim\limits_{x\to\infty}x\sin\dfrac{1}{x}=$_____.

7. $\lim\limits_{x\to\infty}\left(1+\dfrac{1}{2x}\right)^{-x}=$_____.

8. 已知 $f(x)=\begin{cases}\dfrac{x^2-4}{x-2}, & x\neq2, \\ k, & x=2,\end{cases}$ 若 $f(x)$ 在 $(-\infty,+\infty)$ 内连续,则 $k=$_____.

9. 函数 $f(x)=\dfrac{1}{\mathrm{e}^{\frac{x}{x-2}}-1}$ 的间断点是_____.

10. 函数 $f(x)=\dfrac{\sqrt{x+3}}{(x+2)(x-3)}$ 的连续区间是_____.

二、选择题

1. 函数 $f(x)=\begin{cases}x^3, & x\in[-3,0), \\ -x^3, & x\in[0,2]\end{cases}$ 是 （ ）

A. 有界函数　　　　　　　　　　B. 奇函数

C. 偶函数　　　　　　　　　　　D. 周期函数

2. 已知函数 $f(x)$ 的定义域为 $(-\infty,+\infty)$,则函数 $f(x)-f(-x)$ 的图形关于_____对称. （ ）

A. $y=x$　　　B. x 轴　　　C. y 轴　　　D. 坐标原点

3. 如果 $\lim\limits_{x\to3}f(x)=0$,则 $f(x)$ 在 $x=3$ 点 （ ）

A. 有定义且 $f(3)=0$　　　　　　B. 有定义且 $f(3)$ 可为任意值

C. 可能有定义也可能没定义　　　D. 没有定义

4. 下列极限正确的是 （ ）

A. $\lim\limits_{x\to0}\left(1+\dfrac{1}{x}\right)^x=\mathrm{e}$　　　　　B. $\lim\limits_{x\to\infty}\left(1+\dfrac{1}{x}\right)^{\frac{1}{x}}=\mathrm{e}$

C. $\lim\limits_{x\to\infty}x\sin\dfrac{1}{x}=1$　　　　　D. $\lim\limits_{x\to0}x\sin\dfrac{1}{x}=1$

5. 曲线 $y=\dfrac{x^2}{(x-2)^3}$ 的垂直渐近线是 （ ）

A. $y=2$　　　B. $y=0$　　　C. $x=0$　　　D. $x=2$

6. 当 $x\to0$ 时,下面说法中错误的是 （ ）

A. $x\sin\dfrac{1}{x}$ 是无穷小　　　　　B. $x\sin x$ 是无穷小

C. $\dfrac{1}{x}\sin\dfrac{1}{x}$ 是无穷大　　　　　D. $\dfrac{1}{x}$ 是无穷大

7. 当 $x\to0$ 时,$x^2-\sin x$ 是关于 x 的 （ ）

A. 高阶无穷小　　　　　　　　　B. 同阶但不是等价无穷小

C. 低阶无穷小　　　　　　　　　D. 等价无穷小

8. $x=1$ 是函数 $f(x)=\dfrac{x^2-1}{x(x-1)}$ 的 　　　　　　　(　)

A. 可去间断点　　　　　　　　　B. 跳跃间断点

C. 无穷间断点　　　　　　　　　D. 连续点

9. $f(x)$ 在 x_0 点有定义是 $f(x)$ 在 x_0 点连续的 　　　(　)

A. 必要条件而非充分条件

B. 充分条件而非必要条件

C. 充分必要条件

D. 无关条件

10. 设函数 $f(x)=\begin{cases}\dfrac{x^2-4}{x-2}, & x<2, \\ x+2, & x\geqslant 2,\end{cases}$ 则下面结论正确的是 　　(　)

A. $f(x)$ 在 $x=2$ 点无极限

B. $f(x)$ 在 $x=2$ 点有极限但不连续

C. $f(x)$ 在 $x=2$ 点连续

D. $f(x)$ 在 $x=2$ 点是否连续无法确定

三、判断题

1. $\lim\limits_{x\to 1}\dfrac{x-2}{x^2-3x+4}=\dfrac{\lim\limits_{x\to 1}(x-2)}{\lim\limits_{x\to 1}(x^2-3x+4)}.$ 　　　(　)

2. $\lim\limits_{x\to 1}\left(\dfrac{2x}{x-1}-\dfrac{2}{x-1}\right)=\lim\limits_{x\to 1}\dfrac{2x}{x-1}-\lim\limits_{x\to 1}\dfrac{2}{x-1}.$ 　　(　)

3. $\lim\limits_{x\to 1}\dfrac{x^2+5x-6}{x^2+6x-7}=\dfrac{\lim\limits_{x\to 1}(x^2+5x-6)}{\lim\limits_{x\to 1}(x^2+6x-7)}.$ 　　　(　)

4. 若 $\lim\limits_{x\to x_0}f(x)=0$, $\lim\limits_{x\to x_0}g(x)=0$, 则 $\lim\limits_{x\to x_0}\dfrac{f(x)}{g(x)}$ 不存在. 　(　)

5. 一个函数可以有两条不同的水平渐近线. 　　　　　　(　)

6. 如果 $y=2$ 是 $y=f(x)$ 的水平渐近线,则 $y=f(x)$ 不可能与 $y=2$ 相交.

　　　　　　　　　　　　　　　　　　　　　　　　(　)

7. 若 $f(x)$ 在 x_0 点连续,则 $\lim\limits_{x\to x_0}f(x)$ 一定存在. 　　　(　)

8. 在 $[a,b]$ 上连续的函数 $f(x)$ 一定有最大值和最小值. 　(　)

9. 从 $\lim\limits_{x\to x_0}f(x)=1$ 一定能推出 $f(x_0^+)=1$. 　　　　(　)

10. 从 $\lim\limits_{x\to x_0}f(x)=1$ 一定能推出 $f(x_0)=1$. 　　　　(　)

四、计算下列极限

1. $\lim\limits_{x \to 3} \dfrac{x-5}{x-2}$;

2. $\lim\limits_{x \to 4} \dfrac{x^2-6x+8}{x^2-5x+4}$;

3. $\lim\limits_{x \to 0} \dfrac{\sqrt{1+x}-1}{x}$;

4. $\lim\limits_{x \to \infty} \dfrac{x-1}{2x^2-x-1}$;

5. $\lim\limits_{x \to \infty} \dfrac{-3x^2+1}{(x+1)^2}$;

6. $\lim\limits_{x \to 0} \dfrac{\sin\alpha x}{\sin\beta x}$ $(\beta \neq 0)$;

7. $\lim\limits_{x \to 2} \left(\dfrac{1}{x-2} - \dfrac{4}{x^2-4} \right)$;

8. $\lim\limits_{x \to 0} \left(\dfrac{2-x}{2} \right)^{\frac{1}{x}}$;

9. $\lim\limits_{x \to \infty} \dfrac{(2x+3)^{10}}{(3x+1)^5(2x-3)^5}$;

10. $\lim\limits_{x \to 0} \dfrac{\sin x \cdot \tan x}{1-\cos x}$.

五、证明：当 $x \to 0$ 时，$\dfrac{1}{1-x}-1-x \sim x^2$.

六、设

$$f(x) = \begin{cases} x+1, & x>1, \\ 2, & |x| \leqslant 1, \\ -x, & x<-1. \end{cases}$$

(1) 作出函数图形；(2) 讨论函数在 $x=\pm 1$ 点的连续性.

七、证明：方程 $x=\cos x$ 在 $\left(0, \dfrac{\pi}{2}\right)$ 内至少有一个实根.

B

一、计算下列极限

1. $\lim\limits_{x \to 0} \dfrac{2x+\sin x}{3x+\tan x}$;

2. $\lim\limits_{x \to 0} \left(x\sin\dfrac{1}{x} + \dfrac{1}{x}\sin x \right)$;

3. $\lim\limits_{x \to 0^+} \dfrac{e^{\frac{1}{x}}-e^{-\frac{1}{x}}}{e^{\frac{1}{x}}+e^{-\frac{1}{x}}}$;

4. $\lim\limits_{x \to 0} \dfrac{x^2\sin\dfrac{1}{x}}{\sin x}$;

5. $\lim\limits_{x \to 1} \dfrac{\sqrt{3-x}-\sqrt{1+x}}{x^2-1}$;

6. $\lim\limits_{x \to 0} \dfrac{\sin 3x}{e^x-1}$;

7. $\lim\limits_{x \to 0} \dfrac{\ln(1+\sin x)}{\sin 3x}$;

8. $\lim\limits_{n \to \infty} \dfrac{2+2^2+\cdots+2^n}{3+3^2+\cdots+3^n}$.

二、设 $f(x) = \begin{cases} x+1, & x>1, \\ 0, & x=1, \\ -ax, & x<1. \end{cases}$

(1) 求 $f(1^-)$，$f(1^+)$；

(2) 当 a 为何值时 $\lim\limits_{x \to 1} f(x)$ 存在？

（3）当 $\lim\limits_{x \to 1} f(x)$ 存在时，求 $\lim\limits_{x \to 0} f(x)$，$\lim\limits_{x \to 2} f(x)$.

三、将面积为 $25\ \text{cm}^2$ 的直角三角形的斜边长 x 表示为周长 p 的函数.

四、求函数 $f(x) = \dfrac{x^2 - 3x}{|x|(x^2 - 9)}$ 的间断点，并判断间断点的类型.

自测题一

一、选择题

1. 函数 $y = a^{x^a}$ 是由函数 _____ 复合而成的.　　　　　　　　　（　　）

A. $y = u^a$ 和 $u = a^x$ 　　　　　　　B. $y = a^u$ 和 $u = a^x$

C. $y = u^a$ 和 $u = x^a$ 　　　　　　　D. $y = a^u$ 和 $u = x^a$

2. $\lim\limits_{x \to 0^-} e^{\frac{1}{x}} =$　　　　　　　　　　　　　　　　　　（　　）

A. 0　　　　　　B. $+\infty$　　　　　　C. 1　　　　　　D. 不存在

3. 从 $\lim\limits_{x \to x_0} f(x) = 2$ 不能推出　　　　　　　　　　　　　　（　　）

A. $\lim\limits_{x \to x_0^+} f(x) = 2$ 　　　　　　　B. $f(x_0^-) = 2$

C. $f(x_0) = 2$ 　　　　　　　D. $\lim\limits_{x \to x_0} [f(x) - 2] = 0$

4. 当 $x \to 0$ 时，下列函数中为 x 的高阶无穷小的是　　　　　　（　　）

A. $1 - \cos x$　　　B. $x^2 + x$　　　C. $\sqrt{x}$　　　D. $\tan 2x$

5. 设函数 $f(x) = \begin{cases} (1 - 2x)^{\frac{1}{x}}, & x \neq 0, \\ A, & x = 0, \end{cases}$ 若 $f(x)$ 在 $(-\infty, +\infty)$ 上连续，则 $A =$

（　　）

A. e　　　　　　B. e^{-2}　　　　　　C. e^{-1}　　　　　　D. 1

二、填空题

1. 函数 $f(x) = \sqrt{5 - x} + \ln(x - 1)$ 的定义域是 _____.

2. 如果 $f(x) = \sqrt{1 + x^2}$，则 $f(t + 1) =$ _____.

3. $\lim\limits_{n \to \infty} \left[1 + \dfrac{(-1)^n}{n^2} + \left(-\dfrac{1}{4} \right)^n \right] =$ _____.

4. 设 $y = \dfrac{1}{1 - x}$，当 $x \to$ _____ 时，y 是无穷小；当 $x \to$ _____ 时，y 是无穷大.

5. $f(x) = \sqrt{x} + \ln(2 - x)$ 的连续区间是 _____.

三、求下列极限

1. $\lim\limits_{x\to 1}\dfrac{\cos x\ln x}{1+x^2}$;

2. $\lim\limits_{x\to\infty}\dfrac{x^2+1}{x^2+2x+1}$;

3. $\lim\limits_{x\to+\infty}\dfrac{2^x+1}{2^{x+1}+5}$;

4. $\lim\limits_{x\to 0}\dfrac{\ln(1+x^2)}{\sin x\cdot\tan 2x}$.

四、设

$$f(x)=\begin{cases}\dfrac{\sqrt{1+x}-\sqrt{1-x}}{x}, & -1\leqslant x<0,\\ 2, & x\geqslant 0,\end{cases}$$

讨论 $f(x)$ 的连续性;如果有间断点,试说明间断点的类型.

五、证明:方程 $x\cdot 2^x=1$ 至少有一个小于 1 的正根.

阅读材料一

数学历程与极限思想

有人曾把数学的历史分为四个基本的、性质不同的阶段.第一阶段(数学萌芽时期):这个时期从远古到公元前 5 世纪,人类在长期的生活、生产实践中,从结绳计数到田亩度量以及天文观测等,积累了许多数学知识,逐渐有了数、形的概念,初步形成了算术和几何.第二阶段(常量数学阶段):这个时期始于公元前 5 世纪,止于 17 世纪中叶,数学已由具体过渡到抽象,并逐步形成算术、初等几何、初等代数、三角学等独立分支.也有人把这一时期称为初等数学时期.第三阶段(变量数学时期):这个时期以 17 世纪中叶笛卡儿的解析几何诞生为起点,止于 19 世纪中叶.在这个时期,变量与函数的概念进入了数学,逐步形成了解析几何、微积分、微分方程等独立分支.也有人把这个时期称为高等数学时期.第四阶段(现代数学阶段):这个时期始于 19 世纪中叶.在这个时期,几何、代数、数学分析变得更为抽象,形成了一些更为抽象的空间,如线性空间、拓扑空间、流形等,也产生了一些新的学科,如用数学方法研究命题结构、推理过程的新学科——数理逻辑等.

日本数学家藤天宏教授在第九次国际数学教育大会报告中指出:人类历史上有四个数学高峰:第一个是古希腊的演绎数学时期,它代表了作为科学形态的数学的诞生,是人类"理性思维"的第一个重大胜利;第二个是牛顿-莱布尼茨的微积分时期,为满足工业革命的需要而产生,在力学、光学、工程技术领域获得了巨大成功;第三个是希尔伯特为代表的形式主义公理化时期;第四个是以计算机技术为标志的新数学时期.

不论人们怎样划分数学发展的时期,17 世纪中叶至 19 世纪中叶的变量数学时期都是数学史上最辉煌、最重要的阶段.恩格斯曾说:"在一切理论成就中,未必再有什么像17世纪下半叶微积分学发明那样被看作人类精神的最高胜利了."它突破了常量数学时期用静止的方法研究客观世界个别要素的瓶颈,用运动和变化的观点来探究事物发展和变化的规律.如果说常量数学时期的基本成果构成了现在中学数学课程的主要内容的话,那么以微积分为主要内容的高等数学则是各工科专业必修的基础课程,当然也是一门重要的文化素质和科学素质课程.

然而,我们应该清楚地看到,如果把微积分学看作一座大厦的话,那么极限就是它的基石.美国学者C.B.波耶在他的《微积分概念发展史》一书中指出:在古代东方的中国,早在春秋战国时期就有了极限思想的萌芽.著名哲学家庄子在《庄子·天下篇》中就记载了惠施的一段话:"一尺之棰,日取其半,万世不竭."到三国魏晋时期,我国著名数学家刘徽受到秦汉这种思想的启迪,继承并发展了这种思想,在为《九章算术》作注时最先创造性地把极限的思想引入数学,成为数学方法.这种方法在圆田术和阳马术中得到了充分发挥和广泛应用.西方最早的极限思想是古希腊数学中的"穷竭法",其意思是说,从某个值出发,去掉它的一半或一半以上,然后对余下的部分作同样的处理,那么最后剩下的部分总可以比任意给定的值还小.这一方法蕴含了无限可分的思想,也包含了初步的极限概念.伊萨克·牛顿(Isaac Newton,1642—1727)第一个明确地讨论了极限,但此时他对无限小、极限的认识还处于不严格的状态.在研究物体运动变化时,牛顿先把"无限小"看作是可以无限减小的量,这时它比零大,同时又把它看作零而可以忽略不计,即认为它是零.这是一种含糊不清的理解.法国伟大的数学家柯西(A. L. Cauchy,1789—1857)则是最早在微积分中引进了极限的概念.他以物理运动为背景,用清晰的无穷小,即以零为极限的变量代替了牛顿、莱布尼茨的神秘莫测的无穷小.极限概念的创设是微积分严格化的关键,是微积分发展史上的精华之一,也是柯西对人类文化所作的巨大贡献.关于极限在微积分学或数学分析教材中严格的定义则是由德国数学家魏尔斯特拉斯(K. Weierstrass,1815—1897)给出的,他不满意用"无限趋近"来描述极限的概念,因此改进了柯西的运动与几何直观的极限概念,将动态叙述改为静态叙述,将普通语言的描述改为形式化的数学语言来描述,即把极限概念转化为用数、字母、四则运算和绝对值、不等式等数学符号表示的运算式.总之,柯西的极限概念具有运动直观性,易于理解;而魏尔斯特拉斯的极限概念缺乏直观性且不易理解,但却使微积分理论更加严密.

2 导数与微分

一、学习基本要求

(1) 理解导数的概念,了解导数的几何意义及函数的可导性与连续性之间的关系.

(2) 了解导数作为函数变化率的实际意义.

(3) 熟练掌握导数的四则运算法则、复合函数求导法则和基本初等函数的导数公式.

(4) 了解高阶导数的概念,会求初等函数的二阶导数.

(5) 会求隐函数和参数方程确定的函数的一阶、二阶(较简单的)导数.

(6) 了解一些实际问题中的相关变化率问题.

(7) 理解微分的概念,了解微分概念中局部线性化的思想,了解微分的四则运算法则和一阶微分形式不变性,熟练掌握微分基本公式.

二、应用能力要求

能用导数的概念解释自然科学和社会科学中的变化率问题.

如果某个变化过程能够用一个函数来刻画,应用前面的知识我们能够对函数的一些基本性质以及某种变化趋势进行简单的研究.但是,在现实世界中人们往往更关注在这个变化过程中,一个量随另一个量变化的快慢程度的特性;以及当一个量有微小改变时,如果另一个变量的改变量也是微小的,如何近似计算它.由一个量随另一个量变化的快慢程度问题引出了函数的导数的概念;由函数改变量的近似计算问题引出了另一重要概念——函数的微分.

导数和微分是微分学中两个最重要的基本概念,也是高等数学的重点内容之一.本章将从实际问题出发建立函数的导数和微分的概念,同时给出导数和微分的基本公式、运算法则,在学习时应熟练掌握它们.

2.1 导数

2.1.1 三个实例

例 2.1.1 直线运动的速度.

在"感受微积分"部分,我们已经讨论了运动方程为 $s=t^3$ 的运动物体在 $t=1$ s

时的瞬时速度.

当 $t \to 1$ 时,有

$$\bar{v} = \frac{t^3 - 1^3}{t - 1} \to 3(\mathrm{m/s}),$$

即

$$v(1) = \lim_{t \to 1} \frac{t^3 - 1^3}{t - 1} = 3(\mathrm{m/s}).$$

如果令 $\Delta t = t - 1$,称为时间 t 在 $t = 1$ 时的改变量,则在 Δt 时间内相应路程的改变量

$$\Delta s = t^3 - 1^3 = t^3 - 1,$$

那么

$$v(1) = \lim_{\Delta t \to 0} \bar{v} = \lim_{\Delta t \to 0} \frac{\Delta s}{\Delta t}.$$

对于更一般的直线运动,设运动方程为 $s = s(t)$,借助于上述极限思想,能够确定在 t_0 时的速度 $v(t_0)$.

先让时间 t 在 t_0 有一微小改变量 Δt,相应路程的改变量

$$\Delta s = s(t_0 + \Delta t) - s(t_0),$$

在 t_0 到 $t_0 + \Delta t$ 时间段内,平均速度为

$$\bar{v} = \frac{\Delta s}{\Delta t} = \frac{s(t_0 + \Delta t) - s(t_0)}{\Delta t}.$$

显然,当 Δt 越小时,在 t_0 到 $t_0 + \Delta t$ 时间段内的平均速度 $\bar{v}$ 就越接近 t_0 时的瞬时速度 $v(t_0)$,于是当 $\Delta t \to 0$ 时,有

$$\bar{v} = \frac{\Delta s}{\Delta t} \to v(t_0),$$

即

$$v(t_0) = \lim_{\Delta t \to 0} \bar{v} = \lim_{\Delta t \to 0} \frac{\Delta s}{\Delta t} = \lim_{\Delta t \to 0} \frac{s(t_0 + \Delta t) - s(t_0)}{\Delta t}.$$

例 2.1.2 电流.

由物理学知道,对于恒定电流,电流是单位时间内通过某导体横截面的电量,它可用公式 $i = \dfrac{Q}{t}$ 计算. 其中 t 为时间,Q 为 t 时间内通过导体横截面的电量.

对非恒定电流,设通过导体横截面的电量 Q 与时间 t 的关系为 $Q = Q(t)$,如何确定它在 t_0 时的电流 $i(t_0)$ 呢?

让时间从 t_0 变化到 $t_0 + \Delta t$,在这段时间内通过导体横截面的电量

$$\Delta Q = Q(t_0 + \Delta t) - Q(t_0),$$

其平均电流

$$\bar{i} = \frac{\Delta Q}{\Delta t},$$

显然,当 Δt 愈小时,$\bar{i}$ 就愈接近 t_0 时的瞬时电流 $i(t_0)$,即

$$i(t_0) = \lim_{\Delta t \to 0} \bar{i} = \lim_{\Delta t \to 0} \frac{\Delta Q}{\Delta t} = \lim_{\Delta t \to 0} \frac{Q(t_0 + \Delta t) - Q(t_0)}{\Delta t}.$$

例 2.1.3 细棒的线密度.

如果细棒是均匀的,那么细棒的线密度 ρ 是单位长度细棒的质量,即

$$\rho = \frac{m}{l},$$

其中 m 为细棒的质量,l 为细棒的长度.

如果细棒是不均匀的(见图 2.1.1),这时棒的质量是长度 x 的函数,即 $m = m(x)$. 若已知 $m = m(x)$,如何确定细棒在 x_0 点的线密度 $\rho(x_0)$ 呢?

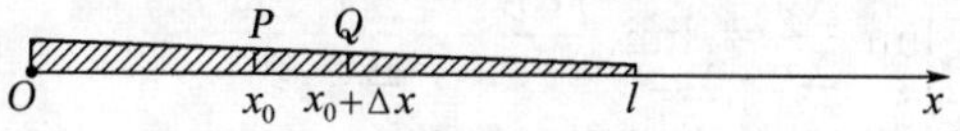

图 2.1.1

让棒的长度 x 在 x_0 点有一个微小改变量 Δx,先求出 PQ 段棒的平均线密度

$$\bar{\rho} = \frac{m(x_0 + \Delta x) - m(x_0)}{\Delta x},$$

则当 Δx 愈小时,平均线密度 $\bar{\rho}$ 愈接近细棒在 x_0 点的线密度 $\rho(x_0)$,于是

$$\rho(x_0) = \lim_{\Delta x \to 0} \bar{\rho} = \lim_{\Delta x \to 0} \frac{\Delta m}{\Delta x} = \lim_{\Delta x \to 0} \frac{m(x_0 + \Delta x) - m(x_0)}{\Delta x}.$$

以上三例尽管物理意义不同,但是其数学特征却是一样的. 它们都是当自变量的改变量趋近于零时,函数的改变量与自变量改变量之比的极限. 在自然科学、工程技术和经济学中,有很多问题都需要研究这样的极限. 因此,十分有必要用一个概念来定义这个极限,这就是导数.

2.1.2 导数的定义

1) $y = f(x)$ 在 x_0 点的导数

定义 2.1.1 设函数 $y = f(x)$ 在 x_0 点及左右近旁有定义,自变量 x 在 x_0 点有改变量 Δx,函数 $f(x)$ 有相应的改变量 $\Delta y = f(x_0 + \Delta x) - f(x_0)$. 若极限 $\lim\limits_{\Delta x \to 0} \dfrac{\Delta y}{\Delta x}$ 存在,则称此极限值为函数 $y = f(x)$ 在 x_0 点的导数,记作 $f'(x_0)$,即

$$f'(x_0) = \lim_{\Delta x \to 0} \frac{\Delta y}{\Delta x} = \lim_{\Delta x \to 0} \frac{f(x_0 + \Delta x) - f(x_0)}{\Delta x},$$

此时,称 $y = f(x)$ 在 x_0 点可导;如果极限 $\lim\limits_{\Delta x \to 0} \dfrac{\Delta y}{\Delta x}$ 不存在,则称函数 $y = f(x)$ 在 x_0

点导数不存在或不可导.

函数 $f(x)$ 在 x_0 点的导数还可以用以下符号表示：

$$y'\Big|_{x=x_0}, \quad \frac{\mathrm{d}y}{\mathrm{d}x}\Big|_{x=x_0}, \quad \frac{\mathrm{d}f(x)}{\mathrm{d}x}\Big|_{x=x_0}.$$

应当指出：(1) 在导数的定义中如果令 $x=x_0+\Delta x$，则当 $\Delta x\to0$ 时有 $x\to x_0$，因此 $f(x)$ 在 x_0 点导数的另一形式为

$$f'(x_0)=\lim_{x\to x_0}\frac{f(x)-f(x_0)}{x-x_0}.$$

(2) 如果

$$\lim_{\Delta x\to0^-}\frac{\Delta y}{\Delta x}=\lim_{\Delta x\to0^-}\frac{f(x_0+\Delta x)-f(x_0)}{\Delta x}$$

存在，称此极限值为函数 $f(x)$ 在 x_0 点的左导数，记作 $f'_-(x_0)$，即

$$f'_-(x_0)=\lim_{\Delta x\to0^-}\frac{\Delta y}{\Delta x}=\lim_{\Delta x\to0^-}\frac{f(x_0+\Delta x)-f(x_0)}{\Delta x}.$$

类似的有函数 $f(x)$ 在 x_0 点的右导数为

$$f'_+(x_0)=\lim_{\Delta x\to0^+}\frac{\Delta y}{\Delta x}=\lim_{\Delta x\to0^+}\frac{f(x_0+\Delta x)-f(x_0)}{\Delta x}.$$

显然，函数 $f(x)$ 在 x_0 点可导(即 $f'(x_0)$ 存在) $\Leftrightarrow f'_-(x_0)=f'_+(x_0)$.

(3) 前面三个实例用导数可表示如下：

① 做变速直线运动的物体在 t_0 时的瞬时速度 $v(t_0)=s'(t_0)$；

② 通过导体的电流在 t_0 时的瞬时电流 $i(t_0)=Q'(t_0)$；

③ 细棒在 x_0 点的线密度 $\rho(x_0)=m'(x_0)$.

2) 导函数

如果函数 $f(x)$ 在 (a,b) 内每一点都可导，称函数 $f(x)$ 在 (a,b) 内可导. 这时，对任意的 $x\in(a,b)$ 都有确定的导数与之对应，则得到 (a,b) 内的一个新函数，称为函数 $f(x)$ 的导函数，记作

$$y', \quad f'(x), \quad \frac{\mathrm{d}y}{\mathrm{d}x} \quad 或 \quad \frac{\mathrm{d}f(x)}{\mathrm{d}x},$$

且

$$f'(x)=\lim_{\Delta x\to0}\frac{\Delta y}{\Delta x}=\lim_{\Delta x\to0}\frac{f(x+\Delta x)-f(x)}{\Delta x}.$$

在不致引起混淆的情况下，导函数简称为导数.

显然，$f'(x)$ 与 $f'(x_0)$ 有如下关系：

$$f'(x_0)=f'(x)\Big|_{x=x_0}.$$

一般的，要求 $f'(x_0)$，通常先求出 $f'(x)$，再利用上式求出 $f'(x_0)$.

例 2.1.4 已知 $y=C(C$ 为常数$)$,求 y'.

解 对任意 $x\in(-\infty,+\infty)$,有

$$\Delta y=f(x+\Delta x)-f(x)=C-C=0,$$

故 $\dfrac{\Delta y}{\Delta x}=0$,即

$$y'=\lim_{\Delta x\to 0}\frac{\Delta y}{\Delta x}=\lim_{\Delta x\to 0}0=0.$$

这样,就得到了导数的第一个基本公式:

$$(C)'=0.$$

例 2.1.5 已知 $y=x^2$,(1) 求 y';(2) 求 $f'(2)$.

解 (1) 对任意 $x\in\mathbf{R}$,有

$$\Delta y=f(x+\Delta x)-f(x)=(x+\Delta x)^2-x^2$$
$$=2x\Delta x+(\Delta x)^2,$$

$$\frac{\Delta y}{\Delta x}=\frac{2x\Delta x+(\Delta x)^2}{\Delta x}=2x+\Delta x,$$

$$y'=\lim_{\Delta x\to 0}\frac{\Delta y}{\Delta x}=\lim_{\Delta x\to 0}(2x+\Delta x)=2x.$$

(2) $f'(2)=y'\Big|_{x=2}=2x\Big|_{x=2}=4.$

例 2.1.6 求 $(\sqrt{x})'$.

解 $\Delta y=f(x+\Delta x)-f(x)=\sqrt{x+\Delta x}-\sqrt{x},$

$$\frac{\Delta y}{\Delta x}=\frac{\sqrt{x+\Delta x}-\sqrt{x}}{\Delta x},$$

$$y'=\lim_{\Delta x\to 0}\frac{\Delta y}{\Delta x}=\lim_{\Delta x\to 0}\frac{\sqrt{x+\Delta x}-\sqrt{x}}{\Delta x}\overset{\frac{0}{0}}{=}\lim_{\Delta x\to 0}\frac{\Delta x}{\Delta x(\sqrt{x+\Delta x}+\sqrt{x})}$$

$$=\lim_{\Delta x\to 0}\frac{1}{\sqrt{x+\Delta x}+\sqrt{x}}=\frac{1}{2\sqrt{x}},$$

即

$$(\sqrt{x})'=\frac{1}{2\sqrt{x}}.$$

细心的读者可能已经发现:

(1) $\sqrt{x}$ 与 $f'(x)=\dfrac{1}{2\sqrt{x}}$ 的定义域已经发生了变化. 一般的,$f'(x)$ 的定义域可能会比 $f(x)$ 的定义域小一些.

(2) $(x^2)'=2x=2x^{2-1}$,$(\sqrt{x})'=\dfrac{1}{2\sqrt{x}}=\dfrac{1}{2}x^{-\frac{1}{2}}=\dfrac{1}{2}x^{\frac{1}{2}-1}$. 这绝不是偶然的. 能

够证明:

$$(x^\alpha)' = \alpha x^{\alpha-1} \quad (\alpha \in \mathbf{R}).$$

这是第二个导数基本公式,利用这个公式能够非常方便地求出幂函数的导数. 如

$$(x\sqrt{x})' = (x^{\frac{3}{2}})' = \frac{3}{2}x^{\frac{1}{2}} = \frac{3}{2}\sqrt{x}.$$

例 2.1.7 求 $(\sin x)'$.

解 对任意的 $x \in \mathbf{R}$,有

$$(\sin x)' = \lim_{\Delta x \to 0} \frac{\sin(x+\Delta x) - \sin x}{\Delta x} = \lim_{\Delta x \to 0} \frac{2\sin\dfrac{\Delta x}{2}\cos\left(x+\dfrac{\Delta x}{2}\right)}{\Delta x}$$

$$= \lim_{\Delta x \to 0} \frac{\sin\dfrac{\Delta x}{2}}{\dfrac{\Delta x}{2}} \cdot \cos\left(x+\frac{\Delta x}{2}\right) = \cos x,$$

即

$$(\sin x)' = \cos x.$$

类似可证

$$(\cos x)' = -\sin x.$$

以上两个是三角函数的导数基本公式.

例 2.1.8 求 $(\log_a x)'$,其中 $a > 0, a \neq 1$.

解 对任意 $x \in (0, +\infty)$,有

$$(\log_a x)' = \lim_{\Delta x \to 0} \frac{\log_a(x+\Delta x) - \log_a x}{\Delta x}$$

$$= \lim_{\Delta x \to 0} \log_a \left(1+\frac{\Delta x}{x}\right)^{\frac{1}{\Delta x}} = \lim_{\Delta x \to 0} \frac{1}{x}\log_a\left(1+\frac{\Delta x}{x}\right)^{\frac{x}{\Delta x}}$$

$$= \frac{1}{x}\log_a\left[\lim_{\Delta x \to 0}\left(1+\frac{\Delta x}{x}\right)^{\frac{x}{\Delta x}}\right] = \frac{1}{x}\log_a \mathrm{e}$$

$$= \frac{1}{x\ln a}.$$

特别的,当 $a = \mathrm{e}$ 时,$(\ln x)' = \dfrac{1}{x}$.

此例给出了对数函数的导数基本公式.

2.1.3 导数的几何意义

在中学里学过圆的切线,但对一般的曲线 L,如何定义 L 在 $P_0(x_0, y_0)$ 点的切线呢? 先观察图 2.1.2.

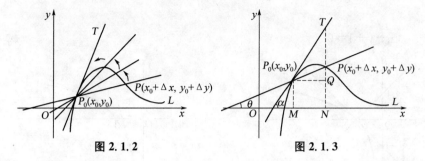

图 2.1.2　　　　　　　　　图 2.1.3

定义 2.1.2　在曲线 L 上 $P_0(x_0,y_0)$ 点近旁再取一点 $P(x_0+\Delta x,y_0+\Delta y)$，作割线 P_0P，当 P 点沿曲线 L 趋近于 P_0 点时，如果割线 P_0P 有极限位置 P_0T，则称直线 P_0T 为曲线 L 在 P_0 点的切线.

如图 2.1.3 所示，设曲线 L 对应的方程是 $y=f(x)$，$P_0(x_0,y_0)$ 和 $P(x_0+\Delta x,$ $y_0+\Delta y)$ 是曲线 L 上的两点，作 P_0M 和 PN 垂直于 x 轴，垂足分别为 M 和 N，作 $P_0Q\perp PN$，则 $P_0Q=\Delta x$，$QP=\Delta y=f(x_0+\Delta x)-f(x_0)$，割线 P_0P 的斜率

$$k_{P_0P}=\tan\theta=\frac{\Delta y}{\Delta x}=\frac{f(x_0+\Delta x)-f(x_0)}{\Delta x}.$$

当 P 点沿曲线 L 趋近于 P_0 点时，$\Delta x\to 0$，$\theta\to\alpha$，根据 $y=\tan x$ 的连续性，有

$$f'(x_0)=\lim_{\Delta x\to 0}\frac{\Delta y}{\Delta x}=\lim_{\theta\to\alpha}\tan\theta=\tan\alpha=k_{P_0T}.$$

不难看出，如果 $f'(x_0)$ 存在，则在几何上 $f'(x_0)$ 就是曲线在 $(x_0,f(x_0))$ 点切线的斜率. 这就是导数的几何意义.

根据导数的几何意义，可得曲线 $y=f(x)$ 在 $P_0(x_0,y_0)$ 点的切线方程和法线方程分别为

$$y-y_0=f'(x_0)(x-x_0),$$

$$y-y_0=-\frac{1}{f'(x_0)}(x-x_0)\quad(f'(x_0)\neq 0).$$

例 2.1.9　求曲线 $y=\ln x$ 在 $(1,0)$ 点的切线方程和法线方程（见图 2.1.4）.

解　根据导数的几何意义，$y=\ln x$ 在 $(1,0)$ 点切线的斜率是

$$k=y'\Big|_{x=1}=(\ln x)'\Big|_{x=1}=\frac{1}{x}\Big|_{x=1}=1,$$

因此所求切线方程为

$$y-0=1(x-1),$$

即

$$x-y-1=0.$$

所求法线方程为

$$y-0=-\frac{1}{1}(x-1),$$

即

$$x+y-1=0.$$

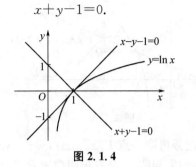

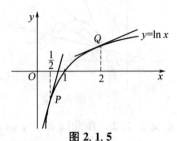

图 2.1.4   图 2.1.5

导数是反映 y 随 x 变化快慢程度的量,这在图 2.1.5 中是十分明显的. 在曲线 $y=\ln x$ 上的 P 点,对应的导数值比较大,曲线在 P 点附近比较陡,y 值变化快;在 Q 点,对应的导数值比较小,曲线在 Q 点附近相对平坦,y 值变化慢一些. 对函数 $y=\ln x$ 而言,$y'\big|_{x=\frac{1}{2}}=2$,即在 $x=\frac{1}{2}$ 点近旁,当自变量有一微小改变量时,y 的改变量约为自变量改变量的 2 倍;$y'\big|_{x=2}=\frac{1}{2}$,即在 $x=2$ 点近旁,当自变量有一微小改变量时,y 的改变量约为自变量改变量的 $\frac{1}{2}$.

2.1.4 函数的可导与连续之间的关系

定理 2.1.1 若函数 $f(x)$ 在 x_0 点可导,则 $f(x)$ 在 x_0 点一定连续.

证明 已知 $f(x)$ 在 x_0 点可导,应有

$$f'(x_0)=\lim_{x\to x_0}\frac{f(x)-f(x_0)}{x-x_0},$$

由于

$$\begin{aligned}
\lim_{x\to x_0}\left[f(x)-f(x_0)\right] &=\lim_{x\to x_0}\frac{f(x)-f(x_0)}{x-x_0}(x-x_0)\\
&=\lim_{x\to x_0}\frac{f(x)-f(x_0)}{x-x_0}\cdot\lim_{x\to x_0}(x-x_0)\\
&=f'(x_0)\cdot 0=0,
\end{aligned}$$

所以 $\lim\limits_{x\to x_0}f(x)=f(x_0)$,即 $f(x)$ 在 x_0 点连续.

应当注意:本定理的逆命题不一定成立.

例 2.1.10 试证函数 $y=|x|$ 在 $x=0$ 点连续但是不可导.

证明 因为

$$\lim_{x\to 0}f(x)=\lim_{x\to 0}|x|=0=f(0),$$

所以 $y=|x|$ 在 $x=0$ 点连续.

而

$$f'_-(0)=\lim_{\Delta x\to 0^-}\frac{f(0+\Delta x)-f(0)}{\Delta x}=\lim_{\Delta x\to 0^-}\frac{|\Delta x|}{\Delta x}=\lim_{\Delta x\to 0^-}\frac{-\Delta x}{\Delta x}=-1,$$

$$f'_+(0)=\lim_{\Delta x\to 0^+}\frac{f(0+\Delta x)-f(0)}{\Delta x}=\lim_{\Delta x\to 0^+}\frac{|\Delta x|}{\Delta x}=\lim_{\Delta x\to 0^+}\frac{\Delta x}{\Delta x}=1\neq f'_-(0),$$

因此,$y=|x|$ 在 $x=0$ 点不可导.

习题 2.1

1. 物体做直线运动的方程为 $s=3t^2-5t$,求:

(1) 物体在 2 s 到 $(2+\Delta t)$s 的平均速度;

(2) 物体在 2 s 时的速度;

(3) 物体在 t 时的瞬时速度.

2. 已知每千克铁由 0℃加热到 T℃所吸收的热量 Q 由下式确定:

$$Q=0.105\ 3T+0.000\ 071T^2\quad(0\leqslant T\leqslant 180),$$

求 T℃时铁的比热 c. $\left(\text{提示}:c=\dfrac{\mathrm{d}Q}{\mathrm{d}T}\right)$

3. 一块热的食物被放入冰箱,其温度 T℃由函数 $T=T(t)$ 确定,食物放入冰箱开始时 $t=0$(t 的单位:min).

(1) $T'(t)$ 的符号应是什么? 为什么?

(2) $T'(15)$ 的单位是什么? $T'(15)=-2$ 有什么实际含义?

4. 求下列函数的导数:

(1) $y=x^3$;   (2) $y=\dfrac{1}{x^3}$;   (3) $y=\sqrt[3]{x^2}$;

(4) $y=x\sqrt[3]{x}$;   (5) $y=\sqrt{x\sqrt{x\sqrt{x}}}$;   (6) $y=\log_2 x$.

5. 过抛物线 $y=x^2$ 上两点 $P(0,0)$ 和 $Q(2,4)$ 作割线,问:

(1) 抛物线 $y=x^2$ 上哪一点的切线与 PQ 平行?

(2) 求出该点的切线方程和法线方程.

2.2 导数公式与函数和、差、积、商的求导法则

为了能刻画某一变化过程中一个量随另一个量变化的快慢程度,即变化率问题,我们以实际问题为背景给出了微分中最重要的概念——导数,并用导数的定义推导出部分函数的导数公式.用定义求函数的导数是十分麻烦的,对有些复杂的函数甚至是不可行的.因此,建立一些求导法则并结合已有的导数公式推导出基本初等函数的导数公式,再用这些公式和法则就可以方便地求出初等函数的导数了.熟练使用导数基本公式和法则求函数的导数是微积分部分最重要的学习内容之一,是学习后面各章内容的基础.学好这一部分内容对学习以后的知识能起到事半功倍的效果,否则将事倍功半.为了让读者尽快熟记这些公式,我们先将这些公式列在下面,对没有推导的公式将在后面逐步推导.

2.2.1 导数基本公式

(1) $(C)' = 0$ (C 为常数);

(2) $(x^{\alpha})' = \alpha x^{\alpha-1}$ ($\alpha \in \mathbf{R}$);

(3) $(a^x)' = a^x \ln a$ ($a>0, a\neq1$);

(4) $(e^x)' = e^x$;

(5) $(\log_a x)' = \dfrac{1}{x\ln a}$ ($a>0, a\neq1$);

(6) $(\ln x)' = \dfrac{1}{x}$;

(7) $(\sin x)' = \cos x$;

(8) $(\cos x)' = -\sin x$;

(9) $(\tan x)' = \sec^2 x$;

(10) $(\cot x)' = -\csc^2 x$;

(11) $(\sec x)' = \sec x \tan x$;

(12) $(\csc x)' = -\csc x \cot x$;

(13) $(\arcsin x)' = \dfrac{1}{\sqrt{1-x^2}}$;

(14) $(\arccos x)' = -\dfrac{1}{\sqrt{1-x^2}}$;

(15) $(\arctan x)' = \dfrac{1}{1+x^2}$;

(16) $(\text{arccot} x)' = -\dfrac{1}{1+x^2}$.

2.2.2 函数和、差、积、商的求导法则

1) 函数和、差的求导法则

法则 1 设函数 $u=u(x), v=v(x)$ 都在 x 点可导,则 $u\pm v$ 在 x 点也可导,且
$$(u\pm v)' = u' \pm v',$$
即两个可导函数和(差)的导数等于这两个函数导数的和(差).

此法则可推广至有限个可导函数的情形.

2) 函数乘积的求导法则

法则 2 设函数 $u=u(x), v=v(x)$ 都在 x 点可导,则 uv 在 x 点也可导,且
$$(uv)' = u'v + uv',$$

即两个可导函数乘积的导数等于第一个因子的导数乘第二个因子,加上第一个因子乘第二个因子的导数.

特别的,如果 $v=C$(C 为常数),由于 $(C)'=0$,因此

$$(Cu)'=Cu'.$$

法则 2 也可推广至有限个可导函数的情形,如

$$(uvw)'=u'vw+uv'w+uvw'.$$

3)函数商的求导法则

法则 3 设函数 $u=u(x)$,$v=v(x)$ 都在 x 点可导且 $v(x)\neq0$,则 $\dfrac{u}{v}$ 在 x 点也可导,且

$$\left(\frac{u}{v}\right)'=\frac{u'v-uv'}{v^2},$$

即两个可导函数商的导数等于分子的导数与分母的乘积减去分母的导数与分子的乘积,再除以分母的平方.

以上法则都可以用导数的定义、极限的运算法则以及可导与连续的关系来证明.下面仅证明法则 3,法则 1、法则 2 的证明留给读者.

*证明 设当自变量 x 有改变量 Δx 时,函数 $u=u(x)$,$v=v(x)$,$y=\dfrac{u(x)}{v(x)}$ 相应的有改变量 $\Delta u,\Delta v,\Delta y$. 因为

$$\Delta y=\frac{u(x+\Delta x)}{v(x+\Delta x)}-\frac{u(x)}{v(x)}=\frac{u+\Delta u}{v+\Delta v}-\frac{u}{v}$$

$$=\frac{(u+\Delta u)v-u(v+\Delta v)}{(v+\Delta v)v}=\frac{\Delta u\cdot v-u\cdot\Delta v}{(v+\Delta v)v},$$

于是

$$\frac{\Delta y}{\Delta x}=\frac{\dfrac{\Delta u}{\Delta x}\cdot v-u\cdot\dfrac{\Delta v}{\Delta x}}{(v+\Delta v)v},$$

$$\lim_{\Delta x\to0}\frac{\Delta y}{\Delta x}=\lim_{\Delta x\to0}\frac{\dfrac{\Delta u}{\Delta x}\cdot v-u\cdot\dfrac{\Delta v}{\Delta x}}{(v+\Delta v)v}.$$

由 $u=u(x)$,$v=v(x)$ 在 x 点可导,有

$$\lim_{\Delta x\to0}\frac{\Delta u}{\Delta x}=u',\quad \lim_{\Delta x\to0}\frac{\Delta v}{\Delta x}=v',\quad \lim_{\Delta x\to0}\Delta v=0\quad(可导必连续),$$

所以

$$y'=\lim_{\Delta x\to0}\frac{\Delta y}{\Delta x}=\frac{\left(\lim\limits_{\Delta x\to0}\dfrac{\Delta u}{\Delta x}\right)v-u\left(\lim\limits_{\Delta x\to0}\dfrac{\Delta v}{\Delta x}\right)}{v\left(v+\lim\limits_{\Delta x\to0}\Delta v\right)}=\frac{u'v-uv'}{v^2},$$

即

$$\left(\frac{u}{v}\right)'=\frac{u'v-uv'}{v^2}.$$

特别的,当 $u=C(C$ 为常数时),有

$$\left(\frac{C}{v}\right)'=-\frac{Cv'}{v^2}.$$

例 2.2.1 设 $f(x)=3x^2-2x+\sin\frac{\pi}{5}$,求 $f'(1)$.

解 $f'(x)=(3x^2)'-(2x)'+\left(\sin\frac{\pi}{5}\right)'$

$\qquad =(3x^2)'-(2x)'+0 \quad \left(\text{注意 } \sin\frac{\pi}{5} \text{ 是常数}\right)$

$\qquad =6x-2,$

$\qquad f'(1)=6\times1-2=4.$

例 2.2.2 求 $y=\sqrt{x}\cos x+\ln2$ 的导数.

解 $y'=(\sqrt{x}\cos x)'+(\ln2)'$

$\qquad =(\sqrt{x})'\cos x+\sqrt{x}(\cos x)'+0 \quad (\text{注意 } \ln2 \text{ 是常数})$

$\qquad =\frac{1}{2\sqrt{x}}\cdot\cos x+\sqrt{x}(-\sin x)$

$\qquad =\frac{\cos x-2x\sin x}{2\sqrt{x}}.$

例 2.2.3 求 $y=\mathrm{e}^{-x}\sin x$ 的导数.

解 注意到 $(\mathrm{e}^{-x})'\neq\mathrm{e}^{-x}$,$\mathrm{e}^{-x}=\frac{1}{\mathrm{e}^x}$,于是

$$y'=\left(\frac{\sin x}{\mathrm{e}^x}\right)'=\frac{(\sin x)'\mathrm{e}^x-\sin x(\mathrm{e}^x)'}{(\mathrm{e}^x)^2}$$

$$=\frac{\cos x\cdot\mathrm{e}^x-\sin x\cdot\mathrm{e}^x}{(\mathrm{e}^x)^2}=\frac{\cos x-\sin x}{\mathrm{e}^x},$$

或写成

$$y'=\mathrm{e}^{-x}(\cos x-\sin x).$$

例 2.2.4 求 $(\tan x)'$.

解 $(\tan x)'=\left(\frac{\sin x}{\cos x}\right)'=\frac{(\sin x)'\cos x-\sin x(\cos x)'}{\cos^2 x}$

$\qquad =\frac{\cos x\cos x-\sin x(-\sin x)}{\cos^2 x}$

$\qquad =\frac{\cos^2 x+\sin^2 x}{\cos^2 x}=\frac{1}{\cos^2 x}=\sec^2 x.$

这就证明了导数公式(9),公式(10),(11),(12)可类似推出,请读者自己完成.

习题 2.2

1. 求下列函数的导数:

(1) $y=2x^3+3\ln x-\dfrac{2}{x}$;

(2) $y=x^2(\sqrt{x}-2)$;

(3) $y=\sqrt{x}\ln x+\ln 3$;

(4) $y=x\arctan x+\cot x$;

(5) $y=\dfrac{x^2-x+1}{\sqrt{x}}$;

(6) $y=x\tan x+2\sec x$;

(7) $y=(2-3x)^2$;

(8) $y=\dfrac{1-\cos x}{1+\cos x}$;

(9) $r=\sqrt{\varphi}\sin\varphi$;

(10) $s=2^t\cos t$.

2. 求下列函数在给定点的导数:

(1) $y=\mathrm{e}^x+x^2\cos x-3x$,在 $x=0$ 处;

(2) $f(t)=\dfrac{1-\sqrt{t}}{1+\sqrt{t}}$,在 $t=1$ 处.

3. 在抛物线 $y=x^2+2x+3$ 上找到一点,使该点的切线与直线 $x-y-1=0$ 平行,并求切线方程.

2.3 反函数和复合函数的导数

1) 反函数的求导法则

法则 4　设函数 $x=\varphi(y)$ 在区间 (a,b) 内单调连续,且在此区间内每点都有不等于零的导数,那么它的反函数 $y=f(x)$ 在相应的区间内也每点可导,且

$$f'(x)=\frac{1}{\varphi'(y)}\quad\text{或}\quad\frac{\mathrm{d}y}{\mathrm{d}x}=\frac{1}{\dfrac{\mathrm{d}x}{\mathrm{d}y}}.$$

这个法则也可简单地说成反函数的导数等于原函数导数的倒数. 这里,我们省去了证明,有兴趣的读者可试着去证明一下.

例 2.3.1　证明: $(a^x)'=a^x\ln a$　($a>0$ 且 $a\neq 1$).

证明　$y=a^x$ 是 $x=\log_a y$ 的反函数. 因为函数 $x=\log_a y$ 在 $(0,+\infty)$ 内单调连续,且 $\dfrac{\mathrm{d}x}{\mathrm{d}y}=\dfrac{1}{y\ln a}\neq 0$,因此由法则 4,有

$$(a^x)' = \frac{dy}{dx} = \frac{1}{\frac{dx}{dy}} = y\ln a = a^x \ln a.$$

特别的,当 $a = e$ 时,$(e^x)' = e^x$.

例 2.3.2 求函数 $y = \arcsin x(|x| < 1)$ 的导数.

解 $y = \arcsin x(|x| < 1)$ 是 $x = \sin y\left(|y| < \frac{\pi}{2}\right)$ 的反函数. 因为 $x = \sin y$ 在 $|y| < \frac{\pi}{2}$ 内单调连续,且 $\frac{dx}{dy} = (\sin y)' = \cos y \neq 0$,因此根据反函数求导法则,有

$$\frac{dy}{dx} = \frac{1}{\frac{dx}{dy}} = \frac{1}{\cos y},$$

而

$$\cos y = \sqrt{1 - \sin^2 y} = \sqrt{1 - x^2} \quad \left(\text{当} |y| < \frac{\pi}{2} \text{时}, \cos y > 0\right),$$

从而

$$\frac{dy}{dx} = \frac{1}{\sqrt{1 - x^2}},$$

即

$$(\arcsin x)' = \frac{1}{\sqrt{1 - x^2}} \quad (-1 < x < 1).$$

这就是反正弦函数的导数公式(13).

用类似的方法可求得

$$(\arccos x)' = -\frac{1}{\sqrt{1 - x^2}} \quad (-1 < x < 1),$$

$$(\arctan x)' = \frac{1}{1 + x^2} \quad (-\infty < x < +\infty),$$

$$(\text{arccot}\, x)' = -\frac{1}{1 + x^2} \quad (-\infty < x < +\infty).$$

至此,我们已将 16 个导数公式完全推出. 请读者仔细回顾每个公式是怎样推导的,并寻找出你认为有规律的东西,并把它记下来.

2) 复合函数的求导法则

由前面的内容,我们已经会求一些较简单的函数的导数. 但是,要彻底解决初等函数的求导问题,还必须掌握复合函数的求导方法. 我们先看看 $\sin 2x$ 的导数,有

$$(\sin 2x)' = (2\sin x \cos x)' = 2[(\sin x)'\cos x + \sin x(\cos x)']$$
$$= 2(\cos^2 x - \sin^2 x) = 2\cos 2x,$$

可见

$$(\sin 2x)' \neq \cos 2x.$$

下面给出复合函数求导法则.

法则 5 设函数 $u=\varphi(x)$ 在 x 点可导,函数 $y=f(u)$ 在相应的 u 点可导,则复合函数 $y=f[\varphi(x)]$ 在 x 点也可导,且

$$\frac{dy}{dx}=\frac{dy}{du} \cdot \frac{du}{dx} \quad \text{或} \quad y'_x=y'_u \cdot u'_x \quad \text{或} \quad y'_x=f'(u) \cdot \varphi'(x).$$

法则 5 可叙述为两个可导函数复合而成的函数的导数等于函数对中间变量的导数乘以中间变量对自变量的导数. 此法则可推广至有限个函数相复合的情形. 如 $y=f(u),u=\varphi(v),v=g(x)$ 皆可导,则

$$\frac{dy}{dx}=\frac{dy}{du} \cdot \frac{du}{dv} \cdot \frac{dv}{dx}.$$

该法则通常又称为链式法则.

例 2.3.3 求函数 $y=e^{-2x}$ 的导数.

解 $y=e^{-2x}$ 是由 $y=e^u,u=-2x$ 复合而成的,由复合函数求导法则,有

$$y'_x=(e^u)' \cdot (-2x)'=e^u \cdot (-2)=-2e^{-2x}.$$

例 2.3.4 求函数 $y=\sqrt[3]{2-x^2}$ 的导数.

解 $y=\sqrt[3]{2-x^2}$ 是由 $y=\sqrt[3]{u},u=2-x^2$ 复合而成的,由复合函数求导法则,有

$$y'_x=y'_u \cdot u'_x=(\sqrt[3]{u})' \cdot (2-x^2)'$$
$$=\frac{1}{3}u^{\frac{1}{3}-1}(-2x)=\frac{1}{3}u^{-\frac{2}{3}}(-2x)$$
$$=-\frac{2}{3}\frac{x}{\sqrt[3]{u^2}}=-\frac{2x}{3\sqrt[3]{(2-x^2)^2}}.$$

熟练掌握求复合函数的导数后,就不必再写出中间变量,而把中间变量所代替的式子默记在心,直接由外往里逐层求导即可.

* **例 2.3.5** 求函数 $y=e^{\arcsin 2x}$ 的导数.

解 $y'=(e^{\arcsin 2x})'=e^{\arcsin 2x}(\arcsin 2x)'$
$$=e^{\arcsin 2x} \cdot \frac{1}{\sqrt{1-(2x)^2}}(2x)'$$
$$=\frac{2e^{\arcsin 2x}}{\sqrt{1-4x^2}}.$$

例 2.3.6 证明:$(x^a)'=ax^{a-1} \quad (a \in \mathbf{R})$.

证明 $(x^a)'=(e^{a\ln x})'=e^{a\ln x}(a\ln x)'$
$$=e^{a\ln x}\frac{a}{x}=x^a \cdot \frac{a}{x}=ax^{a-1}.$$

例 2.3.7 求下列函数的导数：

(1) $y = x\sqrt{1-x}$；　　　　　　(2) $y = \ln\sqrt{\dfrac{1-x}{1+x}}$.

解 (1) $y' = (x)'\sqrt{1-x} + x(\sqrt{1-x})'$

$$= \sqrt{1-x} + x \frac{1}{2\sqrt{1-x}}(1-x)'$$

$$= \sqrt{1-x} - \frac{x}{2\sqrt{1-x}} = \frac{2-3x}{2\sqrt{1-x}}.$$

(2) 因为

$$y = \ln\sqrt{\frac{1-x}{1+x}} = \frac{1}{2}\big[\ln(1-x) - \ln(1+x)\big],$$

所以

$$y' = \frac{1}{2}\Big[\frac{1}{1-x}(1-x)' - \frac{1}{1+x}(1+x)'\Big]$$

$$= \frac{1}{2}\Big(\frac{-1}{1-x} - \frac{1}{1+x}\Big) = \frac{1}{x^2-1}.$$

由(2)可见，对含有对数符号的复合函数求导时，一般可先利用对数性质化复杂函数为较简单函数再求导.

习题 2.3

1. 在下面括号内填入适当的函数.

(1) $y = \sin^2 x$ 是由(　　　)，(　　　)复合而成的，由法则 5，有

　　$y' = ($ 　　 $)' \cdot ($ 　　 $)' = ($ 　　　　 $)$；

(2) $y = \dfrac{1}{(2x-1)^2}$ 是由(　　　)，(　　　)复合而成的，由法则 5，有

　　$y' = ($ 　　 $)' \cdot ($ 　　 $)' = ($ 　　　　 $)$；

(3) $(\ln(x^2-1))' = \dfrac{1}{x^2-1}($ 　　 $)' = ($ 　　　　 $)$.

2. 求下列函数的导数：

(1) $y = (1-2x)^5$；　　　　　　(2) $y = \cos\Big(3x + \dfrac{\pi}{5}\Big)$；

(3) $y = \sin(\tan x)$；　　　　　　(4) $y = e^{-\sqrt{x}}$；

(5) $y = \sin^2(2x+1)$；　　　　　(6) $y = \sqrt[4]{1-2x+x^3}$；

(7) $u = \dfrac{1}{(t^4-1)^2}$；　　　　　(8) $y = e^{-3x}\cos 5x$；

(9) $y=(x^2+1)\sqrt{x^2+2}$.

3. 求下列函数在指定点的导数：

(1) $y=x^{10}+10^x+\lg(1-x)$,$x=0$；

(2) $y=x\cos2x+\tan3x$,$x=\dfrac{\pi}{4}$；

(3) $y=\ln\dfrac{\sqrt{x+1}-1}{\sqrt{x+1}+1}$,$x=1$.

4. 证明：$(\ln|x|)'=\dfrac{1}{x}$.

5. 曲线 $y=xe^{-x}$ 上哪一点的切线平行于直线 $y=1$？并求出此切线方程.

6. 一种质量为 m_0 的物质，在化学分解过程中经过时间 t 以后，所剩的质量 m 与时间 t 的关系是

$$m=m_0e^{-kt}\quad(k>0\text{ 是常数})，$$

求物质的分解速度.

2.4 隐函数和由参数方程所确定的函数的导数

2.4.1 隐函数的导数

一般的，我们前面所遇到的函数都是用一个解析式 $y=f(x)$ 表示的，如 $y=e^x$,$y=\sin x$,$y=x\sqrt{x-1}$ 等，这种函数称为显函数. 但是，在有些问题中 y 作为 x 的函数是由二元方程 $F(x,y)=0$ 确定的，这种函数称为隐函数，如 $x+y-5=0$,$x^2+y^2=R^2$(R 为常数,$y\geqslant0$),$ye^x-\cos xy=0$ 等.

显函数与隐函数是函数的两种不同表示形式. 显函数化为隐函数是十分方便的，只要把 $y=f(x)$ 写成 $y-f(x)=0$ 即可. 但是把隐函数写成显函数有时是困难的，而我们常常又需要求隐函数的导数.

假设由二元方程 $F(x,y)=0$ 确定 y 是 x 的函数并且可导，则在方程两边同时对 x 求导，遇到 y 就看成是 x 的函数，遇到 y 的函数就看成是 x 的复合函数，然后从所得的方程中解出 y'_x 即为所求. 这就是隐函数求导法则.

下面，通过例题来说明它.

例 2.4.1 已知圆的方程 $x^2+y^2=25$. (1) 求 $\dfrac{\mathrm{d}y}{\mathrm{d}x}$；(2) 求圆上点 $(3,4)$ 处的切线方程.

解 (1) 方程 $x^2+y^2=25$ 两边对 x 求导,有

$$(x^2)' + (y^2)'_x = 0,$$

注意到 y^2 是 x 的复合函数,由链式法则,有

$$(y^2)'_x = (y^2)'_y \cdot y'_x = 2y \cdot y'_x,$$

因此

$$2x + 2yy'_x = 0,$$

解这个方程求 y'_x,得

$$y'_x = -\frac{x}{y}.$$

(2) 在点 $(3,4)$ 处切线的斜率为

$$k = -\frac{x}{y}\Big|_{(3,4)} = -\frac{3}{4},$$

故圆在点 $(3,4)$ 处的切线方程是

$$y - 4 = -\frac{3}{4}(x - 3),$$

即

$$3x + 4y - 25 = 0.$$

例 2.4.2 已知 $ye^x - \cos(xy) = 0$,求 y'.

解 在方程两边同时对 x 求导,得

$$(ye^x)'_x - [\cos(xy)]'_x = (0)',$$
$$y'_x e^x + y(e^x)' - [-\sin(xy) \cdot (xy)'_x] = 0,$$
$$y'_x e^x + ye^x + \sin(xy)(y + xy'_x) = 0,$$

即

$$[e^x + x\sin(xy)]y'_x = -ye^x - y\sin(xy),$$

因此

$$y'_x = -\frac{y[e^x + \sin(xy)]}{e^x + x\sin(xy)}.$$

上面结果中允许保留 y.

下面通过两个例子说明隐函数求导的特殊应用.

例 2.4.3 求 $y = x^{\sin x}(x > 0)$ 的导数.

解 $y = x^{\sin x}(x > 0)$,它的底和指数都是 x 的函数,通常称为幂指函数. 对于这种函数,可先两边取自然对数,得

$$\ln y = \ln x^{\sin x} = \sin x \cdot \ln x,$$

将上式两边对 x 求导,并注意 $\ln y$ 是 x 的复合函数,于是有

$$\frac{1}{y} \cdot y' = \cos x \cdot \ln x + \frac{\sin x}{x},$$

所以

$$y' = y\left(\cos x \ln x + \frac{\sin x}{x}\right),$$

即

$$y' = x^{\sin x}\left(\cos x \ln x + \frac{\sin x}{x}\right).$$

当然,此题也可以把 y 写成

$$y = x^{\sin x} = e^{\sin x \ln x},$$

然后用复合函数求导法则求导(读者不妨一试).

例 2.4.4 求函数 $y = \sqrt[5]{\dfrac{x(x-1)}{(x-2)(x-3)}}$ 的导数.

解 该函数如果直接应用复合函数求导法求解是十分麻烦的. 两边取自然对数,得

$$\ln y = \frac{1}{5}\left[\ln x + \ln(x-1) - \ln(x-2) - \ln(x-3)\right],$$

两边对 x 求导,有

$$\frac{1}{y} \cdot y' = \frac{1}{5}\left(\frac{1}{x} + \frac{1}{x-1} - \frac{1}{x-2} - \frac{1}{x-3}\right),$$

因此

$$y' = \frac{1}{5}\sqrt[5]{\frac{x(x-1)}{(x-2)(x-3)}}\left(\frac{1}{x} + \frac{1}{x-1} - \frac{1}{x-2} - \frac{1}{x-3}\right).$$

像以上两例,对幂指函数或由许多因子相乘、相除、乘方、开方得到的函数,先将两边取自然对数,然后两边对 x 求导从而求出 y' 的方法,称为**对数求导法**.

2.4.2 由参数方程确定的函数的导数

一般情况下,参数方程

$$\begin{cases} x = \varphi(t), \\ y = \psi(t) \end{cases} \quad (\alpha \leqslant t \leqslant \beta)$$

确定了 y 与 x 的函数关系. 有时在参数方程中消去参数是困难的,那么能否直接由参数方程求出 $\dfrac{dy}{dx}$ 呢?

如果函数 $x = \varphi(t)$ 具有单调连续的反函数 $t = \varphi^{-1}(x)$,那么由参数方程所确定的函数 y 可以看成是由函数 $y = \psi(t)$ 和 $t = \varphi^{-1}(x)$ 复合而成的函数. 假定 $x = \varphi(t)$, $y = \psi(t)$ 都可导,且 $\varphi'(t) \neq 0$,于是根据复合函数与反函数的求导法则,有

$$\frac{dy}{dx} = \frac{dy}{dt} \cdot \frac{dt}{dx},$$

即

$$\frac{\mathrm{d}y}{\mathrm{d}x} = \frac{\dfrac{\mathrm{d}y}{\mathrm{d}t}}{\dfrac{\mathrm{d}x}{\mathrm{d}t}} = \frac{\psi'(t)}{\varphi'(t)}.$$

这就是由参数方程确定的函数 y 对 x 的导数公式.

例 2.4.5 已知参数方程 $\begin{cases} x=t-\dfrac{1}{t}, \\ y=t^2+2\ln t, \end{cases}$ 求 $\dfrac{\mathrm{d}y}{\mathrm{d}x}$.

解 因为

$$\frac{\mathrm{d}y}{\mathrm{d}t} = 2t + \frac{2}{t}, \quad \frac{\mathrm{d}x}{\mathrm{d}t} = 1 + \frac{1}{t^2},$$

所以

$$\frac{\mathrm{d}y}{\mathrm{d}x} = \frac{\dfrac{\mathrm{d}y}{\mathrm{d}t}}{\dfrac{\mathrm{d}x}{\mathrm{d}t}} = \frac{2t+\dfrac{2}{t}}{1+\dfrac{1}{t^2}} = 2t.$$

例 2.4.6 已知椭圆的参数方程为

$$\begin{cases} x=2\cos\theta, \\ y=3\sin\theta \end{cases} \quad (\theta \text{ 为参数}),$$

求椭圆在 $\theta = \dfrac{\pi}{4}$ 时的切线方程.

解 当 $\theta = \dfrac{\pi}{4}$ 时, 椭圆上对应点 $M_0\left(\sqrt{2}, \dfrac{3\sqrt{2}}{2}\right)$, 椭圆在 M_0 点的切线斜率为

$$\frac{\mathrm{d}y}{\mathrm{d}x}\bigg|_{\theta=\frac{\pi}{4}} = \frac{(3\sin\theta)'}{(2\cos\theta)'}\bigg|_{\theta=\frac{\pi}{4}} = -\frac{3}{2}\cot\theta\bigg|_{\theta=\frac{\pi}{4}} = -\frac{3}{2},$$

故所求的切线方程为

$$y - \frac{3\sqrt{2}}{2} = -\frac{3}{2}(x-\sqrt{2}),$$

即

$$3x + 2y - 6\sqrt{2} = 0.$$

习题 2.4

1. 求由下列方程所确定的隐函数 y 对 x 的导数:

(1) $x^2 - y^2 = 25$;　　　　　　(2) $xy - \mathrm{e}^{x+y} = 0$;

(3) $y\sin x - \cos(x-y) = 0$;　　(4) $y\mathrm{e}^x + \ln y - 1 = 0$.

2. 利用对数求导法求下列函数的导数:

(1) $y=(\ln x)^x$;　　　　　　　(2) $y=\dfrac{x^{\frac{3}{4}}\sqrt{x^2-1}}{(3x+2)^5}$.

3. 求下列参数方程所确定的函数的导数 $\dfrac{\mathrm{d}y}{\mathrm{d}x}$:

(1) $\begin{cases} x=t^3-3t-9, \\ y=\ln(t+1); \end{cases}$　　　(2) $\begin{cases} x=a(t-\sin t), \\ y=a(1-\cos t) \end{cases}$ (a 为常数).

4. 证明:椭圆 $\dfrac{x^2}{a^2}+\dfrac{y^2}{b^2}=1$ 上点 $M_0(x_0,y_0)$ 处的切线方程为

$$\frac{x_0 x}{a^2}+\frac{y_0 y}{b^2}=1.$$

5. 求曲线 $x+x^2y^2-y=1$ 在点 $(1,1)$ 处的切线方程.

2.5　自然科学和社会科学中的变化率　高阶导数

由第 2.1 节可以知道,$f'(x)$ 反映了在 x 点 y 随 x 变化的快慢程度,因而它是 y 随 x 变化的变化率. 自然科学和社会科学中有许多变化率问题,如功关于时间的变化率——功率;化学反应中反应物的浓度关于时间的变化率——反应速度;产品制造商每天生产 x 件产品的成本关于 x 的变化率——边际成本;机械运动中转角关于时间的变化率——角速度等.

*2.5.1　在化学中的应用

化学反应是指由一种或多种反应物生成另外一种或多种生成物. 例如,化学方程式

$$2H_2+O_2 \rightarrow 2H_2O$$

意味着两个氢分子和一个氧分子生成两个水分子.

考虑下面的反应:

$$A+B \rightarrow C,$$

其中 A 和 B 是反应物,C 是生成物. 反应物 A 的浓度是指每升的摩尔数(1 mol$=$ 6.022×10^{23} 个分子),记为 $[A]$;同理,$[B]$ 为反应物 B 的浓度;$[C]$ 为生成物 C 的浓度. 在反应过程中浓度不断变化,因此 $[A]$,$[B]$,$[C]$ 是时间 t 的函数. 瞬时反应速率就是

$$\lim_{\Delta t \to 0}\frac{\Delta[C]}{\Delta t}=\frac{\mathrm{d}[C]}{\mathrm{d}t}.$$

随着反应的进行,生成物的浓度不断增加,因此 $\dfrac{\mathrm{d}[C]}{\mathrm{d}t}$ 是正数,即 C 的反应速率

是正的. 而反应物的浓度在反应的过程中逐渐减少, 但由于 $[A]$ 和 $[B]$ 的减少速率与 $[C]$ 的增加速率相同, 因此有

$$\frac{\mathrm{d}[C]}{\mathrm{d}t} = -\frac{\mathrm{d}[A]}{\mathrm{d}t} = -\frac{\mathrm{d}[B]}{\mathrm{d}t}.$$

更一般的情形, 对于化学反应方程式

$$aA + bB \rightarrow cC + dD,$$

我们有

$$\frac{1}{c}\frac{\mathrm{d}[C]}{\mathrm{d}t} = \frac{1}{d}\frac{\mathrm{d}[D]}{\mathrm{d}t} = -\frac{1}{a}\frac{\mathrm{d}[A]}{\mathrm{d}t} = -\frac{1}{b}\frac{\mathrm{d}[B]}{\mathrm{d}t}.$$

2.5.2　在经济学中的应用

设 $C(x)$ 是一个公司生产 x 单位某产品所付出的总成本 (函数 C 称为成本函数), 如生产该项产品的数量从 x_1 增加到 x_2, 所增加的成本为

$$\Delta C = C(x_2) - C(x_1),$$

成本的平均变化率为

$$\frac{\Delta C}{\Delta x} = \frac{C(x_2) - C(x_1)}{x_2 - x_1}.$$

当 $\Delta x \rightarrow 0$ 时, 此极限即为生产该项产品的相应于产品数量 x_1 的成本瞬时变化率, 被经济学家称为边际成本, 即

$$\lim_{\Delta x \rightarrow 0} \frac{\Delta C}{\Delta x} = \frac{\mathrm{d}C}{\mathrm{d}x}.$$

由于 x 经常取整数, 所以让 $\Delta x \rightarrow 0$ 可能没有实际意义, 但是我们总可以利用平滑的近似曲线来代替 $C(x)$.

取 $\Delta x = 1, n$ 很大 (使得 Δx 相对于 n 很小), 我们有

$$C'(n) \approx C(n+1) - C(n),$$

因此, 生产 n 单位产品的边际成本大约等于多生产 1 单位产品的成本.

例如, 某公司生产 x 单位产品的成本 (单位: 元) 为

$$C(x) = 5\,000 + 3x + 0.01x^2,$$

则边际成本函数为

$$C'(x) = 3 + 0.02x.$$

在生产规模为 1 000 单位时, 边际成本为

$$C'(1\,000) = 3 + 0.02 \times 1\,000 = 23(\text{元/单位}),$$

而相对于生产规模为 1 000 单位时, 生产第 1 001 的产品的实际成本为

$$C(1\,001) - C(1\,000) = (5\,000 + 3 \times 1\,001 + 0.01 \times 1\,001^2)$$
$$- (5\,000 + 3 \times 1\,000 + 0.01 \times 1\,000^2)$$
$$= 23.01(\text{元}).$$

注意到：$C'(1\,000) \approx C(1\,001) - C(1\,000)$.

在经济学中还有边际需求、边际收入和边际收益等，它们分别是需求、收入和收益的导数.

2.5.3 高阶导数

做直线运动的物体，如果已知其运动方程 $s = s(t)$，那么它在 t 时刻的速度 $v(t) = s'(t)$. 速度刻画了路程 s 随时间 t 变化的快慢程度，即变化率. 但为了更清晰地掌握运动的特性，有时我们还需要研究速度随时间的变化率，即运动物体的加速度 $a(t) = v'(t) = [s'(t)]'$. 它是路程 s 对时间 t 的导数的导数，称为路程 s 对时间 t 的二阶导数.

一般的，函数 $y = f(x)$ 的导数 $y' = f'(x)$ 仍然是 x 的函数，如果 $y' = f'(x)$ 的导数存在，称这个导数为函数 $f(x)$ 的二阶导数，记作

$$y'', \quad f''(x) \quad \text{或} \quad \frac{\mathrm{d}^2 y}{\mathrm{d}x^2},$$

即

$$y'' = (y')', \quad f''(x) = [f'(x)]' \quad \text{或} \quad \frac{\mathrm{d}^2 y}{\mathrm{d}x^2} = \frac{\mathrm{d}}{\mathrm{d}x}\left(\frac{\mathrm{d}y}{\mathrm{d}x}\right).$$

类似的，二阶导数 $f''(x)$ 的导数称为 $f(x)$ 的三阶导数，记作

$$y''', \quad f'''(x) \quad \text{或} \quad \frac{\mathrm{d}^3 y}{\mathrm{d}x^3}.$$

一般的，$f(x)$ 的 $(n-1)$ 阶导数的导数，称为 $f(x)$ 的 n 阶导数，记作

$$y^{(n)}, \quad f^{(n)}(x) \quad \text{或} \quad \frac{\mathrm{d}^n y}{\mathrm{d}x^n}.$$

我们把二阶和二阶以上的导数称为高阶导数；相应的，也称 $f'(x)$ 为 $f(x)$ 的一阶导数.

由此，直线运动物体的加速度 $a(t) = s''(t) = \dfrac{\mathrm{d}^2 s}{\mathrm{d}t^2}$.

求高阶导数就是连续多次地求导，因此仍然可使用前面已学过的求导方法，从运算的角度上看并无新的内容.

例 2.5.1 求下列函数的二阶导数：

(1) $y = x^2 \ln x$;
(2) $y = \sin^2 \dfrac{x}{2}$.

解 (1) $y' = 2x\ln x + x$,

$\quad y'' = 2(\ln x + 1) + 1 = 2\ln x + 3$.

(2) $y' = 2\sin\dfrac{x}{2}\left(\sin\dfrac{x}{2}\right)' = 2\sin\dfrac{x}{2}\cos\dfrac{x}{2}\left(\dfrac{x}{2}\right)'$

$$=2\sin\frac{x}{2}\cos\frac{x}{2}\cdot\frac{1}{2}=\frac{1}{2}\sin x,$$

$$y''=\frac{1}{2}\cos x.$$

例 2.5.2 求 $y=\sin x$ 的 n 阶导数.

解 $y'=\cos x=\sin\left(x+\frac{\pi}{2}\right),$

$$y''=\cos\left(x+\frac{\pi}{2}\right)=\sin\left(x+2\cdot\frac{\pi}{2}\right),$$

$$y'''=\cos\left(x+2\cdot\frac{\pi}{2}\right)=\sin\left(x+3\cdot\frac{\pi}{2}\right),$$

$$\vdots$$

一般的,有

$$y^{(n)}=\cos\left[x+(n-1)\cdot\frac{\pi}{2}\right]=\sin\left(x+\frac{n\pi}{2}\right),$$

即

$$(\sin x)^{(n)}=\sin\left(x+\frac{n\pi}{2}\right).$$

类似可得

$$(\cos x)^{(n)}=\cos\left(x+\frac{n\pi}{2}\right).$$

例 2.5.3 求 $y=\dfrac{1}{x}$ 的 n 阶导数.

解 $y'=(-1)x^{-2},$

$y''=(-1)(-2)x^{-3},$

$y'''=(-1)(-2)(-3)x^{-4},$

$$\vdots$$

$$y^{(n)}=(-1)(-2)(-3)\cdots(-n)x^{-(n+1)}$$

$$=(-1)^n\cdot 1\cdot 2\cdot 3\cdot\cdots\cdot n\cdot\frac{1}{x^{n+1}}$$

$$=(-1)^n\cdot\frac{n!}{x^{n+1}}.$$

例 2.5.4 设隐函数 $y(x)$ 由 $x-y+\dfrac{1}{2}\sin y=0$ 确定,求 y''.

解 方程 $x-y+\dfrac{1}{2}\sin y=0$ 两边对 x 求导,得

$$1-y'+\frac{1}{2}y'\cos y=0\Rightarrow y'=\frac{2}{2-\cos y},$$

把前式两边再对 x 求导,得

$$-y''+\frac{1}{2}\left[\cos y \cdot y''-\sin y \cdot (y')^2\right]=0,$$

$$-y''+\frac{1}{2}\cos y \cdot y''-\frac{1}{2}\sin y \cdot (y')^2=0,$$

于是

$$y''=\frac{(y')^2\sin y}{\cos y-2}=\frac{4\sin y}{(\cos y-2)^3}.$$

例 2.5.5 设函数 $y(x)$ 由参数式方程 $\begin{cases} x=t-\dfrac{1}{t}, \\ y=t^2+2\ln t \end{cases}$ 确定,求二阶导数 $\dfrac{d^2y}{dx^2}$.

解 先求一阶导数,有

$$\frac{dy}{dx}=\frac{\dfrac{dy}{dt}}{\dfrac{dx}{dt}}=\frac{2t+\dfrac{2}{t}}{1+\dfrac{1}{t^2}}=2t,$$

又因为 $\dfrac{d^2y}{dx^2}=\dfrac{d}{dx}\left(\dfrac{dy}{dx}\right)$,所以求二阶导数相当于求由参数方程 $\begin{cases} x=t-\dfrac{1}{t}, \\ y'=2t \end{cases}$ 确定的函

数 $y'(x)$ 的导数. 因此,继续使用由参数方程确定的函数的求导法则,得

$$\frac{d^2y}{dx^2}=\frac{(y')'_t}{x'_t}=\frac{(2t)'}{\left(t-\dfrac{1}{t}\right)'}=\frac{2}{1+\dfrac{1}{t^2}}=\frac{2t^2}{1+t^2}.$$

习题 2.5

1. 求下列函数的二阶导数 $\dfrac{d^2y}{dx^2}$:

(1) $y=\sqrt{x-1}$;　　　　　(2) $y=x\sin x$;

(3) $y=x\sqrt{1+x}$;　　　　　(4) $y+e^{x+y}-2x=0$;

(5) $\begin{cases} x=\sin t, \\ y=t. \end{cases}$

2. 求下列函数的 n 阶导数 $y^{(n)}$:

(1) $y=a^x$;　　　　　(2) $y=x\ln x$;

(3) $y=x^n+a_1x^{n-1}+a_2x^{n-2}+\cdots+a_{n-1}x+a_n$　　($a_1,a_2,\cdots,a_n$ 都是常数).

3. 设质点做直线运动,其方程如下:

(1) $s=t^3-2t+3, t=2$;   (2) $s=3\sin\dfrac{\pi t}{3}, t=1$.

求质点在给定时刻的速度与加速度.

2.6　函数的微分

1) 函数的线性近似

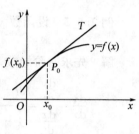

图 2.6.1

如图 2.6.1 所示,当曲线 $y=f(x)$ 在 $(x_0, f(x_0))$ 点附近是光滑的($f(x)$ 在 x_0 点可导),可以看到在该点附近曲线与切线几乎重合在一起. 当 $f(x)$ 在 x_0 点附近的函数值难以计算时,我们完全有理由用切线上的 y 值近似计算 $f(x)$. 而切线上的 y 是 x 的线性函数,它是容易计算的.

这条切线的方程为
$$y=f(x_0)+f'(x_0)(x-x_0),$$
因此,应有
$$f(x)\approx f(x_0)+f'(x_0)(x-x_0)\quad(x\text{ 在 }x_0\text{ 附近}).$$

称该式为 $f(x)$ 在 x_0 点的线性近似. 如果将右式记为 $L(x)$,即
$$L(x)=f(x_0)+f'(x_0)(x-x_0),$$
则称 $L(x)$ 为 $f(x)$ 在 x_0 点的线性化函数.

特别的,当 $x_0=0$ 时,有 $f(x)$ 在 0 点的线性化函数
$$L(x)=f(0)+f'(0)x\quad(x\text{ 在 0 点附近}),$$
相应的线性近似公式为
$$f(x)\approx f(0)+f'(0)x\quad(x\text{ 在 0 点附近}).$$

下面,通过一个具体的例子来进一步体会这种线性近似计算的思想.

例 2.6.1　求 $x=0$ 点函数 $f(x)=\sqrt{1+x}$ 的线性化函数,并利用它来近似计算 $\sqrt{0.98}$ 和 $\sqrt{1.04}$ 的值.

解　由题可知
$$f'(x)=\frac{1}{2}(1+x)^{-\frac{1}{2}}=\frac{1}{2\sqrt{1+x}},$$
因此
$$f(0)=\sqrt{1+0}=1,\quad f'(0)=\frac{1}{2\sqrt{1+0}}=\frac{1}{2},$$

于是可得 $f(x)$ 在 $x=0$ 点的线性化函数

$$L(x)=f(0)+f'(0)(x-0)=1+\frac{x}{2}.$$

相应的线性近似公式为

$$\sqrt{1+x}\approx1+\frac{x}{2}\quad(x\text{ 在 }0\text{ 点附近}),$$

因此

$$\sqrt{0.98}=\sqrt{1+(-0.02)}$$

$$\approx1+\frac{1}{2}\times(-0.02)=0.99,$$

$$\sqrt{1.04}=\sqrt{1+0.04}$$

$$\approx1+\frac{1}{2}\times0.04=1.02.$$

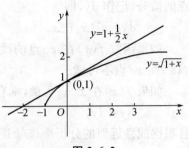

图 2.6.2

线性近似如图 2.6.2 所示；在表 2.6.1 中，我们将例题中线性近似值与实际值进行了比较.

从表和图都可以看出，当 x 离 0 点愈接近时，线性近似愈精确，但是当 x 离 0 点愈远时，一般地说线性近似误差愈大.

表 2.6.1

	x	$L(x)$	$f(x)$ 的准确值
$\sqrt{0.9}$	-0.1	0.95	0.948 683 298…
$\sqrt{0.98}$	-0.02	0.99	0.989 949 493…
$\sqrt{1}$	0	1	1.000 000 000…
$\sqrt{1.04}$	0.04	1.02	1.019 803 903…
$\sqrt{1.1}$	0.1	1.05	1.048 808 848…
$\sqrt{2}$	1	1.5	1.414 213 562…
$\sqrt{3}$	2	2	1.732 050 808…

使用线性近似公式 $f(x)\approx f(x_0)+f'(x_0)(x-x_0)$ 有两个原则：

(1) $f(x_0),f'(x_0)$ 易计算；

(2) x 离 x_0 点很近.

2) 函数的微分

现在，将 $f(x)$ 在 x_0 点的线性近似公式

$$f(x)\approx f(x_0)+f'(x_0)(x-x_0)$$

从另一个角度重新认识一下.

将上述公式变形为

$$f(x)-f(x_0)\approx f'(x_0)(x-x_0),$$

如果令 $x-x_0=\Delta x$，这是自变量 x 在 x_0 点的改变量，则左端的式子 $f(x)-f(x_0)$

是函数 $f(x)$ 相应的改变量 Δy，即 $\Delta y = f(x) - f(x_0)$. 于是原近似公式可写成

$$\Delta y \approx f'(x_0) \Delta x.$$

式子 $f'(x_0) \Delta x$ 在近似计算 Δy 的值时有着重要的作用，下面我们用一个概念来刻画它.

(1) $y = f(x)$ 在 x_0 点的微分

定义 2.6.1　如果函数 $f(x)$ 在 x_0 点可导，则称式子 $f'(x_0) \Delta x$ 为 $f(x)$ 在 x_0 点的微分，记作 dy，即

$$dy = f'(x_0) \Delta x.$$

如果函数 $f(x)$ 在 x_0 点的微分存在，也称函数 $f(x)$ 在 x_0 点可微；否则就称 $f(x)$ 在 x_0 点不可微.

如果 $f(x)$ 在 x_0 点可微，则有

$$\Delta y \approx dy,$$

且根据线性近似的分析应该知道，当 x 愈接近 x_0，即当 Δx 愈小时，用微分 $dy = f'(x_0) \Delta x$ 近似计算 Δy 精确度就愈高.

(2) 函数的微分

如果 $y = f(x)$ 在区间 I 上任一点都可微，称 $f'(x) \Delta x$ 为函数 $f(x)$ 的微分，记作 dy 或 $df(x)$，即

$$dy = f'(x) \Delta x.$$

显然，函数的微分 $dy = f'(x) \Delta x$ 与 x 和 Δx 有关.

特别的，当 $y = x$ 时，有

$$dy = dx = (x)' \Delta x = 1 \cdot \Delta x = \Delta x,$$

因此有

$$dx = \Delta x,$$

这样，函数的微分可以写成

$$dy = f'(x) dx.$$

注意到

$$\frac{dy}{dx} = f'(x),$$

其中 $f'(x)$ 是函数的微分与相应自变量的微分之比，因此导数又称为微商. 由此可见，函数 $f(x)$ 可微和可导是互为充要条件的.

例 2.6.2　求函数 $y = x^2$ 当 $x = 2, \Delta x = 0.001$ 时的函数改变量和函数的微分.

解　$\Delta y = f(2 + 0.001) - f(2) = 2.001^2 - 2^2 = 0.004\,001$.

再求函数的微分，有

$$dy = (x^2)' \Delta x = 2x \Delta x,$$

于是

$$\left. dy \right|_{\substack{x=2 \\ \Delta x=0.001}} = 2 \times 2 \times 0.001 = 0.004.$$

例 2.6.3 求函数 $y = \log_2 x$ 的微分.

解 因为 $y' = \dfrac{1}{x \ln 2}$,故

$$dy = \frac{1}{x \ln 2} dx.$$

3) 微分的几何意义

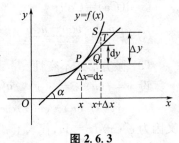

图 2.6.3

如图 2.6.3 所示,设 $P(x, f(x))$ 和 $S(x+\Delta x, f(x+\Delta x))$ 是 $y = f(x)$ 图形上的点,y 相应于 Δx 的改变量

$$\Delta y = f(x+\Delta x) - f(x) = QS.$$

切线 PT 的斜率是导数 $f'(x)$,即

$$f'(x) = \tan a,$$

因此

$$\Delta x \cdot \tan a = \Delta x \cdot f'(x) = QT,$$

即

$$dy = QT.$$

由此可见,Δy 是 $P(x, f(x))$ 点在曲线 $y = f(x)$ 上的纵坐标相应于 Δx 的改变量,而 dy 是 $P(x, f(x))$ 点在曲线的切线上的纵坐标相应于 Δx 的改变量. 这就是微分的几何意义.

当 $|\Delta x|$ 很小时,用 dy 近似代替 Δy 所产生的误差为 $|\Delta y - dy| = |TS|$.

4) 微分公式和微分运算法则

函数微分的定义式 $(dy = f'(x)dx)$ 本身已提供了计算公式,要求函数的微分 dy,只要求出函数的导数 $f'(x)$ 再乘以自变量的微分 dx 即可. 学习者不妨根据导数的基本公式和法则自己推导一下微分的公式和法则.

(1) 微分公式

① $d(C) = 0$;

② $d(x^\alpha) = \alpha x^{\alpha-1} dx$;

③ $d(a^x) = a^x \ln a \, dx$;

④ $d(e^x) = e^x dx$;

⑤ $d(\log_a x) = \dfrac{1}{x \ln a} dx$;

⑥ $d(\ln x) = \dfrac{1}{x} dx$;

⑦ $d(\sin x) = \cos x \, dx$;

⑧ $d(\cos x) = -\sin x \, dx$;

⑨ $d(\tan x) = \sec^2 x \, dx$;

⑩ $d(\cot x) = -\csc^2 x \, dx$;

⑪ $d(\sec x) = \sec x \tan x \, dx$;

⑫ $d(\csc x) = -\csc x \cdot \cot x \, dx$;

⑬ $d(\arcsin x) = \dfrac{1}{\sqrt{1-x^2}} dx$;

⑭ $d(\arccos x) = -\dfrac{1}{\sqrt{1-x^2}} dx$;

⑮ $d(\arctan x)=\dfrac{1}{1+x^2}dx$；   ⑯ $d(\text{arccot}x)=-\dfrac{1}{1+x^2}dx$.

（2）函数和、差、积、商的微分法则

设函数 $u=u(x)$，$v=v(x)$ 皆可微，且 C 为常数，则

① $d(u\pm v)=du\pm dv$；

② $d(uv)=udv+vdu$；

③ $d(Cu)=Cdu$；

④ $d\left(\dfrac{u}{v}\right)=\dfrac{vdu-udv}{v^2}$.

（3）微分形式不变性

设 $y=f(u)$，$u=\varphi(x)$ 皆可微，由复合函数求导法则，有

$$dy=f'(u)\cdot\varphi'(x)dx,$$

又因为 $\varphi'(x)dx=du$，代入上式得

$$dy=f'(u)du.$$

在上式中，不管 u 是 x 的任何可微函数，函数 y 的微分形式与 u 为自变量时的微分保持不变. 通常把微分的这个性质称为微分形式不变性.

例 2.6.4　求 $y=\sin(3x+2)$ 的微分 dy.

解　因为

$$y'=\cos(3x+2)\cdot(3x+2)'=3\cos(3x+2),$$

于是

$$dy=3\cos(3x+2)dx.$$

也可以利用微分形式不变性，只要记住中间变量 $u=3x+2$，有

$$d[\sin(3x+2)]=\cos(3x+2)d(3x+2)$$
$$=3\cos(3x+2)dx.$$

例 2.6.5　求 $y=xe^{2x}$ 的微分.

解　这是乘积的微分，可以利用微分法则求解，即

$$dy=d(xe^{2x})=xd(e^{2x})+e^{2x}dx$$
$$=x\cdot e^{2x}d(2x)+e^{2x}dx$$
$$=2xe^{2x}dx+e^{2x}dx$$
$$=(2x+1)e^{2x}dx.$$

也可以根据微分的定义式求解，即

$$dy=(xe^{2x})'dx=(e^{2x}+2xe^{2x})dx$$
$$=(2x+1)e^{2x}dx.$$

例 2.6.6　证明：当 $|x|$ 很小时，$\ln(1+x)\approx x$.

证明　因为 $|x|$ 很小，函数 $f(x)=\ln(1+x)$ 在 $x=0$ 点附近有线性近似. 又

$$f(0)=\ln(1+0)=0,$$

$$f'(0)=\left[\ln(1+x)\right]'\Big|_{x=0}=\frac{1}{1+x}\Big|_{x=0}=1,$$

因此

$$f(x)\approx f(0)+f'(0)x=0+1\times x=x,$$

即

$$\ln(1+x)\approx x \quad (|x|很小).$$

类似可推导出工程技术上常用的几个近似公式,我们一并把它们写在下面. 当 $|x|$ 很小时,有

$$\sqrt[n]{1+x}\approx 1+\frac{x}{n}, \qquad \sin x\approx x, \qquad \tan x\approx x,$$

$$\ln(1+x)\approx x, \qquad \mathrm{e}^x\approx 1+x.$$

习题 2.6

1. 求出函数 $f(x)=\sqrt{1-x}$ 在 $x=0$ 点的线性近似公式,并根据它近似计算 $\sqrt{0.98}$ 和 $\sqrt{1.02}$;画出 $f(x)=\sqrt{1-x}$ 和它在 $x=0$ 点的切线的图形.

2. 求函数 $y=x^3$ 当 x 从 2 变到 2.02 时函数的改变量 Δy 和函数的微分 $\mathrm{d}y$.

3. 求下列函数在指定点的微分:

(1) $y=\dfrac{x}{1+x}$,在 $x=0$;

(2) $y=\arccos\sqrt{x}$,在 $x=\dfrac{1}{2}$.

4. 求下列函数的微分:

(1) $y=\dfrac{1}{x}-\sqrt{x}$; (2) $y=(1+x+x^2)^3$;

(3) $y=\tan 3x$; (4) $y=x^2\mathrm{e}^{-x}$;

(5) $y=\ln\sqrt{1-x}$; (6) $y=\dfrac{\cos 2x}{x}$.

5. (1) 证明:当 $|x|$ 很小时,有

$$\mathrm{e}^x\approx 1+x, \qquad \frac{1}{(1+2x)^3}\approx 1-6x;$$

(2) 近似计算 $\mathrm{e}^{-0.05}$ 和 0.94^{-3}.

6. 在下列各等式的括号里填上适当的函数:

(1) $\mathrm{d}\left[\ln(2-3x)\right]=(\qquad)\mathrm{d}(2-3x)=(\qquad)\mathrm{d}x$;

(2) $d(\cos^3 x) = ($ $) d\cos x$;

(3) $d($ $) = 3dx$;   (4) $d($ $) = xdx$;

(5) $d($ $) = \sqrt{x}\,dx$;   (6) $d($ $) = e^{-2t}dt$;

(7) $d($ $) = \cos 2x dx$.

复习题二

A

一、填空题

1. $(\tan 2x^3)' = $_____.

2. 已知 $y = 3x^2 - \ln x$，则 $y''\big|_{x=1} = $_____.

3. 已知 $y = e^x$，则 $y^{(n)}(0) = $_____.

4. 已知 $y = \cos(1-x)$，是 $dy = $_____ dx.

5. $d\ln(1-x) = $_____.

6. d_____ $= \sin 2x dx$.

7. d_____ $= e^{3x}d(3x) = $_____ dx.

8. 用微分近似计算公式计算 $\sqrt{1.02} \approx$_____.

9. 在曲线 $y = e^x$ 上取横坐标是 $x_1 = 0$ 和 $x_2 = 1$ 的两点，由这两点作割线，则曲线 $y = e^x$ 在_____点的切线平行于这条割线.

10. 当物体的温度高于周围介质的温度时，物体就会不断冷却. 如果物体的温度 T 与时间 t 的函数关系为 $T = T(t)$，则该物体在 t 时刻的冷却速度为_____.

二、选择题

1. 如果 $f'(x_0)$ 存在，则 $f'(x_0) = $ （   ）

A. $\lim\limits_{\Delta x \to \infty} \dfrac{f(x_0 + 2\Delta x) - f(x_0)}{2\Delta x}$ B. $\lim\limits_{h \to 0} \dfrac{f(x_0 - h) - f(x_0)}{h}$

C. $\lim\limits_{\Delta x \to 0} \dfrac{f(x_0 + \Delta x) - f(x_0 - \Delta x)}{\Delta x}$ D. $\lim\limits_{\Delta x \to 0} \dfrac{f(x_0 + 2\Delta x) - f(x_0)}{2\Delta x}$

2. 设 $y = x \sin x$，则 $f'\left(\dfrac{\pi}{2}\right) = $ （   ）

A. 1 B. -1 C. $\dfrac{\pi}{2}$ D. $-\dfrac{\pi}{2}$

3. 直线 l 与 x 轴平行且与曲线 $y=x-\mathrm{e}^x$ 相切,则切点为　　　　(　　)

A. $(1,1)$ 　　　B. $(-1,1)$ 　　　C. $(0,1)$ 　　　D. $(0,-1)$

4. 已知 $y=x\ln x$,则 $y'''=$ 　　　　(　　)

A. $\dfrac{1}{x^2}$ 　　　B. $-\dfrac{1}{x^2}$ 　　　C. $\dfrac{1}{x}$ 　　　D. $\dfrac{1}{x^3}$

5. 设 y 是 u 的可微函数,u 是 x 的可微函数,则 $\mathrm{d}y=$ 　　　　(　　)

A. $f'(u)u\mathrm{d}x$ 　　　B. $f'(u)\mathrm{d}u$ 　　　C. $f'(u)\mathrm{d}x$ 　　　D. $f'(u)u'\mathrm{d}u$

6. 设 $f(x)=\ln(x^2+x)$,则 $\mathrm{d}f(x)=$ 　　　　(　　)

A. $\dfrac{2}{1+x}\mathrm{d}x$ 　　　B. $\dfrac{1}{x^2+x}\mathrm{d}x$ 　　　C. $\dfrac{2x+1}{x^2+x}\mathrm{d}x$ 　　　D. $\dfrac{2x}{x^2+x}\mathrm{d}x$

7. 用微分近似计算公式求得 $\mathrm{e}^{0.03}$ 的近似值为　　　　(　　)

A. 0.03 　　　B. 1.03 　　　C. 0.97 　　　D. 1

8. 设 $y=x^n+2^x$,则 $y^{(n)}=$ 　　　　(　　)

A. $n!$ 　　　　　　　　　　B. $2^x\ln^n 2$

C. $n!x+2^x\ln^n 2$ 　　　　D. $n!+2^x\ln^n 2$

9. 已知质点做变速直线运动,路程与时间的关系为 $s=t^2+\mathrm{e}^{-t}$,则质点在 $t=1$ 时的速度和加速度分别为　　　　(　　)

A. $1+\mathrm{e}^{-1},1+\mathrm{e}^{-1}$ 　　　　B. $2+\mathrm{e}^{-1},2+\mathrm{e}^{-1}$

C. $2-\mathrm{e}^{-1},2+\mathrm{e}^{-1}$ 　　　　D. 以上都不对

10. 参数方程 $\begin{cases} x=t-\ln t \\ y=t+t^3 \end{cases}$,所确定的函数的导数 $\dfrac{\mathrm{d}y}{\mathrm{d}x}=$ 　　　　(　　)

A. $\dfrac{1-\dfrac{1}{t}}{1+3t^2}$ 　　　　　　　　B. $\dfrac{1+3t^2}{1-\dfrac{1}{t}}$

C. $\left(1-\dfrac{1}{t}\right)(1+3t^2)$ 　　　　D. $\dfrac{1+3t^2}{t-\ln t}$

三、判断题

1. 如果 $f(x)$ 在 x_0 点可导,则 $f'(x_0)=\lim\limits_{h\to 0}\dfrac{f(x_0+h)-f(x_0)}{h}$. 　(　　)

2. $f'(x_0)=[f(x_0)]'$. 　(　　)

3. 如果 $f(x)$ 在 x_0 点可导,则 $f(x)$ 在 x_0 点必有定义. 　(　　)

4. 如果 $f(0)=0$ 且 $f(x)$ 在 $x=0$ 点可导,则一定有 $f'(0)=0$. 　(　　)

5. 曲线 $y=x^2$ 在 $(2,4)$ 点的切线方程为 $y-4=2x(x-2)$. 　(　　)

6. $(\log_a x)'=\dfrac{1}{a\ln x}(a>0$ 为常数$)$. 　(　　)

7. 设 $f(x)=\sin x,g(x)=\ln x$,则 $\left[f(x)g(x)\right]'=(\sin x)'(\ln x)'=\dfrac{\cos x}{x}$.   (   )

8. 设 $xy-\mathrm{e}^y=0$,则 $y+xy'-\mathrm{e}^y=0$,于是 $y'=\dfrac{\mathrm{e}^y-y}{x}$.   (   )

9. $(\tan 2x)'=(\tan 2x)'\cdot(2x)'=2\sec^2 2x$.   (   )

10. 如果 $f'(x)=g'(x)$,则 $f(x)=g(x)+C$.   (   )

四、求下列函数的导数 $\dfrac{\mathrm{d}y}{\mathrm{d}x}$

1. $y=x^{\mathrm{e}}+\mathrm{e}^x+\mathrm{e}^{\mathrm{e}}$;

2. $y=\dfrac{1}{\sqrt[3]{1-x^2}}$;

3. $y=x\tan 2x$;

4. $\begin{cases}x=\mathrm{e}^t\sin t,\\ y=\mathrm{e}^t\cos t;\end{cases}$

5. $x\mathrm{e}^y+y\mathrm{e}^x=0$.

五、求下列函数的微分

1. $y=x\ln^2 x+\ln 2$;

2. $y=\arcsin 2x$.

六、求下列函数的二阶导数 $\dfrac{\mathrm{d}^2y}{\mathrm{d}x^2}$

1. $y=2x^3+\cos 3x$;

2. $y=(1+x^2)\arctan x$.

七、求曲线 $x^3-y^3+xy=1$ 在点$(1,1)$处的切线方程和法线方程.

B

一、求下列函数的微分

1. $y=\dfrac{\sin x-x\cos x}{\cos x-x\sin x}$;

2. $y=\ln(x+\sqrt{1+x^2})$;

3. $y=\cos(x+y)$;

4. $x^y=y^x$.

二、求下列函数的二阶导数 $\dfrac{\mathrm{d}^2y}{\mathrm{d}x^2}$

1. $\tan(x+y)-y=0$;

2. $\begin{cases}x=a\cos t,\\ y=b\sin t\end{cases}$ $(a>0,b>0,t\neq k\pi,k\in\mathbf{Z})$.

三、设 $f(x)=(x-1)(x-2)(x-3)\cdots(x-2\,000)$,求 $f'(1)$.

四、一个立方体的体积以 $10\ \mathrm{cm}^3/\mathrm{min}$ 的速度增大,当一边的长度为 $30\ \mathrm{cm}$ 时,求:

(1) 该立方体边长的变化速度;

(2) 该立方体表面积增加的有多快?

五、已知曲线 $f(x)=\begin{cases}\ln x, & x\geqslant 1,\\ x-1, & x<1.\end{cases}$

(1) 作出该曲线的图形;

(2) 判断函数 $f(x)$ 在 $x=1$ 点是否连续;

(3) 判断函数 $f(x)$ 在 $x=1$ 点是否可导;

(4) 求出 $x=1$ 点对应的切线方程.

自测题二

一、选择题

1. 如果 $f'(x_0)$ 存在,且 $\lim\limits_{h \to 0} \dfrac{f(x_0-h)-f(x_0+h)}{h}=4$,则 $f'(x_0)=$ ( )

A. -2 B. 2 C. -4 D. 4

2. 下列说法中正确的是 ( )

A. 如果 $f(x)$ 在 x_0 点连续,则 $f(x)$ 在 x_0 点可导

B. 如果 $f(x)$ 在 x_0 点不可导,则 $f(x)$ 在 x_0 点不连续

C. 如果 $f(x)$ 在 x_0 点不可微,则 $f(x)$ 在 $x \to x_0$ 时极限不存在

D. 如果 $f(x)$ 在 x_0 点不连续,则 $f(x)$ 在 x_0 点不可导

3. 函数 $y=|\sin x|$ 在 $x=0$ 点 ( )

A. 无定义 B. 有定义,但不连续

C. 连续但不可导 D. 连续且可导

4. 设 $y=\cos e^x$,则 $dy=$ ( )

A. $-e^x \sin e^x$ B. $-\sin e^x dx$

C. $e^x \sin e^x dx$ D. $-e^x \sin e^x dx$

5. 由参数方程 $\begin{cases} x=2t-\sin t, \\ y=t+\cos t \end{cases}$ 确定的函数的导数 $\dfrac{dy}{dx}=$ ( )

A. $1-\sin t$ B. $(2-\cos t)(1-\sin t)$

C. $\dfrac{2-\cos t}{1-\sin t}$ D. $\dfrac{1-\sin t}{2-\cos t}$

6. 设 $y=f(x)$ 在 x 点可导,则当 $\Delta x \to 0$ 时,Δy 是 Δx 的 ( )

A. 低阶无穷小 B. 高阶无穷小

C. 同阶无穷小 D. 同阶或高阶无穷小

二、填空题

1. 设 $f(x)=x^2+2^x$,则 $f^{(3)}(0)=$ _____.

2. 已知 $y=\tan(1-x)$,则 $dy=$ _____.

3. 已知 $f(x)=x(x-1)^2$,则 $f'(1)=$ _____.

4. 已知 $y=x^2 e^{-3x}$,则 $dy=$ _____.

5. 已知 $\begin{cases} x=at, \\ y=a\cos t \end{cases}$ ($a>0$ 为常数)，则 $\dfrac{\mathrm{d}y}{\mathrm{d}x}=$ _____.

6. 曲线 $x^2=6y-y^3$ 在 $(-2,2)$ 点的切线方程为 _____.

三、求下列函数的导数 $\dfrac{\mathrm{d}y}{\mathrm{d}x}$

1. $y=(2-3x)^5$;　　　　　　　　2. $y=\mathrm{e}^{-x}(x^2+2)$;

3. $y\sin x-\cos(x-y)=0$.

四、求下列函数在指定条件下的微分 $\mathrm{d}y$

1. $y=\arcsin\sqrt{x}$, $x=\dfrac{a^2}{2}$ ($a>0$);

2. $\begin{cases} x=t^2-2t+3, \\ y=\ln(t-1), \end{cases}$ $t=2$.

五、求下列函数的二阶导数

1. $y=\arctan\dfrac{1}{x}$;　　　　　　　　2. $y=\cos^2\dfrac{x}{2}$.

六、某工厂要制作一批半径为 1 cm 的球，为了提高球面的光洁度，要镀上一层铜，厚度为 0.01 cm，试估计一下每只球需铜多少克？（铜的密度为 8.9 g/cm^3）

阅读材料二

牛顿、莱布尼茨与微积分

　　牛顿（Isaac Newton，1642—1727）是英国著名的物理学家、数学家和天文学家，是 17 世纪最伟大的科学巨匠. 牛顿 1642 年圣诞节出生于英格兰林肯郡的一个庄园主家庭，是遗腹子. 17 岁继父去世，迫于生活，牛顿退学务农，后有幸在中学校长斯托罗克的资助下重返校园，并于 1661 年成为英国剑桥大学三一学院的免费生. 牛顿一生超常勤奋，加之其非凡的洞察力，成就辉煌. 有人曾评价说，牛顿是为全人类科学事业增添光彩的最伟大的人物. 他的微积分、光谱分析试验、力学三大定律和万有引力定律，分别为近代数学、近代光学、经典力学和近代天文学奠定了坚定可靠的基础. 任何科学家，他的成果如果有一项能与牛顿的上述四项成就之一相匹敌，便足以称为著名的科学家了. 古今中外，如果从所有的数学家当中选拔出三位最伟大的数学家，大家一定会投牛顿一票，另两位很可能是阿基米德和高斯.

　　莱布尼茨（Gottfried Wilhelm Leibniz，1646—1716）是 17、18 世纪之交德国最重要的数学家、物理学家和哲学家，是一位举世罕见的科学天才. 莱布尼茨生于莱比锡，父亲是莱比锡大学哲学和道德学教授. 莱布尼茨从小博览群书，并善于独立思考，15 岁就考入莱比锡大学攻读法学，并直接从大二读起，17 岁获学士学位，20

岁获法学博士学位. 作为一名文科大学生, 由于一次偶然的机会他旁听了一次数学专业教授关于欧几里得《几何原本》的讲座, 从此对数学产生了浓厚的兴趣, 萌生了当数学家的念头. 1672 年在巴黎以外交官身份参加外交活动时, 莱布尼茨有幸结识了数学家、物理学家惠更斯等名人, 并在惠更斯的指导下系统研究了笛卡儿、费马、帕斯卡等学者的著作. 1673 年在伦敦, 莱布尼茨又结识了巴罗、牛顿等名流, 从此步入了数学的殿堂. 莱布尼茨是一位百科全书式的天才, 一生孜孜不倦, 勤奋忘我, 其研究领域涉及数学、力学、光学、机械、生物、海洋、地质、哲学、法学、语言、逻辑等 41 个领域, 几乎涵盖了当时的所有学科, 并且在每一个领域都有杰出成果. 他历任英国皇家学会会员、巴黎科学院院士, 创建了柏林科学院并出任首席院长. 但是, 使他以伟大的数学家闻名于世的却是他独立创建了微积分. 然而不幸的是, 17世纪 90 年代, 在牛顿和莱布尼茨的拥护者之间出现了一场剧烈地争论——究竟是谁先发明了微积分? 莱布尼茨甚至被英国皇家学会会员以剽窃罪名起诉. 但事实证明, 两人是独立发明微积分的.

牛顿从运动学角度, 以"瞬"(无穷小"0")的观点, 运用集合的方法创建了微积分, 并优先把这些数学成果作为工具在力学与物理上进行应用, 由于害怕争论而没有发表. 莱布尼茨则是从几何角度出发, 以"单子"(无穷小 dx)的观点, 运用分析学方法创建了微积分, 并于 1684 年在《教师学报》上发表了论文《一种求极大与极小值和求切线的新方法》. 在数学史上这篇论文被认为是关于微积分正式发表的首篇论文, 而牛顿得出关于微积分的成果比莱布尼茨稍早一些, 但发表则稍晚. 最后, 我们不能不提及, 我们所介绍的微积分的概念、法则和符号几乎全部都是莱布尼茨的原创.

3 导数的应用

一、学习基本要求

（1）了解罗尔定理、拉格朗日中值定理,知道柯西中值定理,并会用洛必达法则求不定型的极限.

（2）理解函数极值的概念,掌握用导数判断函数的单调性和求函数极值的方法,会求解较简单的最值问题.

（3）会用二阶导数判断函数图形的凹凸性,会求函数图形的拐点.

*（4）通过阅读材料,了解求方程近似解的二分法和切线法的思想.

二、应用能力要求

（1）能用导数研究现实世界的某些变化过程中变量的性态.

（2）能用导数求解有关优化问题.

上一章里,我们在极限理论基础上建立了导数的概念,解决了导数的计算及一些简单的问题,譬如求已知曲线 $y=f(x)$ 上某一点的切线方程及法线方程. 但在实际生活中,我们还会遇到诸如最优化问题(成本问题、利润问题等),以及函数 $y=f(x)$ 的单调性、最大(小)值、图形的弯曲情况等问题. 本章中,我们将继续应用导数来研究函数及其曲线的某些性态,解决一些实际问题和方程的近似解.

3.1 微分中值定理与洛必达法则

应用导数来研究函数在区间上的整体性态,还需借助微分中值定理为理论基础. 本节,我们先介绍罗尔定理、拉格朗日中值定理与柯西中值定理,再来讨论导数在求极限中的应用.

3.1.1 微分中值定理

从图 3.1.1 可以看出,在连续曲线弧上一定存在某点,使该点的切线平行于等高点的连线,即切线水平. 具体情况可用罗尔定理归纳.

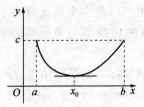 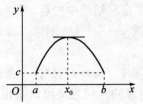

图 3.1.1

定理 3.1.1(罗尔定理) 如果函数 $y=f(x)$ 满足:

(1) 在闭区间 $[a,b]$ 上连续;

(2) 在开区间 (a,b) 内可导;

(3) $f(a)=f(b)$,

则在 (a,b) 内至少存在一点 ξ,使得 $f'(\xi)=0$.

罗尔定理的几何意义:如图 3.1.2 所示,在两个高度相同点之间的一段连续曲线弧 AB 上,如果除端点外每点都有不垂直于 x 轴的切线,则弧上至少有一点 C,在该点处曲线的切线平行于 x 轴,从而平行于弦 AB.

注意:(1) 如果罗尔定理中的三个条件有一个不满足,则结论可能不成立(见图 3.1.3).

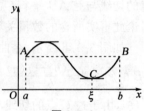

图 3.1.2

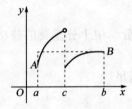 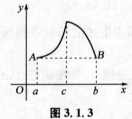 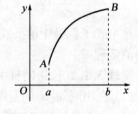

图 3.1.3

(2) 必须指出,罗尔定理的三个条件仅是使结论成立的充分条件,而非必要条件. 例如,函数 $f(x)=x^3$ 在 $[-1,1]$ 上不满足罗尔定理的条件(3),但有 $\xi=0\in(-1,1)$,使 $f'(\xi)=0$(见图 3.1.4).

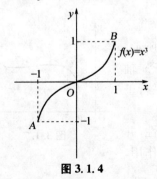

图 3.1.4

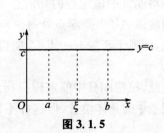

图 3.1.5

（3）罗尔定理结论中的点，可以是一个，也可以是多个或无穷多个．例如，与 x 轴平行的直线 $y=c$ 上（见图 3.1.5），每一点的切线都与直线重合，从而平行于 x 轴．

罗尔定理中 $f(a)=f(b)$ 这个条件是相当特殊的，它使罗尔定理的应用受到限制．由罗尔定理的几何意义可以看出，由于 $f(a)=f(b)$，弦 AB 是条水平线，从而点 C 的切线平行于弦 AB．如果把 $f(a)=f(b)$ 这个条件取消，保留罗尔定理的前两个条件，那么弦 AB 不一定是一条水平线，这种情况下是否同样存在点 C，使得该点处的切线平行于弦 AB 呢？

我们先看一个事实：过一条光滑的曲线 $y=f(x)$ 上的任意两点 A,B 作曲线的割线 AB，我们总能在曲线弧 AB 上找到这样的点 C，使得曲线在 C 点的切线与弦 AB 平行（见图 3.1.6）．下面，我们试讨论此事实所含的数量关系．

图 3.1.6

如图 3.1.6 所示，令曲线方程为 $y=f(x)$，$A(a,f(a))$，$B(b,f(b))$，因此割线 AB 的斜率为 $\dfrac{f(b)-f(a)}{b-a}$．由导数的几何意义，曲线在点 $C(\xi,f(\xi))$ 的切线斜率为 $f'(\xi)$，由于过 C 点的切线与弦 AB 平行，因此有

$$\frac{f(b)-f(a)}{b-a}=f'(\xi),\quad \xi\in(a,b).$$

这个式子就是中值公式，而由上述的结论就得到微分学中十分重要的拉格朗日中值定理．

定理 3.1.2（拉格朗日中值定理）　如果函数 $f(x)$ 满足：

（1）在闭区间 $[a,b]$ 上连续；

（2）在开区间 (a,b) 内可导；

则在 (a,b) 内至少存在一点 ξ，使得

$$f'(\xi)=\frac{f(b)-f(a)}{b-a},$$

或

$$f(b)-f(a)=f'(\xi)(b-a).$$

拉格朗日中值定理的几何意义：如图 3.1.7 所示，连续曲线弧 AB 上除端点外每一点都有不垂直于 x 轴的切线，则弧上至少有一点 C，使得该点的切线平行于弦 AB．

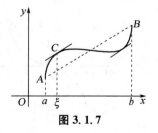

图 3.1.7

显然，拉格朗日中值定理只指出了 ξ 的存在性，并没有提及 ξ 的具体位置，但这并不影响它的重要作用，

因为许多情况下应用定理时,只要知道 ξ 的存在性就足够了.

下面给出拉格朗日中值定理的两个推论.

推论 1 如果函数 $f(x)$ 在开区间 (a,b) 内可导,且 $f'(x)\equiv0$,则
$$f(x)\equiv C, \quad C \text{ 为常数},x\in(a,b).$$

推论 2 如果函数 $f(x),g(x)$ 在开区间 (a,b) 内可导,且 $f'(x)=g'(x)$,则
$$f(x)=g(x)+C, \quad C \text{ 为常数},x\in(a,b).$$

例 3.1.1 验证函数 $y=\ln x$ 在 $[1,e]$ 上拉格朗日中值定理的正确性.

解 函数 $y=\ln x$ 在 $[1,e]$ 上连续,在 $(1,e)$ 内可导,满足拉格朗日中值定理. 由于 $y'=\dfrac{1}{x}$,根据拉格朗日中值定理,有

$$\ln e - \ln 1 = \frac{1}{\xi}(e-1),$$

故

$$\xi = e-1 \in (1,e).$$

例 3.1.2 A,B 两辆赛车同时出发,开始 A 车领先,不久 B 车反超 A 车,最后两车同时到达终点,试证明至少存在某个时刻,两车的加速度相等.

证明 设两车在启动后时间 t 内走过的路程分别为 $f(t)$ 和 $g(t)$,并假定两车在比赛过程中加速度是连续变化的,即函数 $f(t)$ 和 $g(t)$ 有二阶连续导数.

已知 $f(0)=g(0)=0,f(T)=g(T)=L$,则存在 $\tau\in(0,T)$,使得 $f(\tau)=g(\tau)$. 其中 T 是两赛车所花的时间,L 是所走过的总路程,τ 是 B 车赶上 A 车的时刻.

令 $\varphi(t)=f(t)-g(t)$,则函数 $\varphi(t)$ 在 $[0,T]$ 上连续,在 $(0,T)$ 内有二阶导数,且有 $\varphi(0)=\varphi(\tau)=\varphi(T)=0$.

根据罗尔定理可知,存在 $\alpha\in(0,\tau)$,使得 $\varphi'(\alpha)=0$;存在 $\beta\in(\tau,T)$,使得 $\varphi'(\beta)=0$. 在区间 $[\alpha,\beta]$ 上对函数 $\varphi'(t)$ 再次使用罗尔定理,便有存在 $\xi\in(\alpha,\beta)\subset(0,T)$,使得 $\varphi''(\xi)=0$,这就证明了存在 $\xi\in(\alpha,\beta)\subset(0,T)$,使得 $f''(\xi)=g''(\xi)$.

由上述拉格朗日中值定理的讨论,如果曲线弧 AB 以参数方程给出,结果又如何?

设 AB 由参数方程 $\begin{cases}X=F(x), \\ Y=f(x)\end{cases}(a\leqslant x\leqslant b)$ 给出(见图 3.1.8),其中 x 为参数,那么弦 AB 的斜率为

$$k=\frac{f(b)-f(a)}{F(b)-F(a)},$$

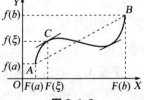

图 3.1.8

又由参数式函数求导公式可得曲线在 (X,Y) 点的切线斜率为

$$k=\frac{dY}{dX}=\frac{f'(x)}{F'(x)},$$

那么由图 3.1.8 所示曲线上点 C 的切线平行于弦 AB,即得

$$\frac{f'(\xi)}{F'(\xi)} = \frac{f(b) - f(a)}{F(b) - F(a)}.$$

这就是柯西中值定理的结论.

定理 3.1.3(柯西中值定理) 如果函数 $f(x), F(x)$ 满足:

(1) $f(x), F(x)$ 在闭区间 $[a, b]$ 上连续;

(2) $f(x), F(x)$ 在开区间 (a, b) 内可导,而且 $F'(x) \neq 0$,

则在 (a, b) 内至少存在一点 ξ,使得

$$\frac{f'(\xi)}{F'(\xi)} = \frac{f(b) - f(a)}{F(b) - F(a)}.$$

显然,如果 $F(x) = x$,那么 $F(b) - F(a) = b - a, F'(x) = 1$,则上式可以写成

$$f'(\xi) = \frac{f(b) - f(a)}{b - a},$$

这就是拉格朗日中值定理公式. 由此可见,柯西中值定理是拉格朗日中值定理的推广.

综上所述,微分中值定理所研究的问题实质是在一定条件下函数在区间端点处的函数值与它在区间内部某点导数值之间的关系,这就使我们利用导数研究函数的性质成为可能.

3.1.2 洛必达法则

在第 1 章极限的学习过程中,对如何求极限,我们已经给出了很多方法. 对于一道极限题,首先也是关键的一步是判断极限的类型. 如果所给极限是确定型的,我们直接利用法则、基本极限或直接代入法求值;如果极限是不定型的,则应根据不同情况采用不同方法求解,比较麻烦. 但不定型有两种最基本的形式,即"$\frac{0}{0}$"型与"$\frac{\infty}{\infty}$"型,下面我们将给出这两种极限在一定条件下更快捷的求法.

导数从它的定义上去看,其本质就是"$\frac{0}{0}$"型不定型. 根据柯西中值定理,我们能够证明用导数求"$\frac{0}{0}$"型不定型和"$\frac{\infty}{\infty}$"型不定型的简单方法——洛必达法则. 这里我们略去证明,洛必达法则叙述如下.

定理 3.1.4(洛必达法则一) 设函数 $f(x), F(x)$ 满足:

(1) $\lim\limits_{x \to x_0} f(x) = 0, \lim\limits_{x \to x_0} F(x) = 0$;

(2) 在 x_0 点左右两侧,$f'(x)$ 及 $F'(x)$ 都存在且 $F'(x) \neq 0$;

(3) $\lim\limits_{x \to x_0} \dfrac{f'(x)}{F'(x)}$ 存在(或为无穷大),

则 $\lim\limits_{x \to x_0} \dfrac{f(x)}{F(x)}$ 存在(或为无穷大),且

$$\lim_{x \to x_0} \frac{f(x)}{F(x)} = \lim_{x \to x_0} \frac{f'(x)}{F'(x)}.$$

洛必达法则一给出了在 $x \to x_0$ 的条件下求解"$\dfrac{0}{0}$"型不定型的问题的方法.

例 3.1.3 求 $\lim\limits_{x \to 0} \dfrac{\mathrm{e}^x - 1}{x}$.

解 显然是"$\dfrac{0}{0}$"型不定型,由洛必达法则一,有

$$\lim_{x \to 0} \frac{\mathrm{e}^x - 1}{x} = \lim_{x \to 0} \frac{\mathrm{e}^x}{1} = \lim_{x \to 0} \mathrm{e}^x = 1.$$

这里验证了 $x \to 0$ 时,$\mathrm{e}^x - 1$ 与 x 是等价无穷小.

例 3.1.4 求 $\lim\limits_{x \to 0} \dfrac{\sqrt[n]{1+x} - 1}{x}$.

解 $x \to 0$ 时,$\sqrt[n]{1+x} - 1 \to 0$,此题仍是"$\dfrac{0}{0}$"型不定型,由洛必达法则一,有

$$\lim_{x \to 0} \frac{\sqrt[n]{1+x} - 1}{x} = \lim_{x \to 0} \frac{\dfrac{1}{n}(1+x)^{\frac{1-n}{n}}}{1} = \frac{1}{n} \cdot \lim_{x \to 0} \sqrt[n]{(1+x)^{1-n}} = \frac{1}{n}.$$

从这里可以看出,$x \to 0$ 时,$\sqrt[n]{1+x} - 1 \sim \dfrac{x}{n}$.

定理 3.1.4 中极限过程是 $x \to x_0$,若改为 $x \to x_0^+$,$x \to x_0^-$,$x \to \infty$,$x \to +\infty$,$x \to -\infty$,结论仍然成立.

类似于"$\dfrac{0}{0}$"型不定型,"$\dfrac{\infty}{\infty}$"型不定型也有相应的洛必达法则.

定理 3.1.5(洛必达法则二) 设函数 $f(x)$,$F(x)$ 满足:

(1) $\lim\limits_{x \to x_0} f(x) = \infty$,$\lim\limits_{x \to x_0} F(x) = \infty$;

(2) 在 x_0 点左右两侧,$f'(x)$ 及 $F'(x)$ 都存在且 $F'(x) \neq 0$;

(3) $\lim\limits_{x \to x_0} \dfrac{f'(x)}{F'(x)}$ 存在(或为无穷大),

则 $\lim\limits_{x \to x_0} \dfrac{f(x)}{F(x)}$ 存在(或为无穷大),且

$$\lim_{x \to x_0} \frac{f(x)}{F(x)} = \lim_{x \to x_0} \frac{f'(x)}{F'(x)}.$$

洛必达法则二给出了在 $x \to x_0$ 的条件下求"$\dfrac{\infty}{\infty}$"型不定型的问题的方法. 极限过程若改为 $x \to x_0^+$,$x \to x_0^-$,$x \to \infty$,$x \to +\infty$,$x \to -\infty$,结论仍然成立.

例 3.1.5 求 $\lim\limits_{x \to +\infty} \dfrac{\ln x}{x}$.

解 显然是 "$\dfrac{\infty}{\infty}$" 型不定型,由洛必达法则二,有

$$\lim_{x \to +\infty} \frac{\ln x}{x} = \lim_{x \to +\infty} \frac{\dfrac{1}{x}}{1} = \lim_{x \to +\infty} \frac{1}{x} = 0.$$

应用洛必达法则求极限时,首先要检查是否为 "$\dfrac{0}{0}$" 型或 "$\dfrac{\infty}{\infty}$" 型不定型. 如果是其他类型的不定型,则应转化为 "$\dfrac{0}{0}$" 型或 "$\dfrac{\infty}{\infty}$" 型后,再使用洛必达法则求解.

例 3.1.6 求 $\lim\limits_{x \to 0^+} x \ln x$.

解 这是 "$0 \cdot \infty$" 型不定型,有

$$\lim_{x \to 0^+} x \ln x = \lim_{x \to 0^+} \frac{\ln x}{\dfrac{1}{x}} \overset{\frac{\infty}{\infty}}{=} \lim_{x \to 0^+} \frac{\dfrac{1}{x}}{-\dfrac{1}{x^2}} = \lim_{x \to 0^+} (-x) = 0.$$

洛必达法则只是求不定型极限的一种方法,使用时一定要注意定理的条件:$\lim\limits_{x \to x_0} \dfrac{f'(x)}{F'(x)}$ 存在(或为无穷大),则 $\lim\limits_{x \to x_0} \dfrac{f(x)}{F(x)} = \lim\limits_{x \to x_0} \dfrac{f'(x)}{F'(x)}$;如果 $\lim\limits_{x \to x_0} \dfrac{f'(x)}{F'(x)}$ 不存在也不为无穷大时,就无法用洛必达法则得出结论. 如

$$\lim_{x \to \infty} \frac{x - \cos x}{x} = \lim_{x \to \infty} (1 + \sin x),$$

上式右端极限不存在,无法用洛必达法则得出结论. 但事实上,有

$$\lim_{x \to \infty} \frac{x - \cos x}{x} = \lim_{x \to \infty} \left(1 - \frac{1}{x} \cdot \cos x \right) = 1 \quad (\text{思考:为什么?}).$$

这就告诉我们,对 "$\dfrac{0}{0}$" 型以及 "$\dfrac{\infty}{\infty}$" 型不定型,洛必达法则并不是万能的. 再如求 $\lim\limits_{x \to +\infty} \dfrac{x}{\sqrt{1+x^2}}$,洛必达法则是失效的. 请学习者动手做一做,并给出此题的正确解法.

习题 3.1

1. 验证函数 $y = \dfrac{1}{3}x^3 - x + 1$ 在 $[-\sqrt{3}, \sqrt{3}]$ 上罗尔定理成立.

2. 函数 $f(x) = e^x, x \in [0,1]$ 是否满足拉格朗日中值定理? 若满足,求出使结论成立的 ξ 值.

* 3. 应用拉格朗日中值定理证明以下不等式.

(1) 求证:$\dfrac{b-a}{b}<\ln\dfrac{b}{a}<\dfrac{b-a}{a}$ $(0<a<b)$;

(2) 设 $a>b>0,n>1$,求证:$nb^{n-1}(a-b)<a^n-b^n<na^{n-1}(a-b)$.

4. 求下列函数极限:

(1) $\lim\limits_{x\to0}\dfrac{e^x-1}{\sin x}$;

(2) $\lim\limits_{x\to1}\dfrac{x^2+x-2}{x^2-1}$;

(3) $\lim\limits_{x\to0}\dfrac{\sin3x}{\sin5x}$;

(4) $\lim\limits_{x\to3}\dfrac{2^x-8}{x-3}$;

(5) $\lim\limits_{x\to+\infty}\dfrac{3x+1}{2x-7}$;

(6) $\lim\limits_{x\to\infty}\dfrac{e^{x^2}}{x^2}$;

(7) $\lim\limits_{x\to\infty}\dfrac{\ln(x^2+1)}{x^2}$;

(8) $\lim\limits_{x\to0^+}x\cot x$.

3.2 函数的单调性与极值

3.2.1 函数的单调性

第 1 章中,我们已经从数值变化的角度介绍了函数的单调性的概念. 一般来说,函数的单调性是研究函数性质时首要考虑的问题. 本节我们利用导数这一工具对函数的单调性作进一步的研究.

从几何直观上,函数 $f(x)$ 单调增加时,曲线 $y=f(x)$ 呈上升趋势;函数 $f(x)$ 单调减少时,曲线 $y=f(x)$ 呈下降趋势.

如图 3.2.1(a)所示,函数 $y=f(x)$ 在 (a,b) 内单调增加,曲线上任一点的切线斜率为正,即 $f'(x)>0$;如图 3.2.1(b)所示,函数 $y=f(x)$ 在 (c,d) 内单调减少,曲线上任一点的切线斜率为负,即 $f'(x)<0$.

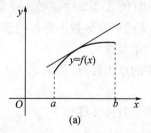
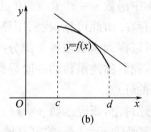

图 3.2.1

由此可见,函数的单调性与导数的符号有着十分密切的关系. 这就给我们提出一个问题:如果已知一个函数 $y=f(x)$,能否利用它导数的符号判定其单调性呢?对于这个问题,我们可以利用上一节所学的拉格朗日中值定理证明如下定理.

定理 3.2.1 设函数 $y=f(x)$ 在 $[a,b]$ 上连续,在 (a,b) 内可导.

(1) 如果在 (a,b) 内 $f'(x)>0$,则函数 $y=f(x)$ 在 $[a,b]$ 上单调增加;

(2) 如果在 (a,b) 内 $f'(x)<0$,则函数 $y=f(x)$ 在 $[a,b]$ 上单调减少.

证明 设 x_1,x_2 是 $[a,b]$ 上任意两点,且 $x_1<x_2$,应用拉格朗日中值定理有

$$f(x_2)-f(x_1)=f'(\xi)(x_2-x_1), \quad \xi\in(x_1,x_2).$$

由 $x_2-x_1>0$,因此若 $f'(x)>0$,那么 $f'(\xi)>0$,于是

$$f(x_2)-f(x_1)>0,$$

即

$$f(x_2)>f(x_1),$$

说明函数 $y=f(x)$ 在 $[a,b]$ 上单调增加.

同理可证若 $f'(x)<0$,函数 $y=f(x)$ 在 $[a,b]$ 上单调减少.

此定理中的闭区间 $[a,b]$ 若为开区间 (a,b) 或无限区间,结论同样成立.

例 3.2.1 讨论函数 $y=x^2$ 的单调性.

解 函数的定义域为 $(-\infty,+\infty)$,且 $y'=2x$,则当 $x=0$ 时,$y'=0$.

在 $(-\infty,0)$ 内,$y'<0$,故函数 $y=x^2$ 在 $(-\infty,0]$ 上单调减少;

在 $(0,+\infty)$ 内,$y'>0$,故函数 $y=x^2$ 在 $[0,+\infty)$ 上单调增加.

例 3.2.2 讨论函数 $y=\sqrt[3]{x^2}$ 的单调性.

解 函数的定义域为 $(-\infty,+\infty)$,且 $y'=\dfrac{2}{3\sqrt[3]{x}}$.

当 $x=0$ 时,函数的导数不存在.

在 $(-\infty,0)$ 内 $y'<0$,故函数 $y=\sqrt[3]{x^2}$ 在 $(-\infty,0]$ 上单调减少;

在 $(0,+\infty)$ 内 $y'>0$,故函数 $y=\sqrt[3]{x^2}$ 在 $[0,+\infty)$ 上单调增加.

例 3.2.1 与例 3.2.2 中 $x=0$ 都是函数单调区间的分界点,但我们必须注意的是,例 3.2.1 中函数 $y=x^2$ 在 $x=0$ 点处 $y'=0$;例 3.2.2 中函数 $y=\sqrt[3]{x^2}$ 在 $x=0$ 点处导数不存在. 由此可见,我们用导数等于零的点及导数不存在的点划分函数的定义域,就可以得到函数在各个部分区间上的单调性.

一般的,我们称使函数的一阶导数等于零的点为驻点. 如例 3.2.1 中,$x=0$ 是函数 $y=x^2$ 的驻点.

综合上述讨论,研究函数 $y=f(x)$ 单调性的具体步骤如下:

(1) 确定函数 $y=f(x)$ 的定义域;

(2) 求一阶导数 $f'(x)$;

(3) 在定义域内求函数的驻点和导数不存在的点;

(4) 用步骤(3)求得的点划分定义域为若干个部分区间,在每一个部分区间中确定 $f'(x)$ 的符号,判定函数的单调性;

(5) 确定函数的单调区间.

注:所有讨论都要在定义域内,其中步骤(4)可列表说明.

例 3.2.3 讨论函数 $y=\sqrt{x}(x-1)$ 的单调性.

解 (1) 函数的定义域为 $[0,+\infty)$.

(2) $y'=\dfrac{3x-1}{2\sqrt{x}}$.

(3) 在定义域内令 $y'=0$,得 $x=\dfrac{1}{3}$;当 $x=0$ 时,导数不存在.

(4) 列表如下(见表 3.2.1):

表 3.2.1

x	0	$\left(0,\dfrac{1}{3}\right)$	$\dfrac{1}{3}$	$\left(\dfrac{1}{3},+\infty\right)$
y'	不存在	$-$	0	$+$
y		↘		↗

(5) 综上所述,$\left[0,\dfrac{1}{3}\right]$ 是函数的单调减区间,$\left[\dfrac{1}{3},+\infty\right)$ 是函数的单调增区间.

例 3.2.4 讨论函数 $y=(x-1)(x+1)^3$ 的单调性.

解 (1) 函数的定义域为 $(-\infty,+\infty)$.

(2) $y'=2(2x-1)(x+1)^2$.

(3) 在定义域内令 $y'=0$,得 $x=-1$ 及 $x=\dfrac{1}{2}$;无导数不存在的点.

(4) 列表如下(见表 3.2.2):

表 3.2.2

x	$(-\infty,-1)$	-1	$\left(-1,\dfrac{1}{2}\right)$	$\dfrac{1}{2}$	$\left(\dfrac{1}{2},+\infty\right)$
y'	$-$	0	$-$	0	$+$
y	↘		↘		↗

(5) 综上所述,$\left(-\infty,\dfrac{1}{2}\right]$ 是函数的单调减区间,$\left[\dfrac{1}{2},+\infty\right)$ 是函数的单调增区间.

注意:例 3.2.4 中 $x=-1$ 虽然是驻点,但并不是函数单调区间的分界点.这就告诉我们,若在区间内除个别点导数为零或导数不存在外,恒有 $f'(x)>0$ 或 $f'(x)<0$,则区间上的函数单调性不变.

利用导数正负性,我们除了可以求出函数的单调区间,还可以证明一些常见的不等式.

＊例 3.2.5 证明：当 $x>0$ 时，不等式 $\ln(1+x)<x$ 成立.

证明 令 $F(x)=\ln(1+x)-x$，故只需证明当 $x>0$ 时，$F(x)<0$.

因 $F(x)$ 在 $[0,+\infty)$ 上连续，且在 $(0,+\infty)$ 上有

$$F'(x)=\frac{1}{1+x}-1=\frac{-x}{1+x}<0,$$

故 $F(x)$ 在 $[0,+\infty)$ 上单调减少，所以当 $x>0$ 时

$$F(x)<F(0)=0,$$

即原不等式成立.

3.2.2 函数的极值

例 3.2.4 中，我们看到 $x=\dfrac{1}{2}$ 是函数 $y=(x-1)(x+1)^3$ 单调区间的分界点，在 $x=\dfrac{1}{2}$ 的左侧邻近，函数单调减少；在 $x=\dfrac{1}{2}$ 的右侧邻近，函数单调增加. 由此可见 $x=\dfrac{1}{2}$ 正好位于曲线的一个"谷底"，即在局部范围内 $x=\dfrac{1}{2}$ 是最小值点，而 $y\left(\dfrac{1}{2}\right)=-\dfrac{27}{16}$ 是最小值. 对于局部最值，我们用"极值"这一概念加以定义，并给出相应的判定方法.

定义 3.2.1 设函数 $f(x)$ 在 x_0 点及附近有定义.

(1) 若 $f(x_0)$ 是局部的最大值，即 $f(x)\leqslant f(x_0)$，则称 $f(x_0)$ 是函数 $f(x)$ 的一个极大值；

(2) 若 $f(x_0)$ 是局部的最小值，即 $f(x)\geqslant f(x_0)$，则称 $f(x_0)$ 是函数 $f(x)$ 的一个极小值.

函数的极大值与极小值统称为函数的极值，使函数取得极值的点称为极值点. 由定义 3.2.1，我们可以知道例 3.2.4 中 $x=\dfrac{1}{2}$ 是函数 $y=(x-1)(x+1)^3$ 的一个极小值点，$y\left(\dfrac{1}{2}\right)=-\dfrac{27}{16}$ 是函数的一个极小值.

如图 3.2.2 所示，观察连续函数 $y=f(x)$ 在 $[a,b]$ 上的图象，必须注意：

(1) 函数的极值是局部概念，未必是整个定义域的最值，它只是与极值点邻近的点的函数值作比较而言，并且极值点不能是区间的端点. 如图中所示，$f(a)$ 既不是极值也不是最值；$f(b)$ 不是极值但是最大值；$f(x_2)$ 是极大值但不是最大值；$f(x_5)$ 是极小值但不是最小值.

(2) 函数在定义域内可能无极值，也可能有多个极大值、极小值，并且极大值不一定大于极小值，极小值也未必小于极大值. 如图中所示，函数 $y=f(x)$ 有三个

极大值 $f(x_2)$，$f(x_4)$，$f(x_7)$，三个极小值 $f(x_3)$，$f(x_5)$，$f(x_8)$，且极大值 $f(x_2)$ 小于极小值 $f(x_8)$.

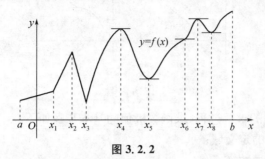

图 3.2.2

那么，极值点具有怎样的性质，什么样的点是极值点呢？从图 3.2.2 中可以发现，函数 $y=f(x)$ 的 6 个极值点处要么函数的导数为零（如 x_4，x_5，x_7，x_8），要么函数的导数不存在（如 x_2，x_3），但导数为零或不存在的点却不一定是函数的极值点. 例如图 3.2.2 中的 x_1 是导数不存在的点，x_6 是导数为零的点，但它们都不是函数 $y=f(x)$ 的极值点. 因此，导数为零或导数不存在只是判定极值点的必要而非充分条件.

定理 3.2.2（必要条件）　如果点 x_0 是函数 $y=f(x)$ 的极值点，则 x_0 是 $f(x)$ 的驻点（$f'(x_0)=0$）或一阶导数不存在的点.

由定理 3.2.2 知，函数的极值点在驻点和导数不存在的点之中. 为了方便起见，通常把函数在定义域内的驻点和导数不存在的点统称为函数的可能极值点.

下面给出函数极值判定的两个充分条件.

进一步观察图 3.2.2 可知，极值点是函数单调区间的分界点，由单调性判定可得极值点的第一充分条件.

定理 3.2.3（第一充分条件）　设函数 $f(x)$ 在 x_0 点处连续，且在 x_0 点附近可导.

（1）当 $x<x_0$ 时 $f'(x)>0$，$x>x_0$ 时 $f'(x)<0$，则 $f(x_0)$ 是函数的极大值，x_0 是极大值点；

（2）当 $x<x_0$ 时 $f'(x)<0$，$x>x_0$ 时 $f'(x)>0$，则 $f(x_0)$ 是函数的极小值，x_0 是极小值点；

（3）在 x_0 点左右两侧 $f'(x)$ 的符号保持不变，那么 $f(x_0)$ 不是函数的极值，x_0 不是函数的极值点.

由定理 3.2.3 可知，可能极值点的左右两侧 $f'(x)$ 异号，则 x_0 必定是 $f(x)$ 的极值点；否则，x_0 不是极值点.

图 3.2.3 给出了定理 3.2.3 中几种情况的几何解释.

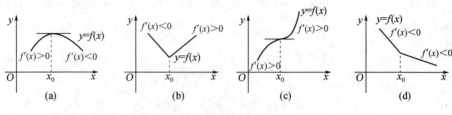

图 3. 2. 3

综合单调区间的求解过程,求函数极值的基本步骤如下:

(1) 确定函数的定义域;

(2) 求函数的导数 $f'(x)$;

(3) 在定义域范围内求函数的可能极值点;

(4) 利用定理 3.2.3 判定每个可能极值点是否为极值点,如果是极值点,再判定是极大值点还是极小值点;

(5) 求出函数的极值.

例 3. 2. 6 求函数 $y=(3x-5)x^{\frac{2}{3}}$ 的单调区间与极值.

解 (1) 函数的定义域为 $(-\infty,+\infty)$.

(2) $y'=\dfrac{15x-10}{3\sqrt[3]{x}}$.

(3) 在定义域内令 $y'=0$,得驻点 $x=\dfrac{2}{3}$;$x=0$ 是导数不存在的点.

(4) 列表如下(见表 3.2.3):

表 3. 2. 3

x	$(-\infty,0)$	0	$\left(0,\dfrac{2}{3}\right)$	$\dfrac{2}{3}$	$\left(\dfrac{2}{3},+\infty\right)$
y'	$+$	不存在	$-$	0	$+$
y	↗	极大值	↘	极小值	↗

(5) 综上所述,函数 $y=(3x-5)x^{\frac{2}{3}}$ 的单调递增区间是 $(-\infty,0]$ 和 $\left[\dfrac{2}{3},+\infty\right)$,单调递减区间是 $\left[0,\dfrac{2}{3}\right]$;函数有极大值 $y(0)=0$,$x=0$ 是极大值点;函数有极小值 $y\left(\dfrac{2}{3}\right)=-\sqrt[3]{12}$,$x=\dfrac{2}{3}$ 是极小值点.

定理 3.2.3 适用于函数所有的可能极值点的讨论,但如果函数 $f(x)$ 的二阶导数易于计算,函数 $f(x)$ 在驻点处的二阶导数存在且不为零,则还可以用二阶导数判定函数 $f(x)$ 在驻点处的极值性.

定理 3. 2. 4(第二充分条件) 如果函数 $f(x)$ 在 x_0 点处具有二阶导数且

$f'(x_0)=0, f''(x_0)\neq 0$, 那么

(1) 当 $f''(x_0)<0$ 时, 函数 $f(x)$ 在点 x_0 处有极大值;

(2) 当 $f''(x_0)>0$ 时, 函数 $f(x)$ 在点 x_0 处有极小值.

例 3.2.7 求函数 $y=x^3-3x^2+7$ 的极值.

解 (1) 函数的定义域为 $(-\infty, +\infty)$.

(2) $y'=3x^2-6x$.

(3) 令 $y'=0$, 得 $x=0, x=2$.

(4) $y''=6x-6, y''(0)=-6<0, y''(2)=6>0$.

(5) 综上所述, 函数有极大值 $y(0)=7, x=0$ 是极大值点; 函数有极小值 $y(2)=3, x=2$ 是极小值点.

定理 3.2.4 只适用于二阶导数存在且不为零的驻点的判定, 对于二阶导数等于零和二阶导数不存在的点并不适用. 二阶导数等于零的驻点的有可能是极值点, 也有可能不是极值点. 例如, 函数 $f(x)=x^4, x=0$ 是它的驻点且 $f''(0)=0$, 但 $x=0$ 是 $f(x)=x^4$ 的极小值点; 函数 $g(x)=x^3, x=0$ 同样是驻点且 $g''(0)=0$, 但 $x=0$ 不是 $g(x)=x^3$ 的极值点. 对于这种情况, 我们就应该利用定理 3.2.3 从单调性的角度作进一步的讨论.

习题 3.2

1. 确定下列函数的单调区间与极值:

(1) $y=x^3-3x^2-9x+14$;   (2) $y=x^4-2x^2-5$;

(3) $y=2x^2-\ln x$;   (4) $y=2-(x-1)^{\frac{2}{3}}$.

*2. 证明下列不等式:

(1) 当 $x>1$ 时, $e^x>ex$;

(2) 当 $x>0$ 时, $1+\dfrac{x}{2}>\sqrt{1+x}$;

(3) 当 $x>0$ 时, $\ln(1+x)>x-\dfrac{x^2}{2}$.

3. 利用第二充分条件求下列函数的极值点与极值:

(1) $y=2x^3-3x^2$;   (2) $y=x^4-8x^2-2$.

*4. 试问 a 为何值时, 函数 $f(x)=a\sin x+\dfrac{1}{3}\sin 3x$ 在 $x=\dfrac{\pi}{3}$ 点处取得极值? 它是极大值还是极小值? 并求此极值.

3.3 函数的最值与应用

在工农业生产、科学实验及经济领域,最值问题有着广泛的应用. 例如,"用料最省"、"效率最高"、"利润最大"等,这类问题反映在数学上就是函数的最值问题.

3.3.1 函数在闭区间上的最大值与最小值

极值是函数局部的性质,最值是函数全局的性质. 由第 1 章连续的性质可知,连续函数在闭区间上一定有最大值和最小值. 与极值不同,函数的最值可能在区间的端点取得,也可能在区间内部取得(见图 3.3.1). 如果在区间内取得,那么该点一定是极值点.

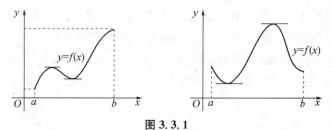

图 3.3.1

一般的,求连续函数 $y=f(x)$ 在闭区间 $[a,b]$ 上的最值方法如下:

(1) 求 $f'(x)$,在 $[a,b]$ 内确定所有的可能极值点;

(2) 计算 $f(x)$ 在可能极值点和区间端点的函数值并进行比较,其中最大的是最大值,最小的是最小值.

例 3.3.1 求函数 $y=2x^3+3x^2-12x+1$ 在闭区间 $[-3,4]$ 上的最大值与最小值.

解 由 $y'=6x^2+6x-12=6(x+2)(x-1)$,则可能极值点为 $x=-2$ 及 $x=1$.
计算函数值,有

$$y(-3)=10, \quad y(-2)=21, \quad y(1)=-6, \quad y(4)=129,$$

比较可得函数最大值为 $y(4)=129$,最小值为 $y(1)=-6$.

3.3.2 最值的应用(优化问题)

实际生活中的最值问题,处理的关键是根据实际问题选取适当的变量,建立恰当的函数关系,将问题转化为函数的最值问题,从而利用导数加以解决.

一般来说,如果函数 $f(x)$ 在某区间内有唯一的驻点 x_0,并且 $f(x)$ 在该区间内有最大值(或最小值),则我们可以论证 x_0 就是 $f(x)$ 在该区间内的最大值点(或最小值点)(见图 3.3.2).

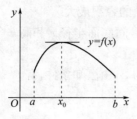 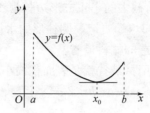

图 3.3.2

实际问题中有很多问题都属于这种情况,因此我们可以直接使用上述结论而无须讨论. 即根据实际问题的性质,若可以判定函数 $f(x)$ 在定义区间内一定取得最大值(或最小值),而且在定义区间内 $f(x)$ 有唯一的驻点 x_0,则直接判定 x_0 就是函数 $f(x)$ 的最大值点(或最小值点).

例 3.3.2 某工厂靠墙壁要建一长方形小屋,现有存砖只能砌 24 m 的墙壁,问应围成怎样的长方形才能使小屋的面积最大?

解 如图 3.3.3 所示,设小屋的宽为 x,长为 y,小屋的面积为 S. 由已知条件,易知 $S=xy$ 且 $2x+y=24$. 因此

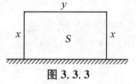

图 3.3.3

$$S=x(24-2x)=-2x^2+24x \quad (0<x<12),$$

由 $S'=-4x+24$ 得 $(0,12)$ 内唯一驻点 $x=6$,故 $x=6$ 是最大值点.

所以,当小屋的长为 12 m,宽为 6 m 时面积最大,且最大面积为 72 m².

例 3.3.3 用一边长为 24 cm 正方形硬纸板折成一个无盖的盒子时,在正方形的四角各截去一个面积相同的小正方形,然后折起四边就能得到纸盒,试问截去的小正方形多大时才能使纸盒的容积最大?

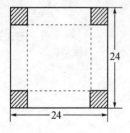 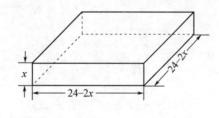

图 3.3.4

解 如图 3.3.4 所示,设小正方形的边长为 x,纸盒的容积为 V. 由已知条件,有

$$V=x(24-2x)^2 \quad (0<x<12),$$

由

$$V'=12x^2-192x+576=12(x-12)(x-4),$$

得 $(0,12)$ 内唯一驻点 $x=4$,故 $x=4$ 是最大值点.

所以,截去的小正方形边长为 4 cm 时,纸盒的容积最大.

例 3.3.4 要造一圆柱形的水箱,体积为 V,问底面半径 r 和高 h 等于多少时才能使建造的材料最省?

解 用材省就是表面积最小.令表面积为 S,由已知条件,有

$$S = 2\pi r \cdot h + 2\pi r^2 \quad 且 \quad \pi r^2 \cdot h = V,$$

因此

$$S = 2\pi r^2 + \frac{2V}{r} \quad (r > 0),$$

则 $S' = 4\pi r - \dfrac{2V}{r^2}$.令 $S' = 0$,得 $(0, +\infty)$ 内的唯一驻点 $r = \sqrt[3]{\dfrac{V}{2\pi}}$,故 $r = \sqrt[3]{\dfrac{V}{2\pi}}$ 是最小值点,此时 $h = 2\sqrt[3]{\dfrac{V}{2\pi}}$,即 $h = 2r$.

所以,当圆柱形水箱的底面半径为 $\sqrt[3]{\dfrac{V}{2\pi}}$,高为 $2\sqrt[3]{\dfrac{V}{2\pi}}$ 时建造的材料最省,此时高与底面直径相等.

思考:本题结论在日常生活中还有什么应用?

例 3.3.5 一足球运动员在球场上带球沿边线推进,然后发力射门,试确定其最佳射门点.

解 设球门宽为 L m,球场宽为 $(2H+L)$ m(见图 3.3.5),则当该足球运动员推进到离底线 x m 处的射门效果可以用该足球运动员对球门的水平张角 θ 来表示,由此得到函数

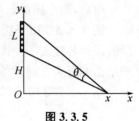

图 3.3.5

$$\theta = \operatorname{arccot}\frac{x}{H+L} - \operatorname{arccot}\frac{x}{H},$$

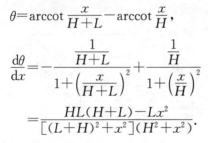

$$\frac{\mathrm{d}\theta}{\mathrm{d}x} = -\frac{\dfrac{1}{H+L}}{1 + \left(\dfrac{x}{H+L}\right)^2} + \frac{\dfrac{1}{H}}{1 + \left(\dfrac{x}{H}\right)^2}$$

$$= \frac{HL(H+L) - Lx^2}{[(L+H)^2 + x^2](H^2 + x^2)}.$$

令 $\dfrac{\mathrm{d}\theta}{\mathrm{d}x} = 0$,有唯一驻点

$$x = \sqrt{H(H+L)} \quad (x > 0),$$

所以当 $x = \sqrt{H(H+L)}$ 时,该足球运动员对球门的水平张角 θ 有最大值,因此该点即为所求之最佳射门点.

学习者可以实地测量一下所在学校的足球场,并具体计算出最佳射门点.

习题 3.3

1. 思考:极值和最值有什么区别和联系?

2. 求下列函数在指定区间上的最大值和最小值:

(1) $y=x^4-8x^2+2, x\in[-1,3]$;

(2) $y=x+\sqrt{1-x}, x\in[-5,1]$;

(3) $y=x+\cos x, x\in[0,2\pi]$;

(4) $y=2x^3-6x^2-18x-7, x\in[1,4]$.

3. 在和为 50 的所有数中,求乘积最大的两个数.

4. 在差为 6 的所有数中,求乘积最小的两个数.

5. 一个商店想用 20 m 的围栏在它的展厅的一角为一台电动火车围成一块矩形场地,靠墙壁的两边不需要围栏,其矩形的尺寸是多少将使其面积最大?

6. 某工匠打算建造一个矩形房间,其固定周长是 54 m,则可能造出的最大房间的尺寸是多少?

7. 把一块 30 cm×30 cm 的薄纸板从其四个角剪去四个小正方形,使得四边可以折起做成一个开口盒子,剪去多大的尺寸将得到容积最大的盒子?

8. 一饮料公司要建一个底为正方形的无顶长方体金属水箱,其容积为 32 m³,建什么样的尺寸可最大限度地节约成本?

9. 一租赁公司有 50 套设备可出租,当租金定为每套每月 180 元时可全租出;当租金每套每月增加 10 元时租出的设备就会减少一套;而租出的设备每套每月需 20 元的维护费.问每月一套的租金定为多少时公司可获得最大利润?

3.4 函数的凹凸性、拐点及函数图形的描绘

研究函数的性态,最直接的方法就是研究函数的图形,从中可以直观地看到函数的变化规律.研究函数图形时,前面学习的单调性与极值可以帮助我们掌握函数的"升降"及"峰谷"情况,但还不能完全把握函数的主要特征.函数的主要特征除了单调性及极值以外,还应包括函数曲线的弯曲方向——曲线的凹凸性.

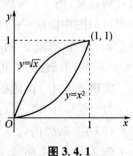

图 3.4.1

例如,图 3.4.1 中曲线 $y=x^2$ 与 $y=\sqrt{x}$ 在[0,1]上都是单调增加的,但它们的弯曲方向却完全不同. 因此,在具体讨论函数图形之前,我们先来研究曲线的凹凸性及

曲线凹凸的转折点——拐点.

3.4.1 曲线的凹凸性与拐点

观察图 3.4.2 可知,(a)图中曲线 $y=f(x)$ 是凹的,且曲线在每一点的切线上方;(b)图中曲线 $y=f(x)$ 是凸的,且曲线在每一点的切线下方.

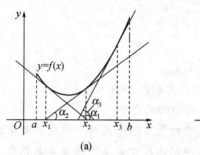 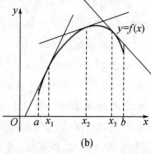

图 3.4.2

定义 3.4.1 在某区间内,若

(1) 曲线位于其每一点的切线上方,则称曲线是凹的,记作"$\smile$";

(2) 曲线位于其每一点的切线下方,则称曲线是凸的,记作"$\frown$".

曲线上凹、凸的分界点称为曲线的拐点,如图 3.4.3 中的点 $M_0(x_0, f(x_0))$ 就是曲线 $y=f(x)$ 的一个拐点.

如何确定函数的凹凸性以及拐点呢? 再来观察图 3.4.2,(a)图中曲线 $y=f(x)$ 是凹的,在 $[a,b]$ 内依次选取 $x_1<x_2<x_3$,则这三点处的切线的倾角为 $\alpha_1,\alpha_2,\alpha_3$. 因为 $\frac{\pi}{2}<\alpha_1<\pi$,则 $\tan\alpha_1<0$;又因为 $0<\alpha_2<\alpha_3<\frac{\pi}{2}$,则 $0<$

图 3.4.3

$\tan\alpha_2<\tan\alpha_3$. 因此,曲线在这三点处的切线斜率 $\tan\alpha_1<\tan\alpha_2<\tan\alpha_3$,再根据导数的几何意义,则 $f'(x_1)<f'(x_2)<f'(x_3)$,即随着 x 的增大 $f'(x)$ 是单调增加的. 同理,(b)图中曲线 $y=f(x)$ 是凸的,曲线上各点处的切线斜率随 x 的增大而减小,即 $f'(x)$ 是单调减少的. 而 $f'(x)$ 的单调性可由 $f''(x)$ 的符号确定,因此曲线 $y=f(x)$ 的凹凸性最终可以由二阶导数 $f''(x)$ 的符号来刻画.

定理 3.4.1 设函数 $y=f(x)$ 在 $[a,b]$ 上连续,在 (a,b) 内有二阶导数.

(1) 在 (a,b) 内,$f''(x)>0$,则函数 $f(x)$ 在 $[a,b]$ 内是凹的;

(2) 在 (a,b) 内,$f''(x)<0$,则函数 $f(x)$ 在 $[a,b]$ 内是凸的.

例 3.4.1 求曲线 $y=x^3$ 的凹凸区间与拐点.

解 (1) 函数定义域为 $(-\infty,+\infty)$.

(2) $y''=6x$.

(3) 在 $(-\infty,0)$ 内 $y''<0$,曲线是凸的;在 $(0,+\infty)$ 内 $y''>0$,曲线是凹的.

(4) 综上所述,曲线 $y=x^3$ 的凹区间是 $[0,+\infty)$,凸区间是 $(-\infty,0]$,点 $(0,0)$ 是曲线的拐点.

注意:拐点必须用平面点的坐标表示,这与极值点只用横坐标表示是不同的.

例 3.4.1 中拐点是 $(0,0)$,且 $x=0$ 时 $y''=0$,由此可知二阶导数为零的点可能对应拐点,此外二阶导数不存在的点也可能对应拐点. 与极值点必要性一样,二阶导数为零的点与二阶导数不存在的点只是拐点的必要而非充分条件.

例 3.4.2 讨论曲线 $y=x^4$ 的凹凸性及拐点.

解 函数定义域为 $(-\infty,+\infty)$,且 $y'=4x^3$,$y''=12x^2$. 显然 $x=0$ 时 $y''=0$,但无论 $x>0$ 或 $x<0$,恒有 $y''>0$,故点 $(0,0)$ 不是拐点. 曲线在 $(-\infty,+\infty)$ 上是凹的.

综合以上讨论,求曲线凹凸性及拐点的一般步骤如下:

(1) 确定函数的定义域;

(2) 求 $f''(x)$,并在定义域内求 $f''(x)=0$ 的点及 $f''(x)$ 不存在的点;

(3) 用步骤(2)中求得的点划分定义域成若干小区间,在每个小区间内确定 $f''(x)$ 的符号,以此判定曲线的凹凸性及拐点(可列表进行).

例 3.4.3 求曲线 $y=(x-1)^{\frac{5}{3}}+\dfrac{5}{9}x^2$ 的凹凸区间及拐点.

解 (1) 函数定义域为 $(-\infty,+\infty)$.

(2) $y'=\dfrac{5}{3}(x-1)^{\frac{2}{3}}+\dfrac{10}{9}x$,$y''=\dfrac{10}{9}(x-1)^{-\frac{1}{3}}+\dfrac{10}{9}=\dfrac{10(1+\sqrt[3]{x-1})}{9\sqrt[3]{x-1}}$. 令 $y''=0$,得 $x=0$;当 $x=1$ 时,y'' 不存在.

(3) 列表如下(见表 3.4.1):

表 3.4.1

x	$(-\infty,0)$	0	$(0,1)$	1	$(1,+\infty)$
y''	$+$	0	$-$	不存在	$+$
y	$\smile$	拐点 $(0,y(0))$	$\frown$	拐点 $(1,y(1))$	$\smile$

综上所述,曲线 $y=(x-1)^{\frac{5}{3}}+\dfrac{5}{9}x^2$ 的凹区间是 $(-\infty,0]$ 与 $[1,+\infty)$,凸区间是 $[0,1]$,拐点是 $(0,-1)$ 与 $\left(1,\dfrac{5}{9}\right)$.

3.4.2 函数图形的描绘

描绘函数图形的方法有许多,其中描点法是作函数图形的基本方法之一,但它仅适用于简单函数的描绘,对于较复杂的初等函数的图形,其误差较大. 而通过前面的讨论,我们基本掌握了函数的各种性态,利用函数单调性、凹凸性、极值点、拐点等便可以作出比较准确的函数图形.

利用一、二阶导数描绘函数图形的基本步骤如下:

(1) 确定函数的定义域,考察函数的奇偶性、周期性;

(2) 求函数的一阶导数,在定义域内求函数的可能极值点,再求函数的二阶导数,在定义域内求函数二阶导数为零的点及二阶导数不存在的点;

(3) 用步骤(2)中求得的点划分定义域成若干区间,在每个区间内分别确定一、二阶导数的符号,由此确定函数的单调区间与极值点、凹凸区间与拐点(可列表讨论);

(4) 确定函数的水平渐近线与垂直渐近线(详见第 1.2 节);

(5) 找辅助点(如曲线与坐标轴的交点等),综合步骤(3)和(4)的结论描点作图.

例 3.4.4 描绘函数 $y=x^3-3x^2$ 的图形.

解 (1) 函数的定义域为 $(-\infty,+\infty)$.

(2) $y'=3x^2-6x=3x(x-2)$,可能极值点是 $x=0$ 及 $x=2$;$y''=6x-6=6(x-1)$,令 $y''=0$ 得 $x=1$,无 y'' 不存在的点.

(3) 列表如下(见表 3.4.2):

表 3.4.2

x	$(-\infty,0)$	0	$(0,1)$	1	$(1,2)$	2	$(2,+\infty)$
y'	$+$	0	$-$		$-$	0	$+$
y''	$-$		$-$	0	$+$		$+$
y	⌒	极大值点	⌢	拐点$(1,y(1))$	⌣	极小值点	⌟

注:记号"⌒"表示曲线既是凸的,也是单调增加的;"⌢"表示曲线既是凸的,也是单调减少的;"⌟"表示曲线既是凹的,也是单调增加的;"⌣"表示曲线既是凹的,也是单调减少的.

(4) 函数无水平渐近线,无垂直渐近线.

(5) 综上所述,描点 $(0,0)$,$(1,-2)$,$(2,-4)$ 及 $(3,0)$ 作图(见图 3.4.4).

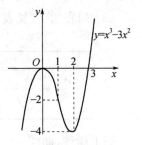

图 3.4.4

例 3.4.5 描绘函数 $y=\dfrac{1}{\sqrt{2\pi}}e^{-\frac{x^2}{2}}$ 的图形.

解 (1) 函数定义域为 $(-\infty,+\infty)$. 因为函数是偶函数,故图形关于 y 轴对称,因此只要作出 $[0,+\infty)$ 上的图形,利用对称性就可得整个图形.

(2) $y'=-\dfrac{x}{\sqrt{2\pi}}e^{-\frac{x^2}{2}}$,在 $[0,+\infty)$ 内的可能极值点是 $x=0$;$y''=\dfrac{x^2-1}{\sqrt{2\pi}}e^{-\frac{x^2}{2}}$,在

$[0,+\infty)$内令 $y''=0$,得 $x=1$,无 y''不存在的点.

(3) 列表如下(见表 3.4.3):

表 3.4.3

x	0	$(0,1)$	1	$(1,+\infty)$
y'	0	$-$		$-$
y''		$-$	0	$+$
y	极大值点	↘	拐点$(1,y(1))$	↘

(4) 函数无垂直渐近线;又 $\lim\limits_{x\to\infty}y=0$,故函数有水平渐近线 $y=0$.

(5) 综上所述,描点 $\left(0,\dfrac{1}{\sqrt{2\pi}}\right)$,$\left(1,\dfrac{1}{\sqrt{2\pi e}}\right)$,作 $[0,+\infty)$上的图形,再由对称性可得整个定义域 $(-\infty,+\infty)$上的图形(见图 3.4.5).

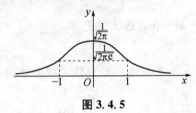

图 3.4.5

习题 3.4

1. 确定下列函数图形的凹凸性及拐点:

(1) $y=x^3-5x^2+3x+5$;　　　　(2) $y=x^4-2x^3+1$;

(3) $y=xe^{-x}$;　　　　(4) $y=\ln(1+x^2)$.

2. 描绘出下列函数的图形:

(1) $y=2x^3-3x^2$;　　　　(2) $y=(x+1)(x-2)^2$.

3. 当 a,b 为何值时,点 $(1,3)$是曲线 $y=ax^3+bx^2$ 的拐点?

复习题三

A

一、填空题

1. 函数 $y=\sin x$ 在 $[0,\pi]$上符合罗尔定理的 $\xi=$ _____.

2. 函数 $f(x)=x^3$ 在 $[1,2]$ 上满足拉格朗日中值定理,则使结论成立的 $\xi=$ _____.

3. 函数 $f(x)=x-\sin x$,因为 $f'(x)=$ _____,所以在区间 _____ 函数单调增加.

4. 若函数 $f(x)$ 在 x_0 点及附近有定义,且在该区域内 $f(x)<f(x_0)(x\neq x_0)$,则称 $f(x_0)$ 是 $f(x)$ 的 _____.

5. 可导函数 $y=f(x)$ 在点 $x=x_0$ 处取得极值,则必有 _____.

6. 函数 $y=x^3-3x^2-9x-1$ 的极大值点是 _____,极大值是 _____.

7. 函数 $y=x^3-3x+1$ 在区间 $[-2,0]$ 上的最大值为 _____,最小值为 _____.

8. 设二阶可导函数 $y=f(x)$,$f''(x_0)=0$ 是 $(x_0,f(x_0))$ 为拐点的 _____ 条件.

9. 曲线 $y=x^3-6x^2+3x-5$ 的凸区间是 _____,拐点是 _____.

二、选择题

1. 下列函数在 $[1,e]$ 上满足拉格朗日中值定理条件的是　　　　(　)

A. $\ln(\ln x)$　　　B. $\ln x$　　　C. $\dfrac{1}{\ln x}$　　　D. $\ln(2-x)$

2. $\lim\limits_{x\to 1}\dfrac{\ln x}{x-1}=$　　　　(　)

A. 1　　　　B. $\dfrac{1}{2}$　　　C. 2　　　D. 0

3. 设 $f(x)$ 满足条件 $f(0)=0$,且 $\lim\limits_{x\to 0}\dfrac{f(x)}{x}$ 存在,$f'(0)=1$,则 $\lim\limits_{x\to 0}\dfrac{f(x)}{x}=$　(　)

A. 1　　　　B. 0　　　C. $\dfrac{1}{2}$　　　D. 2

4. 函数 $y=x^3-x$ 的两个驻点是　　　　(　)

A. $x=\pm 1$　　　B. $x=\pm\dfrac{1}{\sqrt{3}}$　　　C. $x=-1,0$　　　D. $x=0,1$

5. 函数 $y=\ln(x^2+1)$ 的单调递增区间是　　　　(　)

A. $[0,+\infty)$　　　　　　B. $(-\infty,0]$

C. $(-\infty,+\infty)$　　　　D. $[-5,5]$

6. 若函数 $y=f(x)$ 在点 $x=0$ 处的二阶导数存在,且 $f'(0)=0$,$f''(0)>0$,则下列结论正确的是　　　　(　)

A. $x=0$ 不是函数 $f(x)$ 的驻点

B. $x=0$ 不是函数 $f(x)$ 的极值点

C. $x=0$ 是函数 $f(x)$ 的极小值点

D. $x=0$ 是函数 $f(x)$ 的极大值点

7. 点 $x=0$ 是函数 $y=x^4$ 的 （ ）

A. 驻点但非极值点　　　　　　　B. 拐点

C. 驻点且是拐点　　　　　　　　D. 驻点且是极值点

8. 设 $f(x)=2x^3-6x+5$,则在区间 $\left[-\dfrac{1}{2},0\right]$ 内 $f(x)$ （ ）

A. 单调增加且为凸的　　　　　　B. 单调增加且为凹的

C. 单调减少且为凹的　　　　　　D. 单调减少且为凸的

9. 设函数 $f(x)=x^4-2x^2+5$,则函数 $f(x)$ 在 $[-2,2]$ 上的最大值、最小值分别为 （ ）

A. 13,5　　　　　B. 13,4　　　　　C. 11,4　　　　　D. 11,5

三、判断题

1. 设函数 $f(x)$ 在 $[a,b]$ 上可导,若 $f(a)\neq f(b)$,则不存在点 $\xi\in(a,b)$,使得 $f'(\xi)=0$. （ ）

2. 若运用洛必达法则时,若 $\lim\limits_{x\to x_0}\dfrac{f'(x)}{F'(x)}$ 不存在时,则 $\lim\limits_{x\to x_0}\dfrac{f(x)}{F(x)}$ 也不存在. （ ）

3. 若 $f(x)$ 在 (a,b) 内单调增加且可导,则在 (a,b) 内 $f'(x)>0$. （ ）

4. 若 $f'(x_0)=0$,则 $x=x_0$ 是 $f(x)$ 的极值点. （ ）

5. 若 $f(x_1)$ 和 $f(x_2)$ 分别是函数 $f(x)$ 在区间 (a,b) 上的极大值和极小值,则必有 $f(x_1)<f(x_2)$. （ ）

6. 二阶可导的函数 $f(x)$ 在点 x_0 处取得极值,则 $f''(x_0)\neq 0$. （ ）

7. 若函数 $f(x)$ 在点 x_0 处取得极值,则曲线 $y=f(x)$ 在点 $(x_0,f(x_0))$ 处必有平行于 x 轴的切线. （ ）

8. 如果 $f(x)$ 在点 x_0 处有最值,那么 $f'(x_0)=0$. （ ）

9. 如果 $f''(2)=0$,则 $(2,f(2))$ 是曲线 $y=f(x)$ 的拐点. （ ）

四、求下列极限

1. $\lim\limits_{x\to 3}\dfrac{\sqrt{1+x}-2}{\sin(x-3)}$;　　　　　　　2. $\lim\limits_{x\to 0}\dfrac{\tan x}{\tan 2x}$;

3. $\lim\limits_{x\to\infty}\dfrac{\ln(1+x^2)}{x^2}$.

五、 求 $y=x^3-6x^2+9x+2$ 的单调区间、凹凸区间、极值和拐点.

六、 设 $y=x^3+ax^2+bx+c$ 的极值点为 $x=0$,拐点为 $(1,-1)$,求 a,b,c.

七、 海报的上下边距均为 6 cm,左右边距均为 4 cm,若海报的印刷面积为 384 cm²,

要使海报的面积最小,海报的边长各为多少?

B

一、设 $f(x)$ 在 $[0,a]$ 上连续,在 $(0,a)$ 内可导,且 $f(a)=0$.

证明:存在一点 $\xi\in(0,a)$,使 $\xi f'(\xi)+f(\xi)=0$.

二、求下列函数的极限

1. $\lim\limits_{x\to0}\dfrac{\sin x-\tan x}{x\sin^2 x}$;

2. $\lim\limits_{x\to0^+}x^{x^2}$.

三、证明:当 $0<x_1<x_2<\dfrac{\pi}{2}$ 时,有 $\dfrac{\tan x_2}{\tan x_1}>\dfrac{x_2}{x_1}$.

四、设 $a_1,a_2,\cdots,a_n$ 为常数,$f(x)=\sum\limits_{i=1}^{n}(x-a_i)^2$,问 x 取何值时 $f(x)$ 取极小值?

五、求 $f(x)=\sqrt[3]{2x^2(x-6)}$ 在区间 $[-2,4]$ 上的最大值与最小值.

六、试确定 $y=k(x^2-3)^2$ 中的 k 值,使曲线在拐点处的法线通过原点.

自测题三

一、填空题

1. 函数 $y=x^2+x+1$ 在区间 $[1,2]$ 上应用拉格朗日中值定理所求得的 $\xi=$_____.

2. $\lim\limits_{x\to\infty}\dfrac{\ln x}{x^3}=$_____.

3. 函数 $y=\arctan x-x$ 的单调递减区间是_____.

4. 函数 $y=1-\sqrt[3]{(x-1)^4}$ 的极值点是_____,极值是_____.

5. 已知 $a<b<c$,若函数 $y=f(x)$ 在区间 $[a,b]$ 内的曲线弧位于其每一点切线的下方,那么此曲线弧在 $[a,b]$ 内是_____;若函数 $y=f(x)$ 在区间 $[b,c]$ 内的曲线弧位于其每一点切线的上方,那么此曲线在 $[b,c]$ 内是_____的.在区间 $[a,c]$ 内,_____是该曲线的拐点.

6. 函数 $y=2x^3-\dfrac{1}{3}x^2$ 在 $[-1,3]$ 上的最大值是_____,最小值是_____.

二、选择题

1. 设 $f(x)$ 在 (a,b) 内可导,$a<x_1<\xi<x_2<b$,则下列选项成立的是 (　　)

A. $f(b)-f(a)=f'(\xi)(b-a)$

B. $f(b)-f(a)=f'(\xi)(x_2-x_1)$

C. $f(x_2)-f(x_1)=f'(\xi)(b-a)$

D. $f(x_2)-f(x_1)=f'(\xi)(x_2-x_1)$

2. $\lim\limits_{x\to 2}\dfrac{x^3-8}{x^2-x-2}=$ (   )

A. 0   B. $\dfrac{1}{2}$ C. 1   D. 4

3. 若函数 $y=ax^2+c$ 在 $(0,+\infty)$ 内单调增加,则 a,c 应满足   (   )

    A. $a<0,c=0$ B. $a>0,c$ 任意

    C. $a>0,c\neq 0$ D. $a<0,c$ 任意

4. 设函数 $y=f(x)$ 的导函数 $y'=f'(x)$ 的图象如右图所示,则下列结论正确的是   (   )

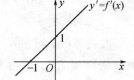

    A. $x=-1$ 是驻点,但不是极值点

    B. $x=-1$ 不是驻点

    C. $x=-1$ 是极小值点

    D. $x=-1$ 是极大值点

5. 已知函数 $y=f(x)$ 的图形如右图所示,则曲线 $y=f(x)$ 在区间 $[0,2]$ 上拐点的个数为   (   )

    A. 0   B. 1

    C. 2   D. 3

6. 函数 $y=e^{2x}$ 的拐点是   (   )

    A. $(0,1)$ B. $(1,1)$ C. $(0,0)$ D. 不存在

三、求下列极限

1. $\lim\limits_{x\to\frac{\pi}{6}}\dfrac{1-2\sin x}{\cos 3x}$;   2. $\lim\limits_{x\to +\infty}\dfrac{x^2+\ln x}{x\ln x}$;   3. $\lim\limits_{x\to +\infty}x\left(\dfrac{\pi}{2}-\arctan x\right)$.

四、证明:当 $x>1$ 时,$2\sqrt{x}>3-\dfrac{1}{x}$ 成立.

五、 设 $f(x)$ 是 x 的三次多项式,它有拐点 $(0,0)$,并且在点 $(1,4)$ 处的切线平行于 x 轴,求 $f(x)$ 的表达式,并作出它的图形.

六、 已知有甲、乙二城位于一直线河流的同一侧,甲城位于岸边,乙城离河岸 30 km,且甲、乙两城相距 50 km. 现两城计划在河岸上合资共建一个污水处理厂,已知从污水处理厂到甲、乙二城铺设排污管的费用分别是每千米 300 元和 600 元,问污水处理厂建在何处才能使铺设排污管的费用最省?

阅读材料三

方程的近似解

在以前的学习中,我们已经知道某些特殊的代数方程(如一元二次方程)与超越方程($\sin x = 0$)的求解方法. 可是在实际问题中,有时会遇到要解高次代数方程和一般函数方程. 这类方程一般不能用初等数学方法来求解,即使能求,若要算出方程实根的精确值也往往是困难的. 因此,我们需要寻求方程在一定精度下的近似解,即可满足实际需要的解.

下面就来介绍两种常见的求方程近似解的方法.

1)二分法

假设 $f(x)$ 在 $[a,b]$ 上连续,且 $f(a)f(b)<0$,由第 1 章的零点定理我们知道方程 $f(x)=0$ 在 $[a,b]$ 内有根,即有 $x^* \in (a,b)$,使得 $f(x^*)=0$. 另外我们假设方程 $f(x)=0$ 在 (a,b) 内只有一个实根.

所谓二分法,就是将区间逐步等分来搜索方程的解 $x=x^*$.

取 $[a,b]$ 的中点 $x_0 = \dfrac{a+b}{2}$,将 $[a,b]$ 对分成两个子区间 $[a,x_0]$ 和 $[x_0,b]$. 计算 $f(x_0)$,若 $f(x_0)=0$,则 x_0 就是方程的根,否则 $f(x_0)f(a)<0$(或 $f(x_0)f(b)<0$),那么选取区间 $[a,x_0]$(或 $[x_0,b]$)为 $[a_1,b_1]$,使 $f(a_1)f(b_1)<0$,这样方程的根 x^* 必定在 $[a_1,b_1]$ 中.

再取 $[a_1,b_1]$ 的中点 $x_1 = \dfrac{a_1+b_1}{2}$,将 $[a_1,b_1]$ 对分成两个子区间 $[a_1,x_1]$ 和 $[x_1,b_1]$. 计算 $f(x_1)$,若 $f(x_1)=0$,则 x_1 就是方程的根,否则 $f(x_1)f(a_1)<0$(或 $f(x_1)f(b_1)<0$),那么选取区间 $[a_1,x_1]$(或 $[x_1,b_1]$)为 $[a_2,b_2]$,使 $f(a_2)f(b_2)<0$,这样方程的根 x^* 必定在 $[a_2,b_2]$ 中.

对区间 $[a_2,b_2]$ 重复以上过程,我们或者在某一步得到的小区间中点就是方程的根,或者得到一串含有 $f(x)=0$ 根的区间,而且这些区间的长度每一次缩小一半,于是利用二分法生成的这些区间串一定收敛于方程 $f(x)=0$ 的一个根 x^*.

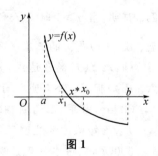

为了使大家更好地理解二分法,图 1 直观地给出二分法对方程根的搜索过程.

图1

例1 用二分法求方程 $x\lg x-1=0$ 在 $[2,3]$ 上的近似解,使其误差小于 0.01.

解 设 $f(x)=x\lg x-1$,则

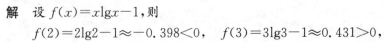

$$f(2)=2\lg 2-1 \approx -0.398<0, \quad f(3)=3\lg 3-1 \approx 0.431>0,$$

所以方程 $x\lg x-1=0$ 在[2,3]上至少有一个实根.

又因为在区间[2,3]上

$$f'(x)=\lg x+\frac{1}{\ln 10}>0,$$

所以方程在区间[2,3]内有唯一的实根.

因此,取 $a=2,b=3$,有

$$x_0=\frac{a+b}{2}=2.5,\quad f(2.5)\approx-0.005\ 1<0;$$

取 $a_1=2.5,b_1=3$,有

$$x_1=\frac{a_1+b_1}{2}=2.75,\quad f(2.75)\approx0.208\ 2>0;$$

取 $a_2=2.5,b_2=2.75$,有

$$x_2=\frac{a_2+b_2}{2}=2.625,\quad f(2.625)\approx0.100\ 2>0;$$

取 $a_3=2.5,b_3=2.625$,有

$$x_3=\frac{a_3+b_3}{2}=2.562\ 5,\quad f(2.562\ 5)\approx0.047\ 2>0;$$

取 $a_4=2.5,b_4=2.562\ 5$,有

$$x_4=\frac{a_4+b_4}{2}=2.531\ 25,\quad f(2.531\ 25)\approx0.020\ 9>0;$$

取 $a_5=2.5,b_5=2.531\ 25$,有

$$x_5=\frac{a_5+b_5}{2}=2.515\ 6,\quad f(2.515\ 6)\approx0.007\ 9>0;$$

取 $a_6=2.5,b_6=2.515\ 6$,有

$$x_6=\frac{a_6+b_6}{2}=2.507\ 8,\quad f(2.507\ 8)\approx0.001\ 3>0;$$

取 $a_7=2.5,b_7=2.507\ 8$,

$$x_7=\frac{a_7+b_7}{2}=2.503\ 9.$$

我们可知根在近似区间[2.5,2.507 8]内,并且此区间的长度已小于0.01,故取方程 $x\lg x-1=0$ 满足条件的近似解为 $x^*\approx2.50$.

从这个例子我们看到,二分法思路简明,方法容易掌握,但收敛速度较慢,要达到较高精度,计算量很大. 下面我们再介绍一种在工程计算中常用的方法——切线法,即牛顿法.

2) 切线法

切线法的基本思想是用曲线弧一端的切线来代替曲线弧,用切线和 x 轴交点的横坐标来代替曲线和 x 轴交点的横坐标,从而求得方程的近似解.

设 $f(x)$ 在 $[a,b]$ 上二阶可导,且保持单调性和凹凸性不变,不妨设 $f'(x)>0$,$f''(x)>0$,即 $f(x)$ 为 $[a,b]$ 上递增凹函数,又设 $f(a)<0,f(b)>0$,由连续函数的零点定理,方程 $f(x)=0$ 在 $[a,b]$ 内有且只有一个实根 x^*.

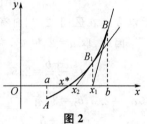

图 2

如图 2 所示,取 $x_0=b$,从 $B(x_0,f(x_0))$,点作曲线的切线,它的方程为 $y-f(x_0)=f'(x_0)(x-x_0)$.在这个方程中令 $y=0$,解出 x 便得到切线与 x 轴的交点的横坐标为 $x_1=x_0-\dfrac{f(x_0)}{f'(x_0)}$.如果 x_1 的精度不满足要求,就把 x_1 作为 x^* 的第一次近似值,继续运用切线法.

从 $B_1(x_1,f(x_1))$,点作曲线的切线,它的方程为 $y-f(x_1)=f'(x_1)(x-x_1)$.令 $y=0$,得切线与 x 轴的交点的横坐标为 $x_2=x_1-\dfrac{f(x_1)}{f'(x_1)}$.如果 x_2 的精度不满足要求,就把 x_2 作为 x^* 的第二次近似值,继续运用切线法.

依次类推,可得根 x^* 的第 n 次近似值 x_n 的计算公式为

$$x_n=x_{n-1}-\frac{f(x_{n-1})}{f'(x_{n-1})} \quad (n=1,2,3,\cdots).$$

从图 2 中可以看出,如果从 A 点作切线,则切线与 x 轴的交点不但不会接近 x^*,反而远离 x^*,因此选择从哪一端作切线是很重要的(一般选取函数值与 $f''(x)$ 同号的端点).

上面我们只讨论 $f'>0,f''>0$(这时要求 $f(a)<0,f(b)>0$)的情形,读者可类似讨论余下的几种情形:

(1) $f'>0,f''<0$,这时要求 $f(a)<0,f(b)>0$(如图 3);

(2) $f'<0,f''<0$,这时要求 $f(a)>0,f(b)<0$(如图 4);

(3) $f'<0,f''>0$,这时要求 $f(a)>0,f(b)<0$(如图 5).

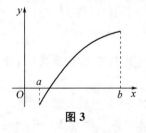

图 3

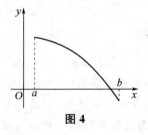

图 4

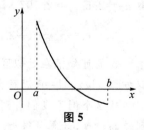

图 5

例 2 用切线法求方程 $x\lg x-1=0$ 的近似解,使其误差小于 0.01.

解 由例 1 我们知道方程根所在的区间为 $[2,3]$,且在该区间上 $f'(x)>0$,$f''(x)>0$,且 $f(3)\approx0.431>0$,因此取初值 $x_0=3$,迭代公式为

$$x_n = x_{n-1} - \frac{f(x_{n-1})}{f'(x_{n-1})} = x_{n-1} - \frac{x_{n-1}\lg x_{n-1} - 1}{\lg x_{n-1} + \dfrac{1}{\ln 10}} \quad (n=1,2,3,\cdots),$$

则

$$x_1 = x_0 - \frac{f(x_0)}{f'(x_0)} = 3 - \frac{f(3)}{f'(3)} \approx 2.526\ 7,$$

$$x_2 = x_1 - \frac{f(x_1)}{f'(x_1)} = 2.526\ 7 - \frac{f(2.526\ 7)}{f'(2.526\ 7)} \approx 2.506\ 2,$$

$$x_3 = x_2 - \frac{f(x_2)}{f'(x_2)} = 2.506\ 2 - \frac{f(2.506\ 2)}{f'(2.506\ 2)} \approx 2.506\ 2.$$

又

$$f(2.506\ 2) = 1.32 \times 10^{-5} > 0, \quad f(2.50) = -0.005\ 1 < 0,$$

所以方程的根在区间 $[2.50, 2.506\ 2]$ 内,并且此区间的长度已小于 0.01,故取方程 $x\lg x - 1 = 0$ 满足条件的近似解为 $x^* \approx 2.50$.

从例 2 我们看到,用切线法求近似解,收敛速度显然是很快的.

4 不定积分

学习基本要求

(1) 理解原函数、不定积分的概念.

(2) 熟练掌握不定积分的基本积分公式,了解不定积分的性质,掌握不定积分的凑微分法、换元积分法和分部积分法(基本方法).

(3) 了解微分方程、阶、微分方程的解、通解、初始条件和特解等概念.

(4) 掌握可分离变量的微分方程及一阶线性微分方程的解法.

(5) 会用微分方程解决一些简单的应用问题.

通过第 2 章的学习我们已经知道,如果知道物体运动的位置函数,那么就可以求出物体在某一时刻的速度. 但实际上我们常会遇到这样一种情况:已经知道了物体的运动速度,很想知道物体在某时刻所处的位置. 这正是第 2 章讨论的导数的逆问题,为解决这类问题,本章将介绍微分学的逆问题——积分问题. 我们将主要学习不定积分的概念、性质、基本积分公式、不定积分的计算方法和不定积分的简单应用.

4.1 不定积分与基本积分公式

4.1.1 原函数与不定积分的概念

如果物体的运动规律是 $s=t^3$,那么物体的运动速度 $v=s'=(t^3)'=3t^2$. 如果已知物体的运动速度 $v=3t^2$,反过来求物体运动规律 s 的问题,就可以归结为已知其导数 $F'(x)=f(x)$,要求原来的函数 $F(x)$ 的问题.

定义 4.1.1 对某区间上所有的 x,存在函数 $F(x)$ 和 $f(x)$,有 $F'(x)=f(x)$ 成立,则称 $F(x)$ 是 $f(x)$ 的一个原函数.

如果 $f(x)=\cos x$,回忆三角函数的导数公式:$(\sin x)'=\cos x$,那么 $\sin x$ 是 $\cos x$ 的一个原函数;如果 $f(x)=2x$,由幂函数的导数公式:$(x^2)'=2x$,那么 x^2 是 $2x$ 的一个原函数. 实际上,$(x^2+1)'=2x$,从而 x^2+1 也是 $2x$ 的一个原函数. 这样,一个函数如果有原函数,就不止一个. 到底有多少个原函数呢? 根据第 3.1 节中推论 2 可知,如果两个函数在同一区间上有相同的导数,那么它们必定相差一个常数. 例如 $F(x)$ 与 $G(x)$ 是 $f(x)$ 的任意两个原函数,则一定有 $G'(x)=f(x)=$

$F'(x)$,即 $G'(x)-F'(x)=(G(x)-F(x))'=0$. 又知某区间上导数恒为 0 的函数必为常数,所以 $G(x)-F(x)=C$,即 $G(x)=F(x)+C$(C 表示任意常数). 根据 C 的不同,$f(x)$ 的所有原函数就是一个函数族了.

如图 4.1.1 所示,x^2+C(C 取任意实数)为 $2x$ 的原函数族.

那么一个函数在什么情况下有原函数呢? 我们有如下结论.

定理 4.1.1 如果一个函数 $f(x)$ 在某区间内连续,那么它在该区间内必存在原函数.

初等函数在定义域内均连续,所以初等函数在定义域内都有原函数.

根据以上分析,引入以下定义.

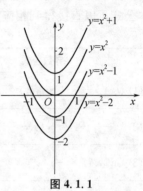

图 4.1.1

定义 4.1.2 在某区间上,函数 $f(x)$ 的原函数族 $F(x)+C$ 称为 $f(x)$ 在该区间上的不定积分,记作

$$\int f(x)\mathrm{d}x,$$

其中,记号"$\int$"为积分号,$f(x)$ 为被积函数,$f(x)\mathrm{d}x$ 为被积表达式,x 为积分变量,$F(x)$ 为 $f(x)$ 的一个原函数.

根据定义,有

$$\int f(x)\mathrm{d}x = F(x)+C.$$

例 4.1.1 求下列不定积分:

(1) $\int \mathrm{e}^x \mathrm{d}x$;   (2) $\int \dfrac{\mathrm{d}x}{1+x^2}$;   (3) $\int \sin x \mathrm{d}x$.

解 (1) 根据定义 4.1.2,只要求出 e^x 的一个原函数,再加上任意常数 C 即可.

因为 $(\mathrm{e}^x)'=\mathrm{e}^x$,所以 e^x 是 e^x 的一个原函数,故

$$\int \mathrm{e}^x \mathrm{d}x = \mathrm{e}^x + C.$$

(2) 因为 $(\arctan x)'=\dfrac{1}{1+x^2}$,所以 $\arctan x$ 是 $\dfrac{1}{1+x^2}$ 的一个原函数,故

$$\int \frac{1}{1+x^2}\mathrm{d}x = \arctan x + C.$$

(3) 因为 $(-\cos x)'=\sin x$,所以 $-\cos x$ 是 $\sin x$ 的一个原函数,即

$$\int \sin x \mathrm{d}x = -\cos x + C.$$

4.1.2 基本积分公式

由不定积分的定义可以知道求不定积分是求导数的逆运算,因此,根据导数基本公式可以直接得到相应的基本积分公式(见表4.1.1).

表 4.1.1

导数公式	基本积分公式
(1) $(kx)' = k$ (k 为常数)	(1) $\int k\mathrm{d}x = kx + C$ (k 为常数)
(2) $\left(\dfrac{x^{\alpha+1}}{\alpha+1}\right)' = x^\alpha$ ($\alpha \neq -1$)	(2) $\int x^\alpha \mathrm{d}x = \dfrac{x^{\alpha+1}}{\alpha+1} + C$ ($\alpha \neq -1$)
(3) $(\ln|x|)' = \dfrac{1}{x}$	(3) $\int \dfrac{1}{x}\mathrm{d}x = \ln|x| + C$
(4) $\left(\dfrac{a^x}{\ln a}\right)' = a^x$ ($a > 0, a \neq 1$)	(4) $\int a^x \mathrm{d}x = \dfrac{a^x}{\ln a} + C$ ($a > 0, a \neq 1$)
(5) $(\mathrm{e}^x)' = \mathrm{e}^x$	(5) $\int \mathrm{e}^x \mathrm{d}x = \mathrm{e}^x + C$
(6) $(-\cos x)' = \sin x$	(6) $\int \sin x \mathrm{d}x = -\cos x + C$
(7) $(\sin x)' = \cos x$	(7) $\int \cos x \mathrm{d}x = \sin x + C$
(8) $(\tan x)' = \sec^2 x = \dfrac{1}{\cos^2 x}$	(8) $\int \sec^2 x \mathrm{d}x = \int \dfrac{1}{\cos^2 x}\mathrm{d}x = \tan x + C$
(9) $(-\cot x)' = \csc^2 x = \dfrac{1}{\sin^2 x}$	(9) $\int \csc^2 x \mathrm{d}x = \int \dfrac{1}{\sin^2 x}\mathrm{d}x = -\cot x + C$
(10) $(\sec x)' = \sec x \tan x$	(10) $\int \sec x \tan x \mathrm{d}x = \sec x + C$
(11) $(-\csc x)' = \csc x \cot x$	(11) $\int \csc x \cot x \mathrm{d}x = -\csc x + C$
(12) $(\arcsin x)' = (-\arccos x)' = \dfrac{1}{\sqrt{1-x^2}}$	(12) $\int \dfrac{1}{\sqrt{1-x^2}}\mathrm{d}x = \arcsin x + C = -\arccos x + C_1$
(13) $(\arctan x)' = (-\operatorname{arccot} x)' = \dfrac{1}{1+x^2}$	(13) $\int \dfrac{1}{1+x^2}\mathrm{d}x = \arctan x + C = -\operatorname{arccot} x + C_1$

知道了积分公式后在求积分时比较方便,因此要熟记上述基本积分公式. 例如求 $\int \dfrac{1}{\sqrt{x}}\mathrm{d}x$,利用基本积分公式(2),显然有

$$\int \frac{1}{\sqrt{x}}\mathrm{d}x = \int x^{-\frac{1}{2}}\mathrm{d}x = \frac{x^{-\frac{1}{2}+1}}{-\frac{1}{2}+1} + C = 2\sqrt{x} + C;$$

而求 $\int 5^x \mathrm{d}x$,利用基本积分公式(4),有

$$\int 5^x \mathrm{d}x = \frac{5^x}{\ln 5} + C,$$

求不定积分变得很快捷.

4.1.3 不定积分的性质

根据不定积分的定义,很容易得到下面两个性质.

性质 1 如果函数 $f(x),g(x)$ 的原函数存在,那么

$$\int [f(x) \pm g(x)]\mathrm{d}x = \int f(x)\mathrm{d}x \pm \int g(x)\mathrm{d}x.$$

性质 2 如果函数 $f(x)$ 的原函数存在,k 为任意实数,那么

$$\int kf(x)\mathrm{d}x = k\int f(x)\mathrm{d}x.$$

性质 1 对于有限个函数均成立.

利用基本积分公式和不定积分的两个性质,可以直接求出一些简单函数的不定积分,这种方法叫做直接积分法.

例 4.1.2 求 $\int (\mathrm{e}^x + 2\cos x)\mathrm{d}x$.

解 由直接积分法,有

$$\int (\mathrm{e}^x + 2\cos x)\mathrm{d}x = \int \mathrm{e}^x \mathrm{d}x + 2\int \cos x \mathrm{d}x$$
$$= \mathrm{e}^x + 2\sin x + C.$$

说明:不定积分中都有一个任意常数,因此在求几个不定积分的代数和时,只需在最后不含积分号时写出一个任意常数即可. 这是因为任意常数相加减仍是任意常数.

例 4.1.3 求 $\int \dfrac{(x-1)^2}{x^2}\mathrm{d}x$.

解 先将被积函数变形,有

$$\frac{(x-1)^2}{x^2} = \frac{x^2 - 2x + 1}{x^2} = 1 - \frac{2}{x} + \frac{1}{x^2},$$

由直接积分法,有

$$\int \frac{(x-1)^2}{x^2}\mathrm{d}x = \int \left(1 - \frac{2}{x} + \frac{1}{x^2}\right)\mathrm{d}x$$
$$= \int \mathrm{d}x - 2\int \frac{1}{x}\mathrm{d}x + \int x^{-2}\mathrm{d}x$$
$$= x - 2\ln |x| - \frac{1}{x} + C.$$

例 4.1.4 求 $\displaystyle\int \frac{x^2}{1+x^2}\mathrm{d}x$.

解 被积函数变形,有

$$\frac{x^2}{1+x^2}=\frac{(x^2+1)-1}{1+x^2}=1-\frac{1}{1+x^2},$$

由直接积分法,有

$$\int \frac{x^2}{1+x^2}\mathrm{d}x=\int\left(1-\frac{1}{1+x^2}\right)\mathrm{d}x=\int\mathrm{d}x-\int\frac{1}{1+x^2}\mathrm{d}x$$
$$=x-\arctan x+C.$$

例 4.1.5 求 $\displaystyle\int \sin^2\frac{x}{2}\mathrm{d}x$.

解 被积函数变形,有

$$\sin^2\frac{x}{2}=\frac{1-\cos x}{2},$$

由直接积分法,有

$$\int\sin^2\frac{x}{2}\mathrm{d}x=\frac{1}{2}\int(1-\cos x)\mathrm{d}x=\frac{1}{2}\left(\int\mathrm{d}x-\int\cos x\mathrm{d}x\right)$$
$$=\frac{1}{2}(x-\sin x)+C.$$

由上述例子可以知道,在利用直接积分法时有时需要将被积函数作恒等变形,再求积分.恒等变形的目的是将被积函数转化为基本积分公式中的某一形式.

要检验积分结果是否正确,只要对积分结果求导,看其导数是否等于被积函数.相等时,结果正确;否则,结果错误.如例 4.1.5 中,因为

$$\left[\frac{1}{2}(x-\sin x)+C\right]'=\frac{1}{2}(1-\cos x)=\sin^2\frac{x}{2},$$

所以结果正确.

例 4.1.6 已知一物体运动的速度 $v=\sin t-\cos t$,且 $s(0)=0$,求该物体运动的规律 s.

解 由已知条件 $s'=v=\sin t-\cos t$,要求 s,由积分定义,有

$$s=\int v\mathrm{d}t=\int(\sin t-\cos t)\mathrm{d}t$$
$$=-\cos t-\sin t+C,$$

又 $s(0)=0$,所以 $C=1$.

因此该物体运动的规律函数为

$$s=1-\cos t-\sin t.$$

习题 4.1

1. 填空

(1) $2x - \cos x$ 的一个原函数是 _____，而 _____ 的一个原函数是 $2x - \cos x$.

(2) 已知 $F_1(x)$ 与 $F_2(x)$ 均是 $f(x)$ $(f(x) \neq 0)$ 的原函数，则 $F_1(x) - F_2(x) =$ _____.

(3) 已知 $F(x)$ 是 $f(x)$ 的一个原函数，那么 $\int 2f(x)\mathrm{d}x =$ _____.

(4) $\int \mathrm{d}H(x) =$ _____.

2. 求下列不定积分

(1) $\int x\sqrt{x}\,\mathrm{d}x$;

(2) $\int \dfrac{1}{x^3}\,\mathrm{d}x$;

(3) $\int (4 + x^2 - 5x^3)\,\mathrm{d}x$;

(4) $\int \left(3\mathrm{e}^x + \dfrac{7}{x}\right)\mathrm{d}x$;

(5) $\int \dfrac{(1-x)^2}{\sqrt{x}}\,\mathrm{d}x$;

(6) $\int \dfrac{3x^4 + 3x^2 + 1}{x^2 + 1}\,\mathrm{d}x$;

(7) $\int \dfrac{x-9}{\sqrt{x}+3}\,\mathrm{d}x$;

(8) $\int \dfrac{\cos 2x}{\sin^2 x \cos^2 x}\,\mathrm{d}x$;

(9) $\int \dfrac{1}{x^2(1+x^2)}\,\mathrm{d}x$;

(10) $\int 3^x \mathrm{e}^x \,\mathrm{d}x$.

4.2 积分的方法

上节介绍的直接积分法可以解决一些简单的不定积分的计算问题，但对于其他的不定积分的计算，还需要介绍一些基本的求法. 本节将利用复合函数的求导方法给出第一类换元积分法(凑微分法)和第二类换元积分法，利用函数乘积的求导方法给出分部积分法. 对一些较复杂的积分，将借助积分表来计算.

4.2.1 第一类换元积分法(凑微分法)

在基本积分公式中，有 $\int \cos x\mathrm{d}x = \sin x + C$，如果把公式中的 x 换成 $2x$，则 $\int \cos 2x\mathrm{d}(2x) = \sin 2x + C$. 如果要计算 $\int \cos 2x\mathrm{d}x$，只要将 $\mathrm{d}x$ 凑成 $\dfrac{1}{2}\mathrm{d}(2x)$，由基本积分公式和性质，有

$$\int \cos 2x \mathrm{d}x = \frac{1}{2}\int \cos 2x \mathrm{d}(2x) = \frac{1}{2}\sin 2x + C;$$

或者令 $2x = u$,则

$$\int \cos 2x \mathrm{d}x = \frac{1}{2}\int \cos u \mathrm{d}u = \frac{1}{2}\sin u + C \xrightarrow{u=2x} \frac{1}{2}\sin 2x + C.$$

这种方法叫做不定积分的第一类换元积公法,也叫凑微分法.

更一般的,有如下定理.

定理 4.2.1 设函数 $f(u)$ 具有原函数 $F(u)$,$u=\varphi(x)$ 可导,则有

$$\int f[\varphi(x)]\varphi'(x)\mathrm{d}x = \int f(u)\mathrm{d}u = F(u) + C = F[\varphi(x)] + C.$$

利用定理 4.2.1 积分的关键是如何将被积表达式凑成

$$f[\varphi(x)]\varphi'(x)\mathrm{d}x = f[\varphi(x)]\mathrm{d}\varphi(x)$$

的形式,而 $f(u)$ 的原函数 $F(u)$ 可利用基本积分公式得到结果.

例 4.2.1 求 $\int (3x+1)^3 \mathrm{d}x$.

解 $3x+1$ 是一次函数,将 $\mathrm{d}x$ 凑微分有 $\mathrm{d}x = \frac{1}{3}\mathrm{d}(3x+1)$,则利用公式

$$\int x^\alpha \mathrm{d}x = \frac{x^{\alpha+1}}{\alpha+1} + C,$$

令 $3x+1=u$,有

$$\int (3x+1)^3 \mathrm{d}x = \frac{1}{3}\int u^3 \mathrm{d}u = \frac{u^4}{12} + c = \frac{1}{12}(3x+1)^4 + C.$$

例 4.2.2 求 $\int \frac{\mathrm{d}x}{3+2x}$.

解 $3+2x$ 是一次函数,将 $\mathrm{d}x$ 凑微分有 $\mathrm{d}x = \frac{1}{2}\mathrm{d}(3+2x)$,则利用公式

$$\int \frac{1}{x}\mathrm{d}x = \ln|x| + C,$$

令 $3+2x=u$,有

$$\int \frac{\mathrm{d}x}{3+2x} = \frac{1}{2}\int \frac{\mathrm{d}u}{u} = \frac{1}{2}\ln|u| + C = \frac{1}{2}\ln|3+2x| + C.$$

例 4.2.3 求 $\int x\sqrt{1+x^2}\,\mathrm{d}x$.

解 被积表达式为含有 $1+x^2$ 的函数与 x 乘积形式,可以将 $x\mathrm{d}x$ 凑微分,有

$$x\mathrm{d}x = \frac{1}{2}\mathrm{d}(1+x^2),$$

令 $1+x^2=u$,则

$$\int x\sqrt{1+x^2}\,\mathrm{d}x = \frac{1}{2}\int \sqrt{u}\,\mathrm{d}u = \frac{1}{2}\int u^{\frac{1}{2}}\,\mathrm{d}u$$

$$= \frac{1}{2} \cdot \frac{1}{\frac{1}{2}+1} u^{\frac{1}{2}+1} + C = \frac{1}{3} u^{\frac{3}{2}} + C$$

$$= \frac{1}{3}(1+x^2)^{\frac{3}{2}} + C.$$

当运算熟练后,可以不必写出中间变量 u,而直接进行计算.

例 4.2.4 求 $\int \cot x \mathrm{d}x$.

解 $\int \cot x \mathrm{d}x = \int \frac{\cos x}{\sin x} \mathrm{d}x = \int \frac{\mathrm{d}\sin x}{\sin x} = \ln|\sin x| + C.$

同理有

$$\int \tan x \mathrm{d}x = -\ln|\cos x| + C.$$

例 4.2.5 求 $\int \frac{\ln^2 x}{x} \mathrm{d}x$.

解 $\int \frac{\ln^2 x}{x} \mathrm{d}x = \int \ln^2 x \cdot \frac{\mathrm{d}x}{x} = \int \ln^2 x \mathrm{d}(\ln x) = \frac{\ln^3 x}{3} + C.$

例 4.2.6 求 $\int \frac{1}{4+x^2} \mathrm{d}x$.

解 $\int \frac{1}{4+x^2} \mathrm{d}x = \frac{1}{4} \int \frac{\mathrm{d}x}{1+\left(\frac{x}{2}\right)^2} = \frac{1}{2} \int \frac{1}{1+\left(\frac{x}{2}\right)^2} \mathrm{d}\left(\frac{x}{2}\right)$

$$= \frac{1}{2} \arctan \frac{x}{2} + C.$$

大家可以比较一下,是不是积分计算更方便了.

例 4.2.7 求 $\int \frac{1}{\sqrt{9-x^2}} \mathrm{d}x$.

解 $\int \frac{1}{\sqrt{9-x^2}} \mathrm{d}x = \frac{1}{3} \int \frac{1}{\sqrt{1-\frac{x^2}{9}}} \mathrm{d}x = \frac{1}{3} \int \frac{1}{\sqrt{1-\left(\frac{x}{3}\right)^2}} \mathrm{d}x$

$$= \int \frac{1}{\sqrt{1-\left(\frac{x}{3}\right)^2}} \mathrm{d}\left(\frac{x}{3}\right) = \arcsin \frac{x}{3} + C.$$

例 4.2.8 求 $\int \cos^2 x \mathrm{d}x$.

解 利用公式 $\cos^2 x = \frac{1+\cos 2x}{2}$,有

$$\int \cos^2 x \mathrm{d}x = \frac{1}{2} \int (1+\cos 2x) \mathrm{d}x = \frac{1}{2} \left[\int \mathrm{d}x + \frac{1}{2} \int \cos 2x \mathrm{d}(2x) \right]$$

$$= \frac{1}{2}x + \frac{1}{4}\sin 2x + C.$$

*例 4.2.9　求 $\int \sec x \mathrm{d}x$.

解　$\int \sec x \mathrm{d}x = \int \frac{\sec x(\sec x + \tan x)}{\sec x + \tan x}\mathrm{d}x = \int \frac{\sec^2 x + \sec x \tan x}{\sec x + \tan x}\mathrm{d}x$

$$= \int \frac{\mathrm{d}(\sec x + \tan x)}{\sec x + \tan x} = \ln |\sec x + \tan x| + C.$$

凑微分积分法实际上是复合函数求导计算的逆运算,但比复合函数求导更困难,且有一定的灵活性,必须一定的运算技巧,必须多做一些习题才能熟练地掌握这种方法. 在凑微分时需要多联想一些基本的微分公式.

但对于 $\int \frac{1}{1+\sqrt{2x}}\mathrm{d}x$ 这种类型的积分问题,用凑微分法就不能解决了,此时应首先想办法将无理式化为有理式. 请看下面具体的解法.

4.2.2　第二类换元积分法

例 4.2.10　求 $\int \frac{1}{1+\sqrt{x}}\mathrm{d}x$.

解　将 $\frac{1}{1+\sqrt{x}}$ 转化为有理式,令 $\sqrt{x}=t$,则 $\frac{1}{1+\sqrt{x}} = \frac{1}{1+t}$,而 $x=t^2$,$\mathrm{d}x=2t\mathrm{d}t$,所以

$$\int \frac{1}{1+\sqrt{x}}\mathrm{d}x = \int \frac{1}{1+t} \cdot 2t\mathrm{d}t = 2\int \frac{(t+1)-1}{1+t}\mathrm{d}t$$

$$= 2\int \left(1 - \frac{1}{1+t}\right)\mathrm{d}t = 2\int \mathrm{d}t - 2\int \frac{\mathrm{d}(1+t)}{1+t}$$

$$= 2t - 2\ln |1+t| + C.$$

将 $t=\sqrt{x}$ 代入上式,有

$$\int \frac{1}{1+\sqrt{x}}\mathrm{d}x = 2\sqrt{x} - 2\ln(1+\sqrt{x}) + C.$$

该问题的解题思路是令 $x=\varphi(t)$,则 $\mathrm{d}x=\varphi'(t)\mathrm{d}t$,有

$$\int f(x)\mathrm{d}x = \int f[\varphi(t)]\varphi'(t)\mathrm{d}t,$$

而 $f[\varphi(t)]\varphi'(t)$ 比较易求原函数 $F(t)$,从而有以下定理.

定理 4.2.2(第二类换元积分法)　设函数 $x=\varphi(t)$ 单调可导且 $\varphi'(t) \neq 0$,$f[\varphi(t)]\varphi'(t)$ 有原函数 $F(t)$,则

$$\int f(x)\mathrm{d}x = \int f[\varphi(t)]\varphi'(t)\mathrm{d}t = F(t) + C = F[\varphi^{-1}(x)] + C,$$

其中，$\varphi^{-1}(x)$ 是 $x = \varphi(t)$ 的反函数.

显然第二类换元积分法与第一类换元积分法是不同的，我们可以从下面的例子中再来体会一下两者的差异.

例 4. 2. 11　求积分 $\displaystyle\int \frac{\sqrt{x}}{1+\sqrt{x}}\mathrm{d}x$.

解　要去掉根号. 令 $\sqrt{x} = t$，则 $x = t^2$，$\mathrm{d}x = 2t\mathrm{d}t$，所以

$$\int \frac{\sqrt{x}}{1+\sqrt{x}}\mathrm{d}x = \int \frac{t}{1+t} \cdot 2t\mathrm{d}t = 2\int \frac{t^2}{1+t}\mathrm{d}t$$

$$= 2\int \frac{(t^2-1)+1}{1+t}\mathrm{d}t = 2\int \left(t-1+\frac{1}{1+t}\right)\mathrm{d}t$$

$$= 2\int (t-1)\mathrm{d}t + 2\int \frac{\mathrm{d}(1+t)}{1+t}$$

$$= t^2 - 2t + 2\ln|1+t| + C,$$

又 $t = \sqrt{x}$，故

$$\int \frac{\sqrt{x}}{1+\sqrt{x}}\mathrm{d}x = x - 2\sqrt{x} + 2\ln(1+\sqrt{x}) + C.$$

由此可见第二类换元积分法的关键是想办法将根号去掉(有理化思想)，将被积函数转化为较易求积分的形式，然后采用直接积分或凑微分法得到积分结果.

* **例 4. 2. 12**　求 $\displaystyle\int \sqrt{a^2 - x^2}\,\mathrm{d}x$　$(a > 0)$.

解　直接令 $\sqrt{a^2 - x^2} = t$ 并不能将根号去掉，因为 $\mathrm{d}x$ 通过换元又含有根号. 联想三角恒等式

$$1 = \sin^2 t + \cos^2 t,$$

令 $x = a\sin t \left(-\frac{\pi}{2} \leqslant t \leqslant \frac{\pi}{2}\right)$，则 $\sqrt{a^2-x^2} = a\cos t$，$\mathrm{d}x = a\cos t\mathrm{d}t$，有

$$\int \sqrt{a^2-x^2}\,\mathrm{d}x = \int a\cos t \cdot a\cos t\mathrm{d}t = a^2\int \cos^2 t\mathrm{d}t$$

$$= \frac{a^2}{2}\int (1+\cos 2t)\mathrm{d}t$$

$$= \frac{a^2}{2}\left[\int \mathrm{d}t + \frac{1}{2}\int \cos 2t\mathrm{d}(2t)\right]$$

$$= \frac{a^2}{2}\left(t + \frac{1}{2}\sin 2t\right) + C,$$

又 $x = a\sin t$，得 $t = \arcsin \dfrac{x}{a}$，$\cos t = \sqrt{1-\sin^2 t} = \dfrac{\sqrt{a^2-x^2}}{a}$，故

$$\int \sqrt{a^2-x^2}\,\mathrm{d}x = \frac{a^2}{2}\arcsin \frac{x}{a} + \frac{a^2}{4} \cdot 2 \cdot \frac{x}{a} \cdot \frac{\sqrt{a^2-x^2}}{a} + C$$

$$= \frac{a^2}{2}\arcsin\frac{x}{a} + \frac{1}{2}x\sqrt{a^2-x^2} + C.$$

第二类换元积分法可以解决被积函数中含有无理式且不易凑微分的积分计算问题,换元的目的是将无理式有理化. 常用简单根式代换或三角代换的方法换元,应选择尽可能简单的代换,方法有可能不唯一.

4.2.3 分部积分法

用直接积分法和换元(第一类、第二类)积分法,可以解决一些不定积分的积分问题.但我们经常会遇到形如 $\int x^n\sin\alpha x\,dx$,$\int x^n e^{\lambda x}\,dx$,$\int x\arctan x\,dx$ 的积分计算,对此类问题,可以利用两个函数乘积的求导法则的逆运算得到一种新的积分方法.

例如 $\int xe^x\,dx$,因为 $(xe^x)' = x'e^x + x(e^x)' = e^x + xe^x$,所以

$$xe^x = (xe^x)' - e^x,$$

xe^x 的原函数不好求,但 $(xe^x)'$ 与 e^x 的原函数是 xe^x 与 e^x,从而

$$\int xe^x\,dx = \int[(xe^x)' - e^x]dx = \int(xe^x)'dx - \int e^x dx$$
$$= xe^x - e^x + C.$$

一般情况,设 $u = u(x), v = v(x)$ 的导数存在且连续,则 $(uv)' = u'v + uv'$,移项,有 $uv' = (uv)' - u'v$. 两边积分,有

$$\int uv'dx = uv - \int u'v dx,$$

其中,$\int uv'dx$ 较难计算,$\int u'v dx$ 较易计算.

这种方法叫做分部积分法,该公式叫分部积分公式. 为了便于记忆,公式可以写成如下形式:

$$\int u\,dv = uv - \int v\,du.$$

分部积分法关键是确定 u 和 dv,从而使积分运算更容易.下面通过实例来进行说明.

例 4.2.13 求 $\int x\cos x\,dx$.

解 $\int x\cos x\,dx = \int x\,d(\sin x) = x\sin x - \int \sin x\,dx$
$$= x\sin x + \cos x + C.$$

例 4.2.14 求 $\int \arctan x\,dx$.

解 $\int \arctan x\,dx = x\arctan x - \int x\,d(\arctan x) = x\arctan x - \int \frac{x}{1+x^2}dx$

$$= x\arctan x - \frac{1}{2}\int \frac{1}{1+x^2}\mathrm{d}(1+x^2)$$

$$= x\arctan x - \frac{1}{2}\ln(1+x^2) + C.$$

例 4.2.15 求 $\int x\ln x\,\mathrm{d}x.$

解 $\displaystyle\int x\ln x\,\mathrm{d}x = \int \ln x\,\mathrm{d}\frac{x^2}{2} = \frac{x^2}{2}\ln x - \frac{1}{2}\int x\,\mathrm{d}x$

$$= \frac{x^2}{2}\ln x - \frac{1}{4}x^2 + C.$$

从上面例子可以知道,如果被积函数是幂函数与三角函数的乘积,用分部积分法并设幂函数为 u;如果被积函数是幂函数与反三角函数或对数函数乘积时,用分部积分法并设反三角函数或对数函数为 u. 然后代入公式运算,即得积分结果.

*4.2.4 积分表的使用

前面介绍了求不定积分的一些基本方法,如直接积分法、换元积分法和分部积分法. 求不定积分还可以利用数学软件在计算机上完成,此外人们为了使用的方便,将一些常用函数的不定积分列成表的形式 —— 称为积分表. 积分表是按被积函数的类型排序的. 这样在求积分时,可根据被积函数的类型直接或经过恒等变形后在积分表中查到所要的结果. 当然简单的积分不需要查表,而当遇到较复杂的积分问题时可以借助积分表(请见本书"附录").

下面举例说明积分表的使用.

例 4.2.16 求 $\int \mathrm{e}^{2x}\cos 3x\,\mathrm{d}x.$

解 本题两次用分部积分法就可以求出结果,但因为要计算两次,有些同学觉得计算量太大,而且容易出错. 下面换一种方法.

被积函数中含有 $\mathrm{e}^{ax}\cos bx$,在积分表中查到公式 85,有

$$\int \mathrm{e}^{ax}\cos bx\,\mathrm{d}x = \frac{1}{a^2+b^2}\mathrm{e}^{ax}(b\sin bx + a\cos bx) + C,$$

这里 $a = 2, b = 3$,于是

$$\int \mathrm{e}^{2x}\cos 3x\,\mathrm{d}x = \frac{1}{13}\mathrm{e}^{2x}(3\sin 3x + 2\cos 3x) + C.$$

例 4.2.17 求 $\displaystyle\int \frac{1}{x\sqrt{9x^2-4}}\mathrm{d}x.$

解 在积分表中不能直接查到适用的公式,但被积函数中含有 $\sqrt{9x^2-4}$ 与 $\sqrt{x^2-a^2}$ 有些相似,可先作适当变形. 令 $u = 3x$,则 $\sqrt{9x^2-4} = \sqrt{u^2-2^2}$,$x =$

$\dfrac{u}{3}$，$\mathrm{d}x = \dfrac{1}{3}\mathrm{d}u$，代入原式，有

$$\int \frac{1}{x\sqrt{9x^2-4}}\mathrm{d}x = \int \frac{1}{u\sqrt{u^2-2^2}}\mathrm{d}u,$$

被积函数中含有 $\sqrt{u^2-2^2}$，在积分表中查到公式 28，有

$$\int \frac{1}{x\sqrt{x^2-a^2}}\mathrm{d}x = \frac{1}{a}\arccos\frac{a}{|x|}+C,$$

这里 $a=2$，代入公式，同时将 u 还原为 x 的形式，有

$$\int \frac{1}{x\sqrt{9x^2-4}}\mathrm{d}x = \frac{1}{2}\arccos\frac{2}{|u|}+C$$
$$= \frac{1}{2}\arccos\frac{2}{3|x|}+C.$$

本题也可以用第二类换元积分法解决，但过程要复杂多了.

例 4.2.18　求 $\displaystyle\int \sec^5 x\,\mathrm{d}x$.

解　被积函数 $\sec^5 x = \dfrac{1}{\cos^5 x}$，在积分表中可以查到公式 57，有

$$\int \sec^n x\,\mathrm{d}x = \frac{1}{n-1}\cdot\frac{\sin x}{\cos^{n-1}x}+\frac{n-2}{n-1}\int\frac{\mathrm{d}x}{\cos^{n-2}x},$$

利用该公式，正割的幂次可以降两次；重复使用该公式，可以使正割的次数继续减少，直到最后可求结果.

这里 $n=5$，代入公式有

$$\int \sec^5 x\,\mathrm{d}x = \int\frac{\mathrm{d}x}{\cos^5 x} = \frac{1}{4}\frac{\sin x}{\cos^4 x}+\frac{3}{4}\int\frac{\mathrm{d}x}{\cos^3 x},$$

而

$$\int\frac{\mathrm{d}x}{\cos^3 x} = \frac{1}{2}\frac{\sin x}{\cos^2 x}+\frac{1}{2}\int\sec x\,\mathrm{d}x,$$

又

$$\int\sec x\,\mathrm{d}x = \ln|\sec x+\tan x|+C_1 \quad (\text{例 4.2.9 的结果}),$$

所以

$$\int \sec^5 x\,\mathrm{d}x = \frac{1}{4}\frac{\sin x}{\cos^4 x}+\frac{3}{8}\frac{\sin x}{\cos^2 x}+\frac{3}{8}\ln|\sec x+\tan x|+C,$$

这里 $C = \dfrac{3}{8}C_1$.

利用积分表求积分十分快捷，但是要以理解不定积分的含义和基本积分法为基础. 各种求积分的方法是相辅相成的，在具体的积分计算时是采用直接计算还是查表法，读者自己来确定.

本节提供了求积分的一些方法,从中发现积分运算比微分运算复杂多了.为了更快地掌握积分计算方法,给读者提些建议:

(1) 牢记基本积分公式(13 个),这些并不难记,是导数公式的逆过程;

(2) 将被积函数尽可能的简化,直接积分;

(3) 联想微分公式,试着凑微分;

(4) 被积函数中含有根号又不能凑微分,试用第二类换元积分法;

(5) 被积函数是两个函数乘积且具有典型形式,考虑用分部积分法;

(6) 查积分表.

习题 4.2

1. 在下列空格或括号中填上适当的数或函数使等式成立:

(1) $\mathrm{d}x = \underline{\qquad}\mathrm{d}(2x+1)$; (2) $x\mathrm{d}x = \underline{\qquad}\mathrm{d}(x^2+1)$;

(3) $\mathrm{e}^{3x}\mathrm{d}x = \mathrm{d}(\qquad)$; (4) $\dfrac{1}{1+x}\mathrm{d}x = \mathrm{d}(\qquad)$;

(5) $\dfrac{\mathrm{d}x}{1+x^2} = \mathrm{d}(\qquad)$; (6) $\cos 2x\mathrm{d}x = \mathrm{d}(\qquad)$.

2. 求下列不定积分:

(1) $\displaystyle\int \cos(2x-1)\mathrm{d}x$; (2) $\displaystyle\int \dfrac{\mathrm{d}x}{1-2x}$;

(3) $\displaystyle\int \dfrac{\sqrt{1+\ln x}}{x}\mathrm{d}x$; (4) $\displaystyle\int \dfrac{1}{\sqrt{4-x^2}}\mathrm{d}x$;

(5) $\displaystyle\int x\mathrm{e}^{x^2}\mathrm{d}x$; (6) $\displaystyle\int \dfrac{1}{1-\sqrt{x}}\mathrm{d}x$;

(7) $\displaystyle\int \dfrac{\sqrt{x-1}}{x}\mathrm{d}x$; (8) $\displaystyle\int \dfrac{x}{\sqrt{1+x^2}}\mathrm{d}x$;

(9) $\displaystyle\int \ln x\mathrm{d}x$; (10) $\displaystyle\int x\mathrm{e}^{-x}\mathrm{d}x$;

(11) $\displaystyle\int x\arctan x\mathrm{d}x$; (12) $\displaystyle\int x\cos \dfrac{x}{2}\mathrm{d}x$.

3. 查表求下列不定积分:

(1) $\displaystyle\int \dfrac{1}{x^2-4x+13}\mathrm{d}x$; (2) $\displaystyle\int \sin 3x\sin 5x\mathrm{d}x$;

(3) $\displaystyle\int \dfrac{\mathrm{d}x}{4+2\cos x}$; (4) $\displaystyle\int \sin^4 x\mathrm{d}x$;

(5) $\int e^{-3x}\sin5x\,\mathrm{d}x$; (6) $\int \sqrt{3x^2-2}\,\mathrm{d}x$.

4.3 常微分方程

前面我们已经学习了不定积分的概念和计算方法,而不定积分的一种常见应用是解常微分方程.下面介绍微分方程的有关概念,并讨论一种较简单的常微分方程 —— 可分离变量的微分方程的解法.

4.3.1 微分方程的概念

再举第 4.1 节中例 4.1.6:已知 $v = \sin t - \cos t$,且 $s(0) = 0$,求物体运动的规律 s.根据微积分知识有 $s' = v = \sin t - \cos t$,那么 s 是 v 的原函数,所以

$$s = \int (\sin t - \cos t)\,\mathrm{d}t = -\cos t - \sin t + C,$$

又因为 $s(0) = 0$,所以 $C = 1$.

物体的运动规律为 $s = 1 - \cos t - \sin t$.

从上述分析中,可以得到以下定义.

定义 4.3.1 一般的,凡表示未知函数、未知函数的导数与自变量之间关系的方程称为微分方程.

未知函数是一元的微分方程称为常微分方程,这里我们也只讨论常微分方程的情况.

微分方程中出现的未知函数导数的最高阶数称为微分方程的阶,在此我们只讨论一阶微分方程.如 $s' = \sin t - \cos t$.

凡代入微分方程使之成为恒等式的函数,称为微分方程的解.如 $s = -\cos t - \sin t + C$ 与 $s = 1 - \cos t - \sin t$ 均是方程 $s' = \sin t - \cos t$ 的解.

求微分方程解的过程称为解微分方程.

含有一个任意常数的一阶微分方程的解称为该方程的通解.如 $s = -\cos t - \sin t + C$ 是一阶微分方程 $s' = \sin t - \cos t$ 的通解.

确定通解中任意常数的值的条件叫初始条件或定解条件.如 $s(0) = 0$.

由初始条件确定通解中任意常数的值所得到的解称为特解.如 $s = 1 - \cos t - \sin t$ 为一阶微分方程 $s' = \sin t - \cos t$ 的特解.

例 4.3.1 验证函数 $y = Ce^{-x} + x - 1$ 是微分方程 $y' + y = x$ 的通解,并求满足初始条件 $y\big|_{x=0} = 2$ 下的特解.

解 因为 $y' = (Ce^{-x} + x - 1)' = -Ce^{-x} + 1$,把 y 与 y' 代入方程的左端有

左 $= (-Ce^{-x} + 1) + (Ce^{-x} + x - 1) = x =$ 右,

所以 $y = Ce^{-x} + x - 1$ 是微分方程的解,又其中含有一个任意常数,故是微分方程 $y' + y = x$ 的通解.

又 $y\Big|_{x=0} = 2$,所以 $C = 3$,因此 $y = 3e^{-x} + x - 1$ 是 $y' + y = x$ 在 $y\Big|_{x=0} = 2$ 下的特解.

4.3.2 可分离变量的微分方程

建立微分方程并求解是微分方程的重要应用,而微分方程的解有时求起来非常复杂.下面看一下比较简单的形式.

例 4.3.2 求微分方程 $y' = \dfrac{x}{y^2}$ 的通解.

解 本题直接积分并不能解决问题,先将方程转化一下,用 $y' = \dfrac{\mathrm{d}y}{\mathrm{d}x}$ 代入有

$$\frac{\mathrm{d}y}{\mathrm{d}x} = \frac{x}{y^2},$$

将 x, y 分离,作恒等变形,有

$$y^2 \mathrm{d}y = x \mathrm{d}x,$$

这时 y^2 与 x 的原函数易求,两边积分有

$$\int y^2 \mathrm{d}y = \int x \mathrm{d}x,$$

所以

$$\frac{1}{3} y^3 = \frac{1}{2} x^2 + C \quad \text{(其中 C 是任意常数)}$$

为通解.

这种类型的方程就是可分离变量的微分方程.它是指这样的一阶微分方程:变形后,$\dfrac{\mathrm{d}y}{\mathrm{d}x}$ 可表示成 x 的函数乘以 y 的函数的形式,即

$$\frac{\mathrm{d}y}{\mathrm{d}x} = f(x)g(y).$$

其具体解法如下:

(1) 分离变量,方程化为 $\dfrac{1}{g(y)} \mathrm{d}y = f(x) \mathrm{d}x$;

(2) 对方程两边同时积分,即 $\displaystyle\int \frac{1}{g(y)} \mathrm{d}y = \int f(x) \mathrm{d}x$;

(3) 结果 $G(y) = F(x) + C$,其中 $G(y), F(x)$ 分别是 $\dfrac{1}{g(y)}, f(x)$ 的一个原函数.

例 4.3.3 求微分方程 $y' - \mathrm{e}^y \sin x = 0$ 的通解,并求在初始条件 $y\big|_{x=\pi} = 0$ 下的特解.

解 方程变形为

$$\frac{\mathrm{d}y}{\mathrm{d}x} = \mathrm{e}^y \sin x,$$

分离变量,方程化为

$$\mathrm{e}^{-y}\mathrm{d}y = \sin x \mathrm{d}x,$$

方程两边同时积分,即

$$\int \mathrm{e}^{-y}\mathrm{d}y = \int \sin x \mathrm{d}x,$$

凑微分,有

$$-\int \mathrm{e}^{-y}\mathrm{d}(-y) = \int \sin x \mathrm{d}x,$$

解得 $-\mathrm{e}^{-y} = -\cos x + C$,即 $\cos x - \mathrm{e}^{-y} = C$ 为方程的通解.

又 $y\big|_{x=\pi} = 0$,所以 $C = -2$,因此 $2 + \cos x - \mathrm{e}^{-y} = 0$ 是方程在 $y\big|_{x=\pi} = 0$ 下的特解.

注:此处方程的解是以隐函数的形式给出的.

例 4.3.4 求微分方程 $\dfrac{\mathrm{d}y}{\mathrm{d}x} = \dfrac{y}{x}$ 的通解.

解 此属于可分离变量的微分方程. 分离变量,方程化为

$$\frac{\mathrm{d}y}{y} = \frac{\mathrm{d}x}{x},$$

方程两边同时积分,即

$$\int \frac{\mathrm{d}y}{y} = \int \frac{\mathrm{d}x}{x},$$

解得 $\ln|y| = \ln|x| + C_1$,即 $|y| = |x|\mathrm{e}^{C_1}$,所以 $y = \pm x\mathrm{e}^{C_1}$. 而 $\pm \mathrm{e}^{C_1}$ 仍是任意常数,记 $C = \pm \mathrm{e}^{C_1}$,则方程的通解为 $y = Cx$.

因此为了今后计算的方便,可直接将 $\ln|y|$,$\ln|x|$ 写成 $\ln y$,$\ln x$,将任意常数写成 $\ln C$,从而直接得到结果.

例 4.3.5 求微分方程 $xy\mathrm{d}y + \mathrm{d}x = y^2\mathrm{d}x + y\mathrm{d}y$ 的通解.

解 方程变形为

$$(x-1)y\mathrm{d}y = (y^2-1)\mathrm{d}x,$$

分离变量,方程化为

$$\frac{y}{y^2-1}\mathrm{d}y = \frac{1}{x-1}\mathrm{d}x,$$

方程两边同时积分,有

$$\int \frac{y}{y^2-1}\mathrm{d}y = \int \frac{1}{x-1}\mathrm{d}x,$$

凑微分,有

$$\int \frac{\mathrm{d}(y^2-1)}{y^2-1} = 2\int \frac{\mathrm{d}(x-1)}{x-1},$$

解得

$$\ln(y^2-1) = 2\ln(x-1) + \ln C,$$

即 $y^2-1 = C(x-1)^2$ 为方程的通解.

习题 4.3

1. 下列各式中,哪些是微分方程?哪些不是微分方程?

(1) $y' - 2x = 1$；　　　　　　　　　(2) $y = 2x$；

(3) $x\mathrm{d}y = (y+1)\mathrm{d}x$；　　　　　(4) $(y')^2 + y = 0$.

2. 求下列微分方程的通解:

(1) $(1+y)\mathrm{d}x + (x-1)\mathrm{d}y = 0$；　　(2) $(x^2+1)y' = xy$；

(3) $\dfrac{\mathrm{d}y}{\mathrm{d}x} = \mathrm{e}^{x+y}$；　　　　　　　(4) $(1+x^2)y' = y\ln y$.

3. 求下列微分方程的特解:

(1) $xy' - y = 2, y\Big|_{x=1} = 3$；　　(2) $2y'\sqrt{x} = y, y\Big|_{x=4} = 1$.

4. 已知曲线过点 $(1,2)$,且在该曲线上任一点处的切线斜率等于自原点到该点连线的斜率的 3 倍,求此曲线的方程.

4.4　一阶线性微分方程及应用

在上一节中,我们已经学习了微分方程的初步知识,下面将进一步学习一阶线性微分方程及其应用.

4.4.1　一阶线性微分方程

定义 4.4.1　形如

$$y' + P(x)y = Q(x) \quad \text{或} \quad \frac{\mathrm{d}y}{\mathrm{d}x} + P(x)y = Q(x) \tag{1}$$

的方程称为一阶线性微分方程,其中 $P(x), Q(x)$ 是 x 的连续函数.

当 $Q(x) = 0$ 时,方程

$$\frac{\mathrm{d}y}{\mathrm{d}x} + P(x)y = 0 \tag{2}$$

称为一阶线性齐次微分方程；当 $Q(x) \neq 0$ 时，称方程(1)为一阶线性非齐次微分方程.

例如，方程 $2y' + y = x^2$，$y' + \frac{1}{x}y = \frac{\cos x}{x}$，$y' + xy = 0$ 中所含 y' 与 y 都是一次，故它们都是一阶线性微分方程；而 $y' - y^2 = 0$，$y' - \cos y = 0$ 中，y^2，$\cos y$ 不是 y 的一次式，它们都不是一阶线性微分方程.

下面介绍如何解一阶线性微分方程.

因为方程(2)是方程(1)的特殊情形，故我们先讨论方程(2)解的情况.方程(2)是可分离变量微分方程的形式.分离变量，方程化为

$$\frac{\mathrm{d}y}{y} = -P(x)\mathrm{d}x,$$

方程两边同时积分，有

$$\int \frac{\mathrm{d}y}{y} = -\int P(x)\mathrm{d}x,$$

解得 $\ln y = -\int P(x)\mathrm{d}x + \ln C$，故

$$y = C\mathrm{e}^{-\int P(x)\mathrm{d}x} \tag{3}$$

是方程(2)的通解.其中，规定 $\int P(x)\mathrm{d}x$ 是 $P(x)$ 的一个原函数.

接下来看非齐次方程(1)的解法，如果仍按方程(2)的解法去做，有

$$\frac{\mathrm{d}y}{y} = \left[\frac{Q(x)}{y} - P(x)\right]\mathrm{d}x,$$

两边积分，有

$$\int \frac{\mathrm{d}y}{y} = \int \left[\frac{Q(x)}{y} - P(x)\right]\mathrm{d}x,$$

解得 $\ln y = \int \frac{Q(x)}{y}\mathrm{d}x - \int P(x)\mathrm{d}x$，所以

$$y = \mathrm{e}^{\left[\int \frac{Q(x)}{y}\mathrm{d}x - \int P(x)\mathrm{d}x\right]} = \mathrm{e}^{\int \frac{Q(x)}{y}\mathrm{d}x} \cdot \mathrm{e}^{-\int P(x)\mathrm{d}x}.$$

因为 $\mathrm{e}^{\int \frac{Q(x)}{y}\mathrm{d}x}$ 仍是 x 的函数，故可设 $\mathrm{e}^{\int \frac{Q(x)}{y}\mathrm{d}x} = C(x)$，则上式可写成

$$y = C(x)\mathrm{e}^{-\int P(x)\mathrm{d}x}. \tag{4}$$

通过上述分析，式(4)相当于将对应齐次方程的通解式(3)中的任意常数变易换成待定系数 $C(x)$，只须求出 $C(x)$ 就可以得到方程(1)的解.

对式(4)求导，有

$$y' = C'(x)\mathrm{e}^{-\int P(x)\mathrm{d}x} + C(x)\mathrm{e}^{-\int P(x)\mathrm{d}x}[-P(x)],$$

将 y, y' 代入方程(1),得

$$C'(x) = Q(x)\mathrm{e}^{\int P(x)\mathrm{d}x},$$

积分后得

$$C(x) = \int Q(x)\mathrm{e}^{\int P(x)\mathrm{d}x}\mathrm{d}x + C.$$

从而得到方程(1) 的通解

$$y = \mathrm{e}^{-\int P(x)\mathrm{d}x}\left[\int Q(x)\mathrm{e}^{\int P(x)\mathrm{d}x}\mathrm{d}x + C\right]. \tag{5}$$

这种将对应齐次方程通解中的常数变易为待定函数 $C(x)$,然后求出 $C(x)$ 从而得到线性非齐次方程通解的方法,叫做常数变易法.

公式(5) 也可以写成

$$y = C\mathrm{e}^{-\int P(x)\mathrm{d}x} + \mathrm{e}^{-\int P(x)\mathrm{d}x}\int Q(x)\mathrm{e}^{\int P(x)\mathrm{d}x}\mathrm{d}x \tag{6}$$

的形式.

很容易看出,式(6) 右端的第一部分是方程(2) 的通解;也很容易验证,式(6) 右端的第二部分是方程(1) 的特解. 因此,一阶线性微分方程的通解是对应齐次方程的通解与它自身的一个特解的和.

这样,求一阶线性微分方程的解可以采用常数变易法和直接利用公式(5) 或(6) 的方法. 在使用公式法时,要注意必须将微分方程化为方程(1) 的形式.

例 4.4.1 求微分方程 $(1+x)y' - 2y = (x+1)^3$ 的通解.

解 方程化为

$$y' - \frac{2}{x+1}y = (x+1)^2.$$

法 1:用公式法,有

$$P(x) = -\frac{2}{x+1}, \quad Q(x) = (x+1)^2,$$

代入公式(5),有

$$\begin{aligned}
y &= \mathrm{e}^{\int \frac{2}{x+1}\mathrm{d}x}\left[\int (x+1)^2 \mathrm{e}^{-\int \frac{2}{x+1}\mathrm{d}x}\mathrm{d}x + C\right] \\
&= \mathrm{e}^{2\ln(x+1)}\left[\int (x+1)^2 \mathrm{e}^{-2\ln(x+1)}\mathrm{d}x + C\right] \\
&= (x+1)^2\left[\int \frac{(x+1)^2}{(x+1)^2}\mathrm{d}x + C\right] \\
&= (x+1)^2(x+C).
\end{aligned}$$

法 2:用常数变易法,则先求 $y' - \frac{2}{x+1}y = 0$ 的通解. 分离变量,方程化为

$$\frac{\mathrm{d}y}{y} = \frac{2}{x+1}\mathrm{d}x,$$

方程两边同时积分,有

$$\int \frac{\mathrm{d}y}{y} = \int \frac{2}{x+1} \mathrm{d}x,$$

解得 $\ln y = 2\ln(x+1) + \ln C$,即

$$y = C(x+1)^2.$$

将上式中的 C 变易为 $C(x)$,设原方程的通解为

$$y = C(x)(x+1)^2,$$

于是

$$y' = C'(x)(x+1)^2 + 2C(x)(x+1).$$

将 y,y' 代入原方程,得

$$C'(x)(x+1)^2 + 2C(x)(x+1) - 2C(x)(x+1) = (x+1)^2,$$

整理得 $C'(x) = 1$,两边积分得

$$C(x) = x + C,$$

则 $y = (x+1)^2(x+C)$ 是原方程的通解.

例 4.4.2 求微分方程 $y' = (\tan x)y + 1$ 满足初始条件 $y\Big|_{x=0} = 2$ 的特解.

解 方程化为 $y' - (\tan x)y = 1$ 是一阶线性非齐次微分方程,其中 $P(x) = -\tan x, Q(x) = 1$,

利用公式(5),有

$$y = \mathrm{e}^{\int \tan x \mathrm{d}x} \left(\int \mathrm{e}^{-\int \tan x \mathrm{d}x} \mathrm{d}x + C \right) = \mathrm{e}^{-\ln\cos x} \left(\int \mathrm{e}^{\ln\cos x} \mathrm{d}x + C \right)$$

$$= \frac{1}{\cos x} \left(\int \cos x \mathrm{d}x + C \right) = \sec x (\sin x + C).$$

又 $y\Big|_{x=0} = 2$,得 $C = 2$,故所求的特解为

$$y = \tan x + 2\sec x.$$

4.4.2 一阶微分方程的简单应用

如何建立微分方程来解决实际问题是下面我们将要讨论的问题,解决此类问题的一般过程如下:

(1) 分析问题,明确各变量之间的关系,设出未知函数;

(2) 根据题目的条件和相关知识建立微分方程,确定初始条件;

(3) 求出微分方程的通解;

(4) 根据初始条件确定通解中的任意常数,求出微分方程的特解并检验.

下面将通过实例来说明一阶微分方程在解决一些简单的实际问题中的应用.

例 4.4.3 设曲线过点 $(1,1)$，且在曲线上任一点处切线与 y 轴的截距等于该切点的横坐标，求该曲线的方程.

解 设要求的曲线为 $y = f(x)$，$P(x,y)$ 是曲线上的任一点，则过 P 点的曲线的切线方程为

$$Y - y = y'(X - x),$$

其中，(X,Y) 是切线上任一点的坐标.

设切线与 y 轴的交点的纵坐标为 Y_0，则

$$Y_0 = y - xy',$$

由已知条件有

$$y - xy' = x,$$

即

$$y' - \frac{1}{x}y = -1.$$

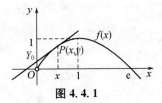

图 4.4.1

这是一阶线性非齐次微分方程，由公式(5)有

$$y = \mathrm{e}^{\int \frac{1}{x}\mathrm{d}x}\left[\int\left(-\mathrm{e}^{-\int\frac{1}{x}\mathrm{d}x}\right)\mathrm{d}x + C\right] = \mathrm{e}^{\ln x}\left[\int\left(-\mathrm{e}^{-\ln x}\right)\mathrm{d}x + C\right]$$

$$= x\left[\int\left(-\frac{1}{x}\right)\mathrm{d}x + C\right] = x(-\ln x + C),$$

又曲线过点 $(1,1)$，则 $C = 1$，所以要求的曲线方程为（见图 4.4.1）

$$y = x(1 - \ln x) \quad (x > 0).$$

例 4.4.4 已知物体在空气中冷却速度与物体和空气温度的差成正比. 设有一壶热水，水温原来是 $100℃$，空气温度是 $20℃$，经过 $20\ \mathrm{min}$ 以后，水温降至 $60℃$，求这壶水的冷却规律及由 $100℃$ 冷却至 $30℃$ 所需的时间？

解 设壶内水的温度 T 与时间 t 之间有函数关系 $T = T(t)$，那么水的冷却速度是 $\dfrac{\mathrm{d}T}{\mathrm{d}t}$. 可以假设在水冷却过程中，空气的温度是不变的.

根据已知条件，有

$$\frac{\mathrm{d}T}{\mathrm{d}t} = -k(T - 20),$$

其中 k 是比例系数 $(k > 0)$. 因为 T 是递减的，所以 $\dfrac{\mathrm{d}T}{\mathrm{d}t} < 0$. 初始条件是 $T\Big|_{t=0} = 100$.

微分方程可以化为

$$\frac{\mathrm{d}T}{\mathrm{d}t} + kT = 20k,$$

由公式法，有

$$T = \mathrm{e}^{-\int k\mathrm{d}t}\left(\int 20k\mathrm{e}^{\int k\mathrm{d}t}\mathrm{d}t + C\right) = \mathrm{e}^{-kt}\left(\int 20k\mathrm{e}^{kt}\mathrm{d}t + C\right)$$

$$= e^{-kt}(20e^{kt} + C) = Ce^{-kt} + 20.$$

又 $T\big|_{t=0} = 100$，所以 $C = 80$，故方程的特解为

$$T = 80e^{-kt} + 20.$$

又 $t = 20$ 时 $T = 60$，从而 $60 = 80e^{-20k} + 20$，解出

$$k = -\frac{1}{20}\ln\frac{1}{2},$$

故壶内水温 T 与时间 t 的函数关系是

$$T = 80e^{\frac{t}{20}\ln\frac{1}{2}} + 20.$$

当 $T = 30$ 时，有

$$30 = 80e^{\frac{t}{20}\ln\frac{1}{2}} + 20,$$

解得 $t = 60$，故经过 60 min 后，壶内的水温降至 $30℃$.

开始 20 min，水温由 $100℃$ 降至 $60℃$；而 60 min 水温由 $100℃$ 降至 $30℃$. 由此可以看出，开始水温降得比较快，但随着时间的增加越往后水温降得越慢. 想一想，水温最终会降到多少度？会不会低于 $20℃$？

例 4.4.5 饮酒量与事故风险率.

大量的研究所提供的数据表明，汽车司机发生事故风险率 y（百分比）与其血液中的酒精浓度 x（百分比）有非常密切的关系. 假设司机发生事故风险率的变化率 $\dfrac{dy}{dx}$ 与发生事故的风险率 y 的关系为 $\dfrac{dy}{dx} = ky$.

（1）已知数据点 $(0, 1\%)$，$(14\%, 20\%)$，求事故风险率 y 与血液中酒精浓度 x 的函数关系 $y = y(x)$；

（2）当血液中的酒精浓度是多少时，发生事故的风险率为 100%？（四舍五入精确到百分位）

解 （1）根据题意，有

$$\frac{dy}{dx} = ky,$$

分离变量，有

$$\frac{1}{y}dy = kdx,$$

两边积分，有

$$\int \frac{1}{y}dy = k\int dx,$$

得

$$\ln y = kx + \ln C = \ln e^{kx} + \ln C = \ln Ce^{kx},$$

即

$$y = Ce^{kx} \quad (C \text{ 是任意常数}).$$

由已知条件得

$$\begin{cases} Ce^0 = 0.01, \\ Ce^{0.14k} = 0.2, \end{cases} \quad \text{解得} \quad \begin{cases} C = 0.01, \\ k = 21.4, \end{cases}$$

所以

$$y = 0.01e^{21.4x}.$$

(2) 令 $y = 0.01e^{21.4x} = 1$,得

$$x = \frac{\ln 100}{21.4} = 0.22 = 22\%,$$

所以当血液中的酒精浓度是 22% 时,发生事故的风险率为 100%.

习题 4.4

1. 求下列微分方程的通解:

(1) $y' - \dfrac{1}{x}y = x$;

(2) $y' + (\tan x)y = \sec x$;

(3) $(x^2 + 1)y' + 2xy - \cos x = 0$;

(4) $x^2 dy + (2xy - x^2)dx = 0$.

2. 求下列微分方程满足初始条件的特解:

(1) $xy' + y - e^x = 0, y\big|_{x=1} = 2$;

(2) $\cos\theta \dfrac{dx}{d\theta} + x\sin\theta = \cos^2\theta, x\big|_{\theta=\pi} = 1$.

3. 已知一曲线过点 $(3,2)$,且它在两坐标轴间的任意切线段均被切点所平分,求这条曲线的方程.

4. 已知物体在水中的冷却速度与物体和水温度的差成正比. 现把一块温度为 810℃ 的钢块放在水温为 10℃ 的水池里淬火,求钢块温度的变化规律.

复习题四

A

一、填空题

1. 设 $f(x) = x^2 + \sin x$,则 $\displaystyle\int f'(x)dx = $ _____.

2. $\int \dfrac{1}{\sqrt{x}} e^{\sqrt{x}} \,\mathrm{d}x = $ _____.

3. $\dfrac{\ln x}{x} \,\mathrm{d}x = \ln x \,\mathrm{d}($ _____ $) = \mathrm{d}($ _____ $)$.

4. $\int \sin 3x \,\mathrm{d}x = $ _____.

5. 已知 $\int f(x)\,\mathrm{d}x = x^2 e^x + C$, 则 $f(x) = $ _____.

6. 微分方程相对于代数方程而言, 本质区别在于微分方程中含有 _____, 其解一般情况下是 _____, 而不是 _____.

7. 已知某微分方程的通解是 $y = (C_1 + C_2 x)e^x$, 且 $y\big|_{x=0} = 1, y'\big|_{x=0} = 3$, 则 $C_1 = $ _____, $C_2 = $ _____.

8. 设曲线 $y = f(x)$ 上任一点 (x, y) 的切线斜率等于该点与原点连线的斜率, 则曲线所满足的微分方程为 _____.

9. 设 y^* 是 $y' + P(x)y = Q(x)$ 的一个特解, Y 是其对应的齐次线性方程 $y' + P(x)y = 0$ 的通解, 则该方程的通解为 _____.

10. 若 e^{-x} 是 $f(x)$ 的一个原函数, 则 $\int f(x)\,\mathrm{d}x = $ _____.

二、选择题

1. 下列函数中不是 $f(x) = \dfrac{1}{x}$ 的原函数的是 ( )

A. $\ln(-x)$ B. $\ln x + 2$ C. $\ln(3x)$ D. $3\ln x$

2. 设 $f(x)$ 是可导函数, 则 $\left(\int f(x)\,\mathrm{d}x\right)' = $ ( )

A. $f(x) + C$ B. $f(x)$ C. $f'(x)$ D. $f'(x) + C$

3. $F(x), G(x)$ 都是 $f(x)$ 的原函数, 则 $F'(x) - G'(x)$ ( )

A. C B. 0 C. $F(x)$ D. $f(x)$

4. $\int \dfrac{x}{1+x^4}\,\mathrm{d}x = $ ( )

A. $\dfrac{1}{2}\arctan(x^2) + C$ B. $\ln(1+x^2) + C$

C. $\ln(1+x^4) + C$ D. $\dfrac{1}{2}\arctan^2 x + C$

5. 下列方程中是可分离变量的微分方程是 ( )

A. $\cos(xy)\,\mathrm{d}x + e^y\,\mathrm{d}y = 0$ B. $x\sin y\,\mathrm{d}x - \mathrm{d}y = 0$

C. $(2+xy)\,\mathrm{d}x + x\,\mathrm{d}y = 0$ D. $\cos(x+y)\,\mathrm{d}x - e^x\,\mathrm{d}y = 0$

6. 如果 $\int f(x)\mathrm{d}x = 2\mathrm{e}^{\frac{x}{2}} + C$,则 $f(x) =$ ( )

  A. $2\mathrm{e}^{\frac{x}{2}}$ B. $4\mathrm{e}^{\frac{x}{2}}$ C. $\mathrm{e}^{\frac{x}{2}} + C$ D. $\mathrm{e}^{\frac{x}{2}}$

7. $\int \dfrac{1}{\sqrt{1+2x}}\mathrm{d}x =$ ( )

  A. $\sqrt{1+2x} + C$ B. $-\sqrt{1+2x} + C$

  C. $-\dfrac{1}{2}\sqrt{1+2x}$ D. $-2\sqrt{1+2x} + C$

8. 已知 $\dfrac{\mathrm{d}y}{\mathrm{d}x} = 2x$,则下列结果中错误的是   ( )

  A. 过点 $(1,4)$ 的特解是 $y = x^2 + 3$ B. 通解是 $y = Cx^2$

  C. 是一阶微分方程   D. 通解是 $y = x^2 + C$

9. $\int (\tan x + \cot x)^2 \mathrm{d}x =$ ( )

  A. $\tan x + \cos x + C$ B. $\tan x - \cot x$

  C. $\tan x - \cot x + C$ D. $\tan x - \cot x + 2x + C$

10. 若 $f'(x) = g'(x)$,则下列式子一定成立的有   ( )

  A. $\left(\int f(x)\mathrm{d}x\right)' = \left(\int g(x)\mathrm{d}x\right)'$ B. $f(x) = g(x) + 2$

  C. $f(x) = g(x)$ D. $\int \mathrm{d}f(x) = \int \mathrm{d}g(x)$

三、判断题

1. $\int \cos x\mathrm{d}x = \sin x$.   ( )

2. $\int \ln x\mathrm{d}x = \dfrac{1}{x} + C$.   ( )

3. $\int \dfrac{1}{\sqrt{1-x^2}}\mathrm{d}x = -\arccos x + C$.   ( )

4. 方程 $y\mathrm{d}x + (1-x)\mathrm{d}y = 0$ 中不含未知函数的导数,故不是微分方程.   ( )

5. $y = \dfrac{1}{x}$ 是方程 $y' + \dfrac{1}{x}y = 0$ 的通解.   ( )

6. $xy' + y = \sin x$ 是一阶线性微分方程.   ( )

7. $\int \dfrac{\ln x}{x}\mathrm{d}x = \ln^2 x + C$.   ( )

8. 对于 $\int x\sin x\mathrm{d}x$,用分部积分法时,一般取 $u = \sin x, \mathrm{d}v = x\mathrm{d}x$.   ( )

9. 如果 $f'(\cos^2 x) = \sin^2 x$ 且 $f(0) = 0$，那么 $f(x) = x - \dfrac{1}{2}x^2$. （   ）

10. $\displaystyle\int \dfrac{1}{a^2 - x^2}\mathrm{d}x = \dfrac{1}{2a}\int\left(\dfrac{1}{a+x} + \dfrac{1}{a-x}\right)\mathrm{d}x$

$\qquad = \dfrac{1}{2a}(\ln|a+x| + \ln|a-x|) + c = \dfrac{1}{2a}\ln|(a+x)(a-x)| + C.$

（   ）

四、求下列不定积分

1. $\displaystyle\int \mathrm{e}^x(1 - x\mathrm{e}^{-x})\mathrm{d}x$;

2. $\displaystyle\int \dfrac{\mathrm{d}x}{1 + 4x^2}$;

3. $\displaystyle\int x^2\sqrt{x\sqrt{x}}\,\mathrm{d}x$;

4. $\displaystyle\int (1 - 3x)^8\mathrm{d}x$;

5. $\displaystyle\int \dfrac{x^3}{1 + x^2}\mathrm{d}x$;

6. $\displaystyle\int \dfrac{1}{\sqrt{x}(1 + x)}\mathrm{d}x$;

7. $\displaystyle\int \dfrac{\sqrt{x-1}}{x}\mathrm{d}x$;

8. $\displaystyle\int \dfrac{x}{\sqrt{4 - x^2}}\mathrm{d}x$;

9. $\displaystyle\int x\mathrm{e}^{2x}\mathrm{d}x$;

10. $\displaystyle\int \arcsin x\,\mathrm{d}x$.

五、求解下列微分方程

1. $\sin x\,\mathrm{d}y = y\cos x\,\mathrm{d}x$;

2. $xy' + y = x^2 - 3x + 1$;

3. $\dfrac{\mathrm{d}y}{x} + \dfrac{\mathrm{d}x}{y} = 0, y\big|_{x=1} = 3$;

4. $xy' - y + x^2\sin x = 0, y\big|_{x=\pi} = 0$;

5. $(\mathrm{e}^x - 1)yy' = \mathrm{e}^x$;

6. $(1 + x^2)y' - 2xy = (1 + x^2)^2$.

六、一曲线经过点 $(0,2)$，且曲线上任一点的切线斜率等于 $2x + y$，求该曲线方程.

七、已知物体在冰箱内的冷却速度与物体和冰箱内温度的差成正比. 现将室温（25℃）下的一瓶矿泉水放入冰箱，冰箱内温度为 6℃，经过半小时后矿泉水冷却到 18℃. 求矿泉水的冷却规律，并求经过多长时间矿泉水能冷却到 10℃.

B

一、求下列不定积分

1. $\displaystyle\int \dfrac{\mathrm{e}^{-x}}{\sqrt{1 + \mathrm{e}^{-x}}}\mathrm{d}x$;

2. $\displaystyle\int \left(\dfrac{1}{x} + \ln x\right)\mathrm{e}^x\mathrm{d}x$;

3. $\displaystyle\int (2x^2 + x + 1)\mathrm{e}^{x^2+x}\mathrm{d}x$;

4. $\displaystyle\int \dfrac{x^4 + 1}{x^6 + 1}\mathrm{d}x$;

5. $\displaystyle\int \dfrac{x\arcsin x^2}{\sqrt{1 - x^4}}\mathrm{d}x$;

6. $\displaystyle\int \dfrac{\ln x}{(1 - x)^2}\mathrm{d}x$.

二、求 $\displaystyle\int \frac{\ln x}{\sqrt{x}}\mathrm{d}x$.

三、设 $f(x)$ 的一个原函数是 $\dfrac{\mathrm{e}^x}{x}$,计算 $\displaystyle\int xf'(2x)\mathrm{d}x$.

四、设 $f(x)$ 在 $[0,+\infty)$ 上连续,且 $\displaystyle\lim_{x\to+\infty}f(x)=1$,试证:微分方程 $\dfrac{\mathrm{d}y}{\mathrm{d}x}+y=f(x)$ 的一切解,当 $x\to+\infty$ 时都趋近于 1.

自测题四

一、填空题

1. $\displaystyle\int x\sqrt[3]{x}\,\mathrm{d}x =$ _____.

2. 微分方程 $y'+xy=0$ 的通解是_____.

3. $\left(\displaystyle\int \frac{\sin x}{x}\mathrm{d}x\right)' =$ _____.

4. $\displaystyle\int f'(x^3)\mathrm{d}x = x^4-x+C$,则 $f(x) =$ _____.

5. 一阶微分方程 $xy'-y=x^2$ 的通解为 _____.

6. 设 $\displaystyle\int f(x)\mathrm{d}x = F(x)+C$,则 $\displaystyle\int \mathrm{e}^{-x}f(\mathrm{e}^{-x})\mathrm{d}x =$ _____.

二、选择题

1. 函数 $f(x)=\sin 2x$ 的一个原函数是 （　　）

  A. $2\cos 2x$　　　　B. $\dfrac{1}{2}\cos 2x$　　　　C. $-\dfrac{1}{2}\cos 2x$　　　　D. $\dfrac{1}{2}\sin 2x$

2. 若 $f'(x)$ 是连续函数,则 $\displaystyle\int f'(3x)\mathrm{d}x =$ （　　）

  A. $f(3x)+C$　　　　　　　　B. $f(x)+C$

  C. $\dfrac{1}{3}f(3x)+C$　　　　　　D. $3f(3x)+C$

3. 如果 $\displaystyle\int f(x)\mathrm{e}^{-\frac{1}{x}}\mathrm{d}x = -\mathrm{e}^{-\frac{1}{x}}+C$ 成立,那么 $f(x) =$ （　　）

  A. $\dfrac{1}{x}$　　　　　B. $\dfrac{1}{x^2}$　　　　　C. $-\dfrac{1}{x}$　　　　　D. $-\dfrac{1}{x^2}$

4. 下列各式中,计算正确的是 （　　）

  A. $\displaystyle\int \frac{1}{1-x}\mathrm{d}x = \int \frac{1}{1-x}\mathrm{d}(1-x) = \ln|1-x|+C$

B. $\int \dfrac{1}{1+e^x}dx = \ln(1+e^x) + C$

C. $\int \sin 2x dx = -\cos 2x + C$

D. $\int f'(4x)dx = \dfrac{1}{4}f(4x) + C$

5. 微分方程 $y\ln x dx - x\ln y dy = 0$ 满足条件 $y\big|_{x=1} = 1$ 的特解是　　　（　　）

A. $\ln^2 x = \ln^2 y$　　　　　　　　B. $\ln^2 x = \ln^2 y + 1$

C. $\ln^2 x + \ln^2 y = 0$　　　　　　D. $\ln^2 x + \ln^2 y = 1$

6. 经过 $x = \tan t$ 换元后,不定积分 $\int \sqrt{1+x^2}\,dx =$　　　　　　　（　　）

A. $-\int \sec^2 t dt$　　B. $\int \sec^2 t dt$　　　C. $\int \sec t dt$　　　　D. $\int \sec^3 t dt$

三、计算下列不定积分

1. $\int \dfrac{x^2-9}{x-3}dx$;　　　　　　　　2. $\int x e^{-x^2}\,dx$;

3. $\int \dfrac{x}{x^4+1}dx$;　　　　　　　　4. $\int \dfrac{dx}{(x+1)(x-2)}$;

5. $\int \dfrac{1}{1+\sqrt{1+x}}dx$;　　　　　6. $\int \dfrac{dx}{\sqrt{(1-x^2)^3}}$.

四、求解下列微分方程

1. $y' = e^{2x-y}$, $y\big|_{x=0} = 0$;　　　　2. $2x^2 yy' = y^2 + 1$;

3. $xy' = y + \dfrac{x}{\ln x}$;　　　　　　　4. $x\dfrac{dy}{dx} - y = x^3$.

五、求一曲线,使该曲线上任一点的切线在 y 轴上的截距等于切点的横坐标的 2 倍.

六、理想情况下,人口的自然变化率在任何时间与人口数成正比. 若一个城市在 1990 年为 10 万人,在 2000 年为 12 万人,试估计该城市在 2020 年的人口数.

5 定积分及其应用

一、学习基本要求

（1）理解定积分的概念和几何意义，了解定积分的性质，会求函数的平均值.

（2）了解积分可变上限函数的概念，掌握牛顿-莱布尼茨公式.

（3）掌握定积分的换元积分法与分部积分法.

*（4）了解反常积分及其敛散性.

（5）了解微元法思想，会用微元法计算一些几何量（平面图形的面积、旋转体的体积等）.

（6）通过阅读材料，了解定积分的近似计算（梯形法和抛物线法）的思想.

二、应用能力要求

能用定积分基本思想方法解决生活及学习中的相关问题.

上一章，我们已经讨论了积分学的一类问题 —— 不定积分的概念、性质和积分的方法，本章将根据实际的问题引入积分学的另一类问题 —— 定积分的概念（和式的极限），并讨论定积分的一些性质，寻找定积分与不定积分的内在联系，从而得到定积分积分的方法；再在定积分概念的基础上介绍微元法思想，以及它在几何上的一些应用.

5.1 定积分的概念

5.1.1 引例

在中学，我们已经学习了匀速直线运动的路程公式 $s = vt$，直观上用 $v\text{-}t$ 图表示，即建立直角坐标系，横轴为 t，纵轴为 v，那么在 $[0, t]$ 时间内，物体运动的路程就为图 5.1.1 中所示的矩形的面积，矩形的一边为 v，一边为 t.

如果速度 v 不是常数，而是连续变化的，即 $v = v(t)$，其中时间 t 是从 t_1 时刻变到 t_2 时刻，那么物体在 $[t_1, t_2]$ 时间内运动的路程就转化为求图 5.1.2 中阴影部分的面积.

由此求变速直线运动的路程问题，实际上是求一个平面图形的面积问题. 如图 5.1.2所示，由三条直线、一条曲线围成的图形叫做曲边梯形，我们通常用曲线 $y =$

$f(x)$,直线 $x = a, x = b\,(a < b), y = 0$ 表示曲边梯形的各边.

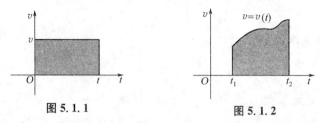

图 5.1.1 图 5.1.2

平面上任意曲线所围成的平面图形一般总可以划分成若干个曲边梯形,因此求变速直线运动的路程和求平面图形的面积问题实质上是求曲边梯形的面积.下面我们来讨论如何计算曲边梯形的面积 A.

在"感受微积分"的面积问题中,我们对曲边梯形($x = a$ 变为 $x = 0$)的面积的计算方法有了一定的体会.即将区间 $[0,1]$ 进行 n 等分,则曲边梯形分成 n 个小的曲边梯形,用小曲边梯形的左边的直线段的长作为矩形的一边,底 $\frac{1}{n}$ 作为矩形的另一边,用小矩形的面积近似代替小曲边梯形的面积,然后求和、求极限,得到了曲边梯形面积的精确值.

下面我们用更一般的方法求一般曲边梯形的面积.

如图 5.1.3 所示,由于曲边梯形有一条曲边,所以不能简单地利用梯形或矩形的面积公式来计算面积 A.可以采用近似值的方法,即以 $[a,b]$ 为底,以 $[a,b]$ 上的任一点的函数值 $f(x)$ 为高的矩形面积作为 A 的近似值.为了使近似值接近准确值 A,可以使底边变窄,即将曲边梯形分成若干个小的曲边梯形(分割),每个小的曲边梯形再用矩形近似代替(近似计算).这样大的曲边梯形面积近似等于各个小

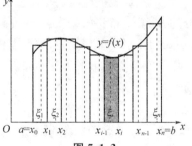

图 5.1.3

矩形面积的和(求和),而小曲边梯形越窄,近似结果越接近精确结果(求极限).具体求法如下.

1) 分割

在区间 $[a,b]$ 内任意插入 $n-1$ 个分点

$$a = x_0 < x_1 < x_2 < \cdots < x_{n-1} < x_n = b,$$

则区间 $[a,b]$ 分成 $[x_0,x_1],[x_1,x_2],\cdots,[x_{n-1},x_n]$,每个区间的长度为 $\Delta x_i = x_i - x_{i-1}(i = 1,2,\cdots,n)$,取 $\lambda = \max\limits_{1 \leqslant i \leqslant n}\{\Delta x_i\}$.

作直线 $x = x_i(i = 1,2,\cdots,n-1)$,将曲边梯形分成 n 个小曲边梯形.

2）近似计算

在区间$[x_{i-1},x_i](i=1,2,\cdots,n)$上任取一点$\xi_i$，即$x_{i-1}\leqslant\xi_i\leqslant x_i$. 取$f(\xi_i)$为高，$\Delta x_i$为底作矩形，那么小曲边梯形的面积$\Delta A_i$近似等于小矩形的面积$f(\xi_i)\cdot\Delta x_i$，即

$$\Delta A_i\approx f(\xi_i)\cdot\Delta x_i\quad(i=1,2,\cdots,n).$$

3）求和

曲边梯形的面积

$$A=\sum_{i=1}^{n}\Delta A_i\approx\sum_{i=1}^{n}f(\xi_i)\cdot\Delta x_i.$$

4）求极限

当分点个数越来越多且λ趋于零时，和式的极限就是曲边梯形的面积的精确值. 即

$$A=\lim_{\lambda\to0}\sum_{i=1}^{n}f(\xi_i)\cdot\Delta x_i.$$

除了变速直线运动的路程和曲边梯形的面积问题外，在科学技术领域还有很多问题都可以归结为这样一类和式的极限问题. 为了更一般地研究这类问题，便引出了定积分的概念.

5.1.2　定积分的定义

定义 5.1.1　设函数$f(x)$在$[a,b]$上有定义，在(a,b)内任意插入$n-1$个分点

$$a=x_0<x_1<x_2<\cdots<x_{n-1}<x_n=b,$$

把区间$[a,b]$分成n个小区间$[x_{i-1},x_i](i=1,2,\cdots,n)$，其长度

$$\Delta x_i=x_i-x_{i-1}\quad(i=1,2,\cdots,n),$$

并记$\lambda=\max_{1\leqslant i\leqslant n}\{\Delta x_i\}$. 在$[x_{i-1},x_i]$中任取一点$\xi_i$，作乘积

$$f(\xi_i)\cdot\Delta x_i\quad(i=1,2,\cdots,n),$$

作和式$\sum_{i=1}^{n}f(\xi_i)\cdot\Delta x_i$. 如果极限$\lim_{\lambda\to0}\sum_{i=1}^{n}f(\xi_i)\cdot\Delta x_i$存在，那么称函数$f(x)$在$[a,b]$上可积，并称该极限值为函数$f(x)$在$[a,b]$上的定积分，记作$\int_a^b f(x)\mathrm{d}x$，即

$$\int_a^b f(x)\mathrm{d}x=\lim_{\lambda\to0}\sum_{i=1}^{n}f(\xi_i)\cdot\Delta x_i,$$

其中，$f(x)$为被积函数，x为积分变量，区间$[a,b]$为积分区间，b,a分别为积分上、下限.

根据定积分的定义，引例中曲边梯形的面积可表示为 $A = \int_a^b f(x)\mathrm{d}x$，变速直线运动的路程 $s = \int_{t_1}^{t_2} v(t)\mathrm{d}t$.

关于定积分的定义，作以下两点说明：

(1) 定积分 $\int_a^b f(x)\mathrm{d}x$ 只与被积函数 $f(x)$ 以及积分区间 $[a,b]$ 有关，与区间 $[a,b]$ 的分割方法及点 ξ_i 的取法无关，与积分变量的符号无关，即

$$\int_a^b f(x)\mathrm{d}x = \int_a^b f(t)\mathrm{d}t = \int_a^b f(u)\mathrm{d}u.$$

(2) 为了讨论的方便，规定

$$\int_a^a f(x)\mathrm{d}x = 0, \quad \int_b^a f(x)\mathrm{d}x = -\int_a^b f(x)\mathrm{d}x.$$

那么在什么情况下 $f(x)$ 在 $[a,b]$ 上可积呢？我们给出如下定理.

定理 5.1.1　若 $f(x)$ 在闭区间 $[a,b]$ 上连续，则 $f(x)$ 在 $[a,b]$ 上可积.

当然 $f(x)$ 连续只是 $f(x)$ 在 $[a,b]$ 上可积的一个充分条件，而不是必要条件.

具体的用定积分的定义来求定积分的实例，请见"感受微积分"的面积问题. 但由此可以看出用定义求定积分相当繁琐，后面我们将会介绍求定积分的简便方法.

5.1.3　定积分的几何意义

根据定积分的定义及引例中对曲边梯形的讨论，可知定积分的几何意义如下：

(1) 如果 $f(x) \geqslant 0$，那么 $\int_a^b f(x)\mathrm{d}x$ 等于以 $f(x)$ 为曲边的曲边梯形的面积 A，即 $\int_a^b f(x)\mathrm{d}x = A$；

(2) 如果 $f(x) \leqslant 0$，$-f(x) \geqslant 0$，那么 $\int_a^b f(x)\mathrm{d}x$ 等于以 $f(x)$ 为曲边的曲边梯形的面积的相反数，即 $\int_a^b f(x)\mathrm{d}x = -A$（如图 5.1.4 所示）；

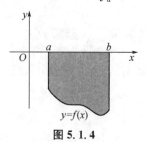

图 5.1.4

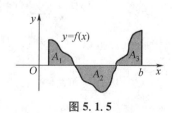

图 5.1.5

(3) 如果 $f(x)$ 在 $[a,b]$ 上有正有负，那么 $\int_a^b f(x)\mathrm{d}x$ 等于以 $f(x)$ 为曲边的各部分曲边梯形面积（或其相反数）的代数和，即 $\int_a^b f(x)\mathrm{d}x = A_1 - A_2 + A_3$（如图 5.1.5 所示）.

例 5.1.1 利用定积分的几何意义求 $\int_0^2 \sqrt{4-x^2}\,\mathrm{d}x$.

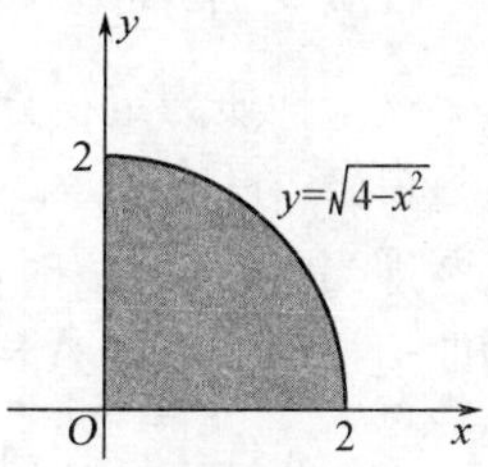

解 如图 5.1.6，曲线 $f(x) = \sqrt{4-x^2}$，$x \in [0,2]$ 是圆心在原点，半径为 2 的圆在第一象限部分（四分之一圆）. 由定积分的几何意义可知 $f(x) = \sqrt{4-x^2}$ 在 $[0,2]$ 上的定积分为该四分之一圆的面积，而四分之一圆的面积为 $\frac{1}{4} \cdot \pi \cdot 2^2 = \pi$，所以

图 5.1.6

$$\int_0^2 \sqrt{4-x^2}\,\mathrm{d}x = \pi.$$

例 5.1.2 利用定积分的几何意义求做自由落体运动的物体在时间 $t = 1\mathrm{s}$ 到 3s 时间内下落的距离.

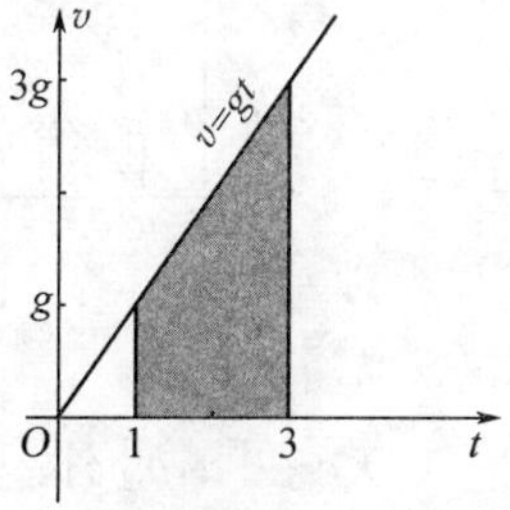

解 根据定积分的几何意义，物体在 $[1,3]$ 时间内下落的距离

$$s = \int_1^3 v(t)\mathrm{d}t = \int_1^3 gt\,\mathrm{d}t$$

是图 5.1.7 中梯形的面积.

梯形的上底为 $v(1) = g$，下底为 $v(3) = 3g$，高为 $3-1 = 2$，所以物体在 $[1,3]$ 内下落的距离

图 5.1.7

$$s = \frac{1}{2}(g + 3g) \cdot 2 = 4g = 39.2(\mathrm{m}).$$

本题也可以用中学物理中自由落体运动的路程公式 $s = \frac{1}{2}gt^2$ 来验证. $t = 1\mathrm{s}$ 到 3s 物体运动的路程为

$$\frac{1}{2}g \cdot 3^2 - \frac{1}{2}g \cdot 1^2 = 4g = 39.2(\mathrm{m}),$$

结果是一致的.

5.1.4 定积分的性质

假定 $f(x)$，$g(x)$ 在 $[a,b]$ 上都连续，利用定积分的定义、极限的性质和运算法则，可以得到定积分的一些性质.

性质 1 $\int_a^b [f(x) \pm g(x)]\mathrm{d}x = \int_a^b f(x)\mathrm{d}x \pm \int_a^b g(x)\mathrm{d}x.$

即可积函数和、差的定积分等于定积分的和差,该性质对有限个连续函数都是成立的.

性质 2 $\int_a^b k f(x)\mathrm{d}x = k\int_a^b f(x)\mathrm{d}x$ (k 为常数).

性质 3 $\int_a^b f(x)\mathrm{d}x = \int_a^c f(x)\mathrm{d}x + \int_c^b f(x)\mathrm{d}x$ (a,b,c 为任意实数).

这个性质为定积分的积分区间的可加性.

(1) c 在 $[a,b]$ 内

即当 $a < c < b$ 时,由图 5.1.8(a) 可知由 $y=f(x)$,$x=a$,$x=b$,$y=0$ 围成的曲边梯形的面积 $A = A_1 + A_2$. 又

$$A = \int_a^b f(x)\mathrm{d}x, \quad A_1 = \int_a^c f(x)\mathrm{d}x, \quad A_2 = \int_c^b f(x)\mathrm{d}x,$$

所以

$$\int_a^b f(x)\mathrm{d}x = \int_a^c f(x)\mathrm{d}x + \int_c^b f(x)\mathrm{d}x.$$

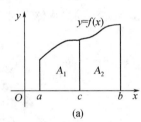 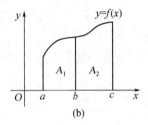

图 5.1.8

(2) c 在 $[a,b]$ 外

不妨设 $a < b < c$,由图 5.1.8(b) 可知

$$\int_a^c f(x)\mathrm{d}x = A_1 + A_2 = \int_a^b f(x)\mathrm{d}x + \int_b^c f(x)\mathrm{d}x,$$

所以

$$\int_a^b f(x)\mathrm{d}x = \int_a^c f(x)\mathrm{d}x - \int_b^c f(x)\mathrm{d}x = \int_a^c f(x)\mathrm{d}x + \int_c^b f(x)\mathrm{d}x.$$

由性质 3 和定积分的几何意义还可以得到奇函数和偶函数在关于原点对称的区间上的定积分计算的两个公式.

如果函数 $f(x)$ 在闭区间 $[-a,a]$ 上连续,则当

(1) $f(x)$ 为奇函数时,$\int_{-a}^a f(x)\mathrm{d}x = 0$;

(2) $f(x)$ 为偶函数时,$\int_{-a}^a f(x)\mathrm{d}x = 2\int_0^a f(x)\mathrm{d}x$.

如图 5.1.9 所示,由于 $f(x)$ 在 $[-a,a]$ 上连续且是奇函数或偶函数,所以曲边梯形的面积 $A_1 = A_2$,所以

$$\int_{-a}^{a} f(x)\mathrm{d}x = \int_{-a}^{0} f(x)\mathrm{d}x + \int_{0}^{a} f(x)\mathrm{d}x$$

$$= \begin{cases} -A_1 + A_2 = 0, & f \text{ 为奇函数}; \\ A_1 + A_2 = 2A = 2\int_{0}^{a} f(x)\mathrm{d}x, & f \text{ 为偶函数}. \end{cases}$$

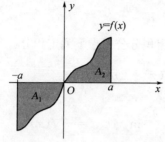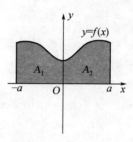

图 5.1.9

这个结论在进行奇、偶函数关于原点对称的区间上的定积分计算时,可以简化运算.

性质 4 在区间 $[a,b]$ 上,如果 $f(x) \leqslant g(x)$,那么 $\int_{a}^{b} f(x)\mathrm{d}x \leqslant \int_{a}^{b} g(x)\mathrm{d}x$;特别的,如果 $f(x) \geqslant 0$,则 $\int_{a}^{b} f(x)\mathrm{d}x \geqslant 0$.

由此可得下面的定理.

性质 5(积分估值定理) 如果 $f(x)$ 在 $[a,b]$ 上的最大值为 M,最小值为 m,则

$$m(b-a) \leqslant \int_{a}^{b} f(x)\mathrm{d}x \leqslant M(b-a).$$

其几何解释是曲线 $f(x)$ 下的曲边梯形面积介于两个矩形面积 $m(b-a)$ 与 $M(b-a)$ 之间(如图 5.1.10 所示).

性质 6(积分中值定理) 如果 $f(x)$ 在 $[a,b]$ 上连续,那么存在 $\xi \in (a,b)$,使得

$$\int_{a}^{b} f(x)\mathrm{d}x = f(\xi)(b-a).$$

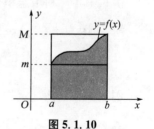

图 5.1.10

其几何解释是假设 $f(x) \geqslant 0$,则在 (a,b) 内至少存在一点 ξ,使曲线 $f(x)$ 下的曲边梯形面积等于以 $(b-a)$ 为底,以 $f(\xi)$ 为高的矩形面积(如图 5.1.11 所示).

由积分中值定理公式,可得

$$f(\xi) = \frac{1}{b-a} \int_{a}^{b} f(x)\mathrm{d}x,$$

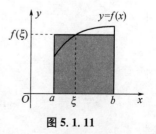

图 5.1.11

其中，$\dfrac{1}{b-a}\displaystyle\int_a^b f(x)\mathrm{d}x$ 称为 $f(x)$ 在区间 $[a,b]$ 上的平均值. 该平均值同样可以用来说明变速直线运动的平均速度. 如变速直线运动的速度为 $v(t)$，则在时间间隔 $[t_1,t_2]$ 内的平均速度 $\bar{v}=\dfrac{\text{路程}}{\text{时间间隔}}=\dfrac{s}{t_2-t_1}$，又因为 $s=\displaystyle\int_{t_1}^{t_2}v(t)\mathrm{d}t$，所以

$$\bar{v}=\frac{1}{t_2-t_1}\int_{t_1}^{t_2}v(t)\mathrm{d}t.$$

例 5.1.3 利用函数在对称区间上的定积分公式求下列定积分：

(1) $\displaystyle\int_{-\frac{\pi}{2}}^{\frac{\pi}{2}}\sin^5 x\cos x\mathrm{d}x$；　　　　(2) $\displaystyle\int_{-1}^{1}(x^3+2)\mathrm{d}x$.

解 (1) 令 $f(x)=\sin^5 x\cos x$，因为

$$f(-x)=\sin^5(-x)\cos(-x)=-\sin^5 x\cos x=-f(x),$$

即 $f(x)$ 为 $\left[-\dfrac{\pi}{2},\dfrac{\pi}{2}\right]$ 上的奇函数，所以

$$\int_{-\frac{\pi}{2}}^{\frac{\pi}{2}}\sin^5 x\cos x\mathrm{d}x=0.$$

(2) 由性质 1，有

$$\int_{-1}^{1}(x^3+2)\mathrm{d}x=\int_{-1}^{1}x^3\mathrm{d}x+\int_{-1}^{1}2\mathrm{d}x,$$

因为 x^3 是 $[-1,1]$ 上的奇函数，2 是 $[-1,1]$ 上的偶函数，结合定积分的几何意义，有

$$\int_{-1}^{1}(x^3+2)\mathrm{d}x=\int_{-1}^{1}2\mathrm{d}x=2\int_{0}^{1}2\mathrm{d}x=4.$$

例 5.1.4 利用定积分的性质，比较定积分 $\displaystyle\int_1^e\ln x\mathrm{d}x$ 与 $\displaystyle\int_1^e\ln^2 x\mathrm{d}x$ 的大小.

解 因为 $x\in[1,e]$ 时，$\ln x\in[0,1]$，这时 $\ln x\geqslant\ln^2 x$，所以由性质 4 得

$$\int_1^e\ln x\mathrm{d}x\geqslant\int_1^e\ln^2 x\mathrm{d}x.$$

例 5.1.5 估计定积分 $\displaystyle\int_0^{\frac{\pi}{4}}(1+\sin^2 x)\mathrm{d}x$ 值的范围.

解 因为 $x\in\left[0,\dfrac{\pi}{4}\right]$ 时，$1\leqslant 1+\sin^2 x\leqslant 1+\dfrac{1}{2}=\dfrac{3}{2}$，所以由积分估值定理得

$$\frac{\pi}{4}\cdot 1\leqslant\int_0^{\frac{\pi}{4}}(1+\sin^2 x)\mathrm{d}x\leqslant\frac{\pi}{4}\cdot\frac{3}{2},$$

即

$$\frac{\pi}{4}\leqslant\int_0^{\frac{\pi}{4}}(1+\sin^2 x)\mathrm{d}x\leqslant\frac{3\pi}{8}.$$

习题 5.1

1. 填空题

(1) 曲线 $y=x^2$ 与直线 $x=1, x=2$ 及 x 轴围成的曲边梯形的面积, 用定积分表示为_____.

(2) 已知变速直线运动的速度函数为 $v=2t+1$, 当物体从 $t=2\mathrm{s}$ 开始, 经过 $4\mathrm{s}$ 后, 所经过的路程用定积分表示为_____.

(3) 定积分 $\displaystyle\int_3^3 (x^3+1)\mathrm{d}x =$ _____.

(4) 定积分 $\displaystyle\int_{-1}^2 (x+2)\mathrm{d}x$ 的积分上限是_____, 积分下限是_____, 定积分值的符号是_____.

(5) $f(x)$ 在 $[a,b]$ 上连续, 且 $\displaystyle\int_a^b f(x)\mathrm{d}x=0$, 则 $\displaystyle\int_a^b [f(x)+1]\mathrm{d}x=$ _____.

2. 选择题

(1) 定积分 $\displaystyle\int_a^b f(x)\mathrm{d}x$ 是 　　　　　　　(　)

A. 一个常数　　　　　　B. $f(x)$ 的一个原函数

C. 一个函数族　　　　　D. 一个正数

(2) 下列说法正确的是 　　　　　　　(　)

A. $\displaystyle\int_a^b f(x)\mathrm{d}x$ 表示由 $y=f(x), x=a, x=b, y=0$ 围成的曲边梯形的面积

B. $\displaystyle\int_a^b f(x)\mathrm{d}x \neq \int_a^b f(y)\mathrm{d}y$

C. $\displaystyle\int_0^2 x\mathrm{d}x = 2$

D. $\displaystyle\int_{-2}^2 x^2\mathrm{d}x = 0$

(3) 如图 5.1.12, $\displaystyle\int_0^{\frac{3}{2}\pi} \sin x\mathrm{d}x =$ 　　　(　)

A. $A_1 + A_2$

B. $-A_1 + A_2 + A_3$

C. $A_2 + A_3$

D. $A_2 - A_3$

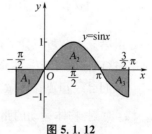

图 5.1.12

3. 利用定积分表示下列图形中阴影部分的面积：

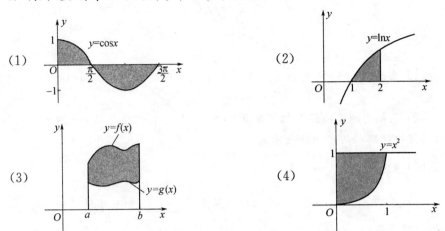

4. 利用定积分的几何意义和性质求下列定积分：

(1) $\int_0^1 (x+1)\mathrm{d}x$;

(2) $\int_{-\pi}^{\pi} (x\cos^2 x + 2)\mathrm{d}x$;

(3) $\int_{-3}^3 \dfrac{x}{x^2 + 2\cos x}\mathrm{d}x$;

(4) $\int_{-1}^1 \sqrt{1-x^2}\,\mathrm{d}x$.

5. 估计下列定积分值的范围：

(1) $\int_1^2 (x^2+1)\mathrm{d}x$;

(2) $\int_0^{\pi} \sin x\mathrm{d}x$.

6. 不计算定积分，比较下列各组积分值的大小：

(1) $\int_0^1 x^2\mathrm{d}x$ 与 $\int_0^1 x^3\mathrm{d}x$;

(2) $\int_{\frac{1}{2}}^1 \ln x\mathrm{d}x$ 与 $\int_0^{\frac{\pi}{2}} \sin x\mathrm{d}x$.

7. 一个物体做匀变速直线运动且 $v = (2t+3)\mathrm{m/s}$，求物体从 $t=1\mathrm{s}$ 到 $t=5\mathrm{s}$ 这段时间内运动的平均速度.

5.2 微积分基本公式

由第 5.1 节可以知道用定义计算定积分的值确实很复杂，有时甚至计算不出结果，这就需要寻求一种简单的方法来计算定积分.

我们已经知道物体做变速直线运动，如果速度 $v = v(t)$，那么由 $t=t_1$ 时刻到 $t=t_2$ 时刻，物体运动的路程 $s = \int_{t_1}^{t_2} v(t)\mathrm{d}t$.

另一方面，如果知道物体的运动规律 $s = s(t)$，那么物体由 $t=t_1$ 时刻到 $t=t_2$ 时刻运动的路程 $s = s(t_2) - s(t_1)$，这样就有

$$\int_{t_1}^{t_2} v(t)\mathrm{d}t = s(t_2) - s(t_1),$$

其中 $s'(t) = v(t)$，即 $s(t)$ 是 $v(t)$ 的一个原函数．

对于一般的函数情形 $\int_a^b f(x)\mathrm{d}x$，是否也存在 $F(x)(F'(x) = f(x)$，即 $F(x)$ 是 $f(x)$ 的一个原函数），使

$$\int_a^b f(x)\mathrm{d}x = F(b) - F(a)$$

成立呢?下面我们就来说明这个简便的公式对一切连续的函数都是成立的．

5.2.1 积分可变上限函数

定义 5.2.1 设函数 $f(x)$ 在区间 $[a,b]$ 上连续，$x \in [a,b]$，则变动上限的积分 $\int_a^x f(t)\mathrm{d}t$ 是一个关于 x 的函数，叫作积分可变上限函数，记作 $\Phi(x)$，即

$$\Phi(x) = \int_a^x f(t)\mathrm{d}t \quad (a \leqslant x \leqslant b).$$

$\Phi(x)$ 的几何意义是图 5.2.1 中阴影曲边梯形的面积（曲边梯形的右侧直边可在 $[a,b]$ 内平行移动）．

$\Phi(x)$ 与 $f(x)$ 密切相关，它们之间有如下关系．

定理 5.2.1 如果函数 $f(x)$ 在闭区间 $[a,b]$ 上连续，那么函数

$$\Phi(x) = \int_a^x f(t)\mathrm{d}t \quad (a \leqslant x \leqslant b)$$

在 $[a,b]$ 上可导，且

$$\Phi'(x) = \left[\int_a^x f(t)\mathrm{d}t\right]' = f(x).$$

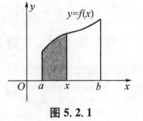

图 5.2.1

证明 根据导数的定义，只须证 $\lim\limits_{\Delta x \to 0} \dfrac{\Delta \Phi(x)}{\Delta x} = f(x)$ 即可．

由 $\Phi(x)$ 的定义和定积分的性质，有

$$\Delta \Phi(x) = \Phi(x + \Delta x) - \Phi(x) = \int_a^{x+\Delta x} f(t)\mathrm{d}t - \int_a^x f(t)\mathrm{d}t = \int_x^{x+\Delta x} f(t)\mathrm{d}t,$$

因为 $f(x)$ 在 $[a,b]$ 上连续，由积分中值定理，有

$$\int_x^{x+\Delta x} f(t)\mathrm{d}t = f(\xi)\Delta x \quad (x < \xi < x + \Delta x),$$

所以

$$\frac{\Delta \Phi(x)}{\Delta x} = f(\xi).$$

当 $\Delta x \to 0$ 时，有 $x + \Delta x \to x, \xi \to x$，所以

$$\lim_{\Delta x \to 0} \frac{\Delta \Phi(x)}{\Delta x} = \lim_{\Delta x \to 0} f(\xi) = \lim_{\xi \to x} f(\xi) = f(x),$$

故

$$\Phi'(x) = \left(\int_a^x f(t) dt \right)' = f(x).$$

由定理 5.2.1 知道,如果 $f(x)$ 连续,那么 $f(x)$ 一定有原函数 $\Phi(x)$,且 $\Phi(x)$ 是 $f(x)$ 的积分可变上限函数.

例 5.2.1 求 $\Phi(x) = \int_0^x \sin t \, dt$ 的导数.

解 由定理 5.2.1 知

$$\Phi'(x) = \left(\int_0^x \sin t \, dt \right)' = \sin x.$$

例 5.2.2 求 $\dfrac{d}{dx} \left(\int_x^1 e^{t^2} dt \right)$.

解 这里积分下限是变量,先将其变成积分可变上限函数,再求导. 即

$$\frac{d}{dx} \left(\int_x^1 e^{t^2} dt \right) = \frac{d}{dx} \left(-\int_1^x e^{t^2} dt \right) = -\frac{d}{dx} \left(\int_1^x e^{t^2} dt \right)$$
$$= -e^{x^2}.$$

例 5.2.3 求 $\dfrac{d}{dx} \left(\int_2^{x^2} \ln t \, dt \right)$.

解 这里积分上限是 x^2,因此 $\int_2^{x^2} \ln t \, dt$ 是 x^2 的函数,可以看成是 $\int_2^u \ln t \, dt$ 与 $u = x^2$ 两个函数的复合函数. 由复合函数的求导法则,有

$$\frac{d}{dx} \left(\int_2^{x^2} \ln t \, dt \right) = \left(\int_2^u \ln t \, dt \right)' \cdot (x^2)' = \ln u \cdot 2x$$
$$= 2x \ln x^2.$$

5.2.2 微积分基本公式 —— 牛顿-莱布尼茨公式

定理 5.2.2 如果 $f(x)$ 在 $[a,b]$ 上连续,$F(x)$ 是 $f(x)$ 的一个原函数,那么

$$\int_a^b f(x) dx = F(b) - F(a).$$

证明 由定理 5.2.1 知道 $\Phi(x) = \int_a^x f(t) dt$ 是 $f(x)$ 在 $[a,b]$ 上的一个原函数,由已知条件可知 $F(x)$ 也是 $f(x)$ 在 $[a,b]$ 上的一个原函数,因此

$$\Phi(x) = F(x) + C \quad (a \leqslant x \leqslant b).$$

将 $x = a, x = b$ 代入上式有

$$\Phi(b) - \Phi(a) = F(b) - F(a),$$

又 $\Phi(a) = \int_a^a f(t) dt = 0, \Phi(b) = \int_a^b f(t) dt = \int_a^b f(x) dx$,所以

$$\int_a^b f(x)\mathrm{d}x = F(b) - F(a).$$

这个公式就是牛顿-莱布尼茨公式,又称为微积分基本公式.它借助原函数,也就是不定积分解决了定积分的计算问题,从而建立了定积分与不定积分的关系,是一个十分有用的基本公式.为了计算的方便,这里引入记号

$$F(b) - F(a) = \big[F(x)\big]_a^b,$$

所以微积分基本公式也可写成

$$\int_a^b f(x)\mathrm{d}x = \big[F(x)\big]_a^b.$$

因此,计算定积分只要先用不定积分的积分法求出被积函数的一个原函数,再将积分上、下限代入作差即可.

例 5.2.4　求 $\displaystyle\int_{-1}^2 x^2\mathrm{d}x$.

解　因为 $\displaystyle\int x^2\mathrm{d}x = \frac{x^3}{3} + C$,所以 $\dfrac{x^3}{3}$ 是 x^2 的一个原函数,故

$$\int_{-1}^2 x^2\mathrm{d}x = \left[\frac{x^3}{3}\right]_{-1}^2 = \frac{2^3}{3} - \frac{(-1)^3}{3} = 3.$$

例 5.2.5　求 $\displaystyle\int_0^1 (x^2 + 3x + 4)\mathrm{d}x$.

解　因为 $\displaystyle\int (x^2 + 3x + 4)\mathrm{d}x = \frac{x^3}{3} + \frac{3x^2}{2} + 4x + C$,所以 $\dfrac{x^3}{3} + \dfrac{3x^2}{2} + 4x$ 为被积函数的一个原函数,故

$$\int_0^1 (x^2 + 3x + 4)\mathrm{d}x = \left[\frac{x^3}{3} + \frac{3x^2}{2} + 4x\right]_0^1 = \frac{1}{3} + \frac{3}{2} + 4$$

$$= \frac{35}{6}.$$

例 5.2.6　求 $\displaystyle\int_1^4 |x-2|\,\mathrm{d}x$.

解　被积函数是 $|x-2|$,不能直接求原函数.又

$$|x-2| = \begin{cases} 2-x, & 1 \leqslant x \leqslant 2, \\ x-2, & 2 < x \leqslant 4, \end{cases}$$

由定积分对积分区间的可加性,有

$$\int_1^4 |x-2|\,\mathrm{d}x = \int_1^2 (2-x)\mathrm{d}x + \int_2^4 (x-2)\mathrm{d}x$$

$$= \left[2x - \frac{x^2}{2}\right]_1^2 + \left[\frac{x^2}{2} - 2x\right]_2^4$$

$$= \frac{5}{2}.$$

例 5.2.7　求曲线 $y = \sin x$ 和 x 轴在区间 $[0, \pi]$ 上所围成的图形面积.

解 如图 5.2.2 所示,要求的图形面积为

$$A = \int_0^\pi \sin x \mathrm{d}x = [-\cos x]_0^\pi$$

$$= -\cos\pi + \cos 0 = 2.$$

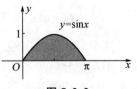

图 **5.2.2**

例 5.2.8 求 $\int_{-1}^1 \dfrac{x^2}{1+x^2}\mathrm{d}x$.

解 因为被积函数 $\dfrac{x^2}{1+x^2} = \dfrac{(x^2+1)-1}{1+x^2} = 1 - \dfrac{1}{1+x^2}$,所以

$$\int_{-1}^1 \frac{x^2}{1+x^2}\mathrm{d}x = \int_{-1}^1 \left(1 - \frac{1}{1+x^2}\right)\mathrm{d}x = [x - \arctan x]_{-1}^1$$

$$= 2 - \frac{\pi}{2}.$$

习题 5.2

1. 求下列函数对 x 的导数:

(1) $y = \int_0^x \sqrt{1+t}\,\mathrm{d}t$;

(2) $y = \int_x^0 \cos t\mathrm{d}t$;

(3) $y = \int_1^{x^2} \sin^2 t\mathrm{d}t$;

(4) $y = \int_{-x}^1 (1+t^2)\mathrm{d}t$;

(5) $y = \int_0^1 \ln(1+t)\mathrm{d}t$;

(6) $y = \int_{2x}^0 \mathrm{e}^{-t^2}\,\mathrm{d}t$.

2. 求下列定积分:

(1) $\int_1^2 \dfrac{1}{\sqrt{x}}\mathrm{d}x$;

(2) $\int_0^4 \sqrt{x}(1+\sqrt{x})\mathrm{d}x$;

(3) $\int_0^{\frac{1}{2}} \dfrac{1}{\sqrt{1-x^2}}\mathrm{d}x$;

(4) $\int_1^{\sqrt{3}} \dfrac{1}{1+x^2}\mathrm{d}x$;

(5) $\int_0^{\frac{\pi}{4}} \tan^2 x\mathrm{d}x$;

(6) $\int_{-\mathrm{e}-1}^{-2} \dfrac{1}{x+1}\mathrm{d}x$;

(7) $\int_0^{\frac{\pi}{2}} \cos^2 \dfrac{x}{2}\mathrm{d}x$;

(8) $\int_0^1 |1-2x|\,\mathrm{d}x$;

(9) $\int_1^{\sqrt{3}} \dfrac{2x^2+1}{x^2(1+x^2)}\mathrm{d}x$;

(10) $\int_0^\pi \sqrt{1-\sin^2 x}\,\mathrm{d}x$.

5.3 定积分的积分法

通过第 5.2 节的学习,我们知道了计算定积分的一种简便方法——牛顿-莱布

尼茨公式,即先求出被积函数 $f(x)$ 的原函数 $F(x)$,然后再计算 $F(x)$ 在积分上、下限的函数值的差. 通过上一章第 4.2 节不定积分的积分法的学习,我们已经可以计算出一些函数的原函数,在此基础上定积分的计算问题就比较容易解决了. 为了更方便地计算定积分,下面具体地来讨论一下定积分的积分法.

5.3.1 定积分的换元积分法

通过下面的例子,我们来体会一下定积分的换元法.

例 5.3.1 求 $\displaystyle\int_0^4 \frac{1}{1+\sqrt{x}}\mathrm{d}x$.

解 首先求 $\displaystyle\int \frac{1}{1+\sqrt{x}}\mathrm{d}x$. 利用不定积分的换元法,令 $\sqrt{x}=t$,则 $x=t^2$,$\mathrm{d}x=2t\mathrm{d}t$,所以

$$\int \frac{1}{1+\sqrt{x}}\mathrm{d}x = \int \frac{1}{1+t}\cdot 2t\mathrm{d}t = 2\int\left(1-\frac{1}{1+t}\right)\mathrm{d}t$$
$$= 2(t-\ln|1+t|)+C$$
$$= 2[\sqrt{x}-\ln(1+\sqrt{x})]+C,$$

因为 $2[\sqrt{x}-\ln(1+\sqrt{x})]$ 是 $\dfrac{1}{1+\sqrt{x}}$ 的一个原函数,所以

$$\int_0^4 \frac{1}{1+\sqrt{x}}\mathrm{d}x = \left[2\sqrt{x}-2\ln(1+\sqrt{x})\right]_0^4 = 4-2\ln3.$$

在求不定积分时,最后一步是将 t 还原为 x 的形式,这是不定积分计算中不可缺少的一个步骤. 在定积分计算时,我们注意到当 x 从 0 变到 4 时,$t=\sqrt{x}$ 从 0 变到 2,而 $[2t-2\ln(1+t)]_0^2 = 4-2\ln3$,结果是一样的. 因此,在定积分计算时可以省去将 t 还原为 x 的形式这一步骤,只要将积分上、下限作相应改变即可. 即

$$\int_0^4 \frac{1}{1+\sqrt{x}}\mathrm{d}x = \int_0^2 \frac{2t}{1+t}\mathrm{d}t = \left[2t-2\ln(1+t)\right]_0^2 = 4-2\ln3.$$

这就是定积分的换元积分法.

一般的,有如下定理.

定理 5.3.1 如果函数 $f(x)$ 在 $[a,b]$ 上连续,函数 $x=\varphi(t)$ 在 $[\alpha,\beta]$ 上单调且有连续的导数 $\varphi'(t)$,当 t 在 $[\alpha,\beta]$ 上变化时 $x=\varphi(t)$ 在 $[a,b]$ 上变化,且 $\varphi(\alpha)=a$,$\varphi(\beta)=b$,那么

$$\int_a^b f(x)\mathrm{d}x = \int_\alpha^\beta f[\varphi(t)]\varphi'(t)\mathrm{d}t.$$

对于定理 5.3.1,有两点说明:

(1) 在使用定积分的换元积分公式时,必须"换元同时换积分上、下限".

（2）定积分的换元积分公式实际反映出了两类换元积分法. 从左向右使用该公式是第二类换元积分法，从右向左使用该公式是第一类换元积分（凑微分）法. 但在使用凑微分法时，如果不换元，积分上、下限也不需要换.

例 5.3.2 求 $\int_0^{\frac{\pi}{2}} \cos^2 x \sin x \mathrm{d}x$.

解 令 $u = \cos x$，则 $\mathrm{d}u = -\sin x \mathrm{d}x$. 且当 $x = 0$ 时，$u = 1$；当 $x = \frac{\pi}{2}$ 时，$u = 0$. 由定理 5.3.1，有

$$\int_0^{\frac{\pi}{2}} \cos^2 x \sin x \mathrm{d}x = -\int_1^0 u^2 \mathrm{d}u = \left[\frac{u^3}{3}\right]_0^1 = \frac{1}{3}.$$

或者

$$\int_0^{\frac{\pi}{2}} \cos^2 x \sin x \mathrm{d}x = -\int_0^{\frac{\pi}{2}} \cos^2 x \cdot (-\sin x \mathrm{d}x) = -\int_0^{\frac{\pi}{2}} \cos^2 x \mathrm{d}(\cos x)$$

$$= -\left[\frac{\cos^3 x}{3}\right]_0^{\frac{\pi}{2}} = \frac{1}{3}.$$

例 5.3.3 求 $\int_0^3 \sqrt{9 - x^2} \mathrm{d}x$.

解 令 $x = 3\sin t$，$\mathrm{d}x = 3\cos t \mathrm{d}t$. 当 $x = 0$ 时，$t = 0$；当 $x = 3$ 时，$t = \frac{\pi}{2}$. 所以

$$\int_0^3 \sqrt{9 - x^2} \mathrm{d}x = \int_0^{\frac{\pi}{2}} 9\cos^2 t \mathrm{d}t = \frac{9}{2} \int_0^{\frac{\pi}{2}} (1 + \cos 2t) \mathrm{d}t$$

$$= \frac{9}{2} \left[t + \frac{1}{2}\sin 2t\right]_0^{\frac{\pi}{2}} = \frac{9}{4}\pi.$$

或者，利用定积分的几何意义，有

$$\int_0^3 \sqrt{9 - x^2} \mathrm{d}x = \frac{1}{4}\pi \cdot 3^2 = \frac{9}{4}\pi \quad \text{（四分之一圆的面积）}$$

5.3.2 定积分的分部积分法

根据不定积分的分部积分公式

$$\int uv' \mathrm{d}x = uv - \int u'v \mathrm{d}x,$$

结合微积分基本公式，有以下定理.

定理 5.3.2 如果 $u(x)$，$v(x)$ 在 $[a, b]$ 上有连续的导数，那么

$$\int_a^b u \mathrm{d}v = [uv]_a^b - \int_a^b v \mathrm{d}u.$$

这就是定积分的分部积分公式. 在应用该公式求定积分时，同样要选择比较恰当的函数 $u(x)$，以便于顺利地求出积分结果. 这里函数 $u(x)$ 的选择与不定积分的分部积分法中 $u(x)$ 的选择完全相同.

例 5.3.4 求 $\int_0^{\frac{\pi}{2}} x\cos x\mathrm{d}x$.

解
$$\int_0^{\frac{\pi}{2}} x\cos x\mathrm{d}x = \int_0^{\frac{\pi}{2}} x\mathrm{d}\sin x = [x\sin x]_0^{\frac{\pi}{2}} - \int_0^{\frac{\pi}{2}} \sin x\mathrm{d}x$$
$$= \frac{\pi}{2} - [-\cos x]_0^{\frac{\pi}{2}}$$
$$= \frac{\pi}{2} - 1.$$

例 5.3.5 求 $\int_1^e x\ln x\mathrm{d}x$.

解
$$\int_1^e x\ln x\mathrm{d}x = \int_1^e \ln x\mathrm{d}\left(\frac{x^2}{2}\right) = \left[\frac{x^2}{2}\ln x\right]_1^e - \int_1^e \frac{x^2}{2}\mathrm{d}\ln x$$
$$= \frac{e^2}{2} - \frac{1}{2}\int_1^e x\mathrm{d}x = \frac{e^2}{2} - \left[\frac{1}{4}x^2\right]_1^e$$
$$= \frac{1}{4}(e^2 + 1).$$

例 5.3.6 求 $\int_1^{\sqrt{3}} \arctan x\mathrm{d}x$.

解
$$\int_1^{\sqrt{3}} \arctan x\mathrm{d}x = [x\arctan x]_1^{\sqrt{3}} - \int_1^{\sqrt{3}} x\mathrm{d}\arctan x$$
$$= \left(\frac{\sqrt{3}}{3}\pi - \frac{\pi}{4}\right) - \int_1^{\sqrt{3}} \frac{x}{1+x^2}\mathrm{d}x$$
$$= \frac{\sqrt{3}}{3}\pi - \frac{\pi}{4} - \left[\frac{1}{2}\ln(1+x^2)\right]_1^{\sqrt{3}}$$
$$= \frac{4\sqrt{3}-3}{12}\pi - \frac{1}{2}\ln 2.$$

习题 5.3

1. 求下列定积分:

(1) $\int_0^3 \frac{x}{\sqrt{1+x}}\mathrm{d}x$;

(2) $\int_0^{\frac{\pi}{2}} \sin x\cos x\mathrm{d}x$;

(3) $\int_0^1 \frac{x^2}{1+x^6}\mathrm{d}x$;

(4) $\int_0^8 \frac{1}{1+\sqrt[3]{x}}\mathrm{d}x$;

(5) $\int_0^1 x\sqrt{1-x^2}\,\mathrm{d}x$;

(6) $\int_1^e \ln x\mathrm{d}x$;

(7) $\int_0^1 x\mathrm{e}^{-x}\mathrm{d}x$;

(8) $\int_0^{\frac{\pi}{2}} x\sin x\mathrm{d}x$.

2. 已知 $f(x)$ 的一个原函数是 $\sin x \cdot \ln x$，求 $\int_1^{\pi} x f'(x) \mathrm{d}x$.

*5.4   反常积分

利用前面几节所介绍的知识，我们已经解决了诸如 $\int_0^1 \dfrac{\mathrm{d}x}{1+x^2}$，$\int_2^5 \dfrac{x}{\sqrt{x-1}} \mathrm{d}x$ 等

的积分计算问题. 但在实际问题中，常常会遇到 $\int_0^{+\infty} \dfrac{\mathrm{d}x}{1+x^2}$，$\int_1^2 \dfrac{x}{\sqrt{x-1}} \mathrm{d}x$ 等形式的

积分问题. 它们一个是将积分区间 $[a,b]$ 变成为 $[a,+\infty)$；一个是在 $c \in [a,b]$ 处，

$f(c)$ 无意义. 这就需要在定积分概念的基础上加以推广，从而解决这一类特殊的

积分 —— 反常积分的问题. 下面从两个方面介绍反常积分的概念.

5.4.1   无穷区间上的反常积分

因为 $\int_0^1 \dfrac{\mathrm{d}x}{1+x^2} = [\arctan x]_0^1 = \dfrac{\pi}{4}$，如果将积分上限换成 b，则

$$\int_0^b \dfrac{\mathrm{d}x}{1+x^2} = [\arctan x]_0^b = \arctan b,$$

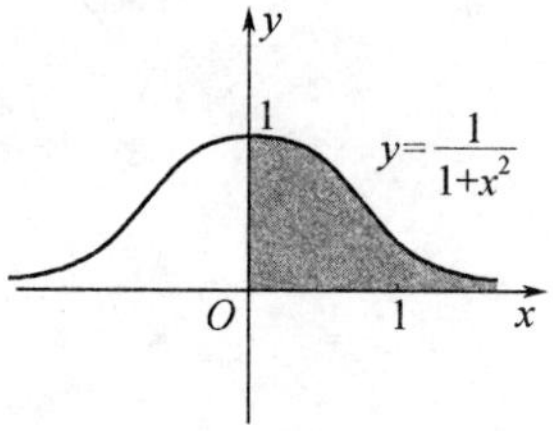

而 $\lim\limits_{b \to +\infty} \arctan b = \dfrac{\pi}{2}$. 这样我们可以将 $\int_0^{+\infty} \dfrac{\mathrm{d}x}{1+x^2}$ 问题看

成经过两步运算完成的，即先求定积分 $\int_0^b \dfrac{\mathrm{d}x}{1+x^2}$，再求

极限，从而得到 $\int_0^{+\infty} \dfrac{\mathrm{d}x}{1+x^2} = \dfrac{\pi}{2}$. 由此说明曲线 $y = \dfrac{1}{1+x^2}$

图 5.4.1

下 $[0,+\infty)$ 上的图形面积为 $\dfrac{\pi}{2}$（如图 5.4.1 所示）.

对于一般的情形，有下面的定义.

定义 5.4.1   设 $f(x)$ 在 $[a,+\infty)$ 上连续，取 $b > a$，如果 $\lim\limits_{b \to +\infty} \int_a^b f(x)\mathrm{d}x$ 存在，

那么称该极限值为 $f(x)$ 在 $[a,+\infty)$ 上的反常积分，记作

$$\int_a^{+\infty} f(x)\mathrm{d}x = \lim\limits_{b \to +\infty} \int_a^b f(x)\mathrm{d}x,$$

此时称反常积分 $\int_a^{+\infty} f(x)\mathrm{d}x$ 是收敛的；否则，称反常积分 $\int_a^{+\infty} f(x)\mathrm{d}x$ 是发散的.

根据该定义，可知 $\int_0^{+\infty} \dfrac{\mathrm{d}x}{1+x^2}$ 是收敛的.

类似的，有以下定义.

定义 5.4.2 设 $f(x)$ 在 $(-\infty, b]$ 上连续,取 $a < b$,规定

$$\int_{-\infty}^{b} f(x)\mathrm{d}x = \lim_{a \to -\infty} \int_{a}^{b} f(x)\mathrm{d}x,$$

如果极限值存在,称 $\int_{-\infty}^{b} f(x)\mathrm{d}x$ 收敛;否则,称 $\int_{-\infty}^{b} f(x)\mathrm{d}x$ 发散.

定义 5.4.3 设 $f(x)$ 在 $(-\infty, +\infty)$ 上连续,规定

$$\int_{-\infty}^{+\infty} f(x)\mathrm{d}x = \int_{-\infty}^{0} f(x)\mathrm{d}x + \int_{0}^{+\infty} f(x)\mathrm{d}x$$

$$= \lim_{a \to -\infty} \int_{a}^{0} f(x)\mathrm{d}x + \lim_{b \to +\infty} \int_{0}^{b} f(x)\mathrm{d}x,$$

其中 $a < 0, b > 0$. 当等式右端的两个极限都存在时,称 $\int_{-\infty}^{+\infty} f(x)\mathrm{d}x$ 是收敛的;若两个极限中有一个不存在时,称 $\int_{-\infty}^{+\infty} f(x)\mathrm{d}x$ 是发散的.

例 5.4.1 讨论反常积分 $\int_{-\infty}^{+\infty} x\mathrm{e}^{-\frac{x^2}{2}}\mathrm{d}x$ 的收敛性.

解 因为

$$\int_{-\infty}^{+\infty} x\mathrm{e}^{-\frac{x^2}{2}}\mathrm{d}x = \int_{-\infty}^{0} x\mathrm{e}^{-\frac{x^2}{2}}\mathrm{d}x + \int_{0}^{+\infty} x\mathrm{e}^{-\frac{x^2}{2}}\mathrm{d}x,$$

而

$$\int_{-\infty}^{0} x\mathrm{e}^{-\frac{x^2}{2}}\mathrm{d}x = \lim_{a \to -\infty} \int_{a}^{0} x\mathrm{e}^{-\frac{x^2}{2}}\mathrm{d}x = \lim_{a \to -\infty} \left[-\mathrm{e}^{-\frac{x^2}{2}} \right]_{a}^{0} = \lim_{a \to -\infty} \left(-1 + \mathrm{e}^{-\frac{a^2}{2}} \right)$$
$$= -1,$$

$$\int_{0}^{+\infty} x\mathrm{e}^{-\frac{x^2}{2}}\mathrm{d}x = \lim_{b \to +\infty} \int_{0}^{b} x\mathrm{e}^{-\frac{x^2}{2}}\mathrm{d}x = \lim_{b \to +\infty} \left[-\mathrm{e}^{-\frac{x^2}{2}} \right]_{0}^{b} = \lim_{b \to +\infty} \left(1 - \mathrm{e}^{-\frac{b^2}{2}} \right)$$
$$= 1,$$

因此

$$\int_{-\infty}^{+\infty} x\mathrm{e}^{-\frac{x^2}{2}}\mathrm{d}x = -1 + 1 = 0,$$

所以反常积分 $\int_{-\infty}^{+\infty} x\mathrm{e}^{-\frac{x^2}{2}}\mathrm{d}x$ 收敛,且其值为 0.

例 5.4.2 讨论反常积分 $\int_{-\infty}^{-1} \frac{1}{\sqrt[3]{x}}\mathrm{d}x$ 的收敛性.

解 因为

$$\int_{-\infty}^{-1} \frac{1}{\sqrt[3]{x}}\mathrm{d}x = \lim_{a \to -\infty} \int_{a}^{-1} \frac{1}{\sqrt[3]{x}}\mathrm{d}x = \lim_{a \to -\infty} \left[\frac{3}{2}\sqrt[3]{x^2} \right]_{a}^{-1}$$
$$= \frac{3}{2} \lim_{a \to -\infty} \left(1 - \sqrt[3]{a^2} \right)$$
$$= \infty,$$

所以反常积分 $\displaystyle\int_{-\infty}^{-1} \frac{1}{\sqrt[3]{x}} \mathrm{d}x$ 发散.

从上面例子可以看出,反常积分比定积分多了一步求极限的过程. 为了书写的方便,并借助牛顿-莱布尼茨公式,反常积分可以用下面的形式表示.

设 $F(x)$ 为 $f(x)$ 的一个原函数,记

$$F(+\infty) = \lim_{x \to +\infty} F(x), \quad F(-\infty) = \lim_{x \to -\infty} F(x),$$

那么

$$\int_a^{+\infty} f(x)\mathrm{d}x = F(+\infty) - F(a) = \left[F(x)\right]_a^{+\infty},$$

$$\int_{-\infty}^{b} f(x)\mathrm{d}x = F(b) - F(-\infty) = \left[F(x)\right]_{-\infty}^{b},$$

$$\int_{-\infty}^{+\infty} f(x)\mathrm{d}x = F(+\infty) - F(-\infty) = \left[F(x)\right]_{-\infty}^{+\infty}.$$

例 5.4.3 求证:反常积分 $\displaystyle\int_1^{+\infty} \frac{1}{x^p}\mathrm{d}x$,当 $p > 1$ 时收敛,当 $p \leqslant 1$ 时发散.

证明 当 $p = 1$ 时,有

$$\int_1^{+\infty} \frac{1}{x^p}\mathrm{d}x = \int_1^{+\infty} \frac{1}{x}\mathrm{d}x = \left[\ln x\right]_1^{+\infty} = +\infty;$$

当 $p \neq 1$ 时,有

$$\int_1^{+\infty} \frac{1}{x^p}\mathrm{d}x = \left[\frac{x^{1-p}}{1-p}\right]_1^{+\infty} = \begin{cases} \dfrac{1}{p-1}, & p > 1, \\ +\infty, & p < 1. \end{cases}$$

所以,反常积分 $\displaystyle\int_1^{+\infty} \frac{1}{x^p}\mathrm{d}x$,当 $p > 1$ 时收敛,当 $p \leqslant 1$ 时发散.

5.4.2 无界函数的反常积分

对于 $\displaystyle\int_1^2 \frac{x}{\sqrt{x-1}}\mathrm{d}x$,因为 $\displaystyle\lim_{x \to 1^+} \frac{x}{\sqrt{x-1}} = \infty$,所以不能直接计算其结果. 但是如果是 $\displaystyle\int_a^2 \frac{x}{\sqrt{x-1}}\mathrm{d}x(1 < a < 2)$,则由定积分的换元积分法,有

$$\int_a^2 \frac{x}{\sqrt{x-1}}\mathrm{d}x = \int_{\sqrt{a-1}}^1 2(t^2+1)\mathrm{d}t = 2\left[\frac{t^3}{3} + t\right]_{\sqrt{a-1}}^1$$

$$= \frac{8}{3} - \frac{2\sqrt{(a-1)^3}}{3} - 2\sqrt{a-1},$$

当 $a \to 1^+$ 时,$\dfrac{8}{3} - \dfrac{2\sqrt{(a-1)^3}}{3} - 2\sqrt{a-1} \to \dfrac{8}{3}$,所以有 $\displaystyle\int_1^2 \frac{x}{\sqrt{x-1}}\mathrm{d}x = \frac{8}{3}$.

这样对于一个 $(a,b]$ 上的无界函数 $f(x)$,可以定义反常积分.

定义 5.4.4 设 $f(x)$ 在 $(a,b]$ 上连续,且 $\lim\limits_{x\to a^+}f(x)=\infty$,如果 $\lim\limits_{c\to a+}\int_c^b f(x)\mathrm{d}x$ 存在,那么称该极限为 $f(x)$ 在 $(a,b]$ 上的反常积分,记作

$$\int_{a^+}^b f(x)\mathrm{d}x = \lim_{c\to a+}\int_c^b f(x)\mathrm{d}x \quad (a<c<b),$$

这时也称反常积分 $\int_{a^+}^b f(x)\mathrm{d}x$ 收敛;否则,称反常积分 $\int_{a^+}^b f(x)\mathrm{d}x$ 发散.

同样,也有如下定义.

定义 5.4.5 设 $f(x)$ 在 $[a,b)$ 上连续,且 $\lim\limits_{x\to b^-}f(x)=\infty$,如果 $\lim\limits_{c\to b^-}\int_a^c f(x)\mathrm{d}x$ 存在,那么称该极限为 $f(x)$ 在 $[a,b)$ 上的反常积分,记作

$$\int_a^{b^-} f(x)\mathrm{d}x = \lim_{c\to b^-}\int_a^c f(x)\mathrm{d}x \quad (a<c<b),$$

这时称反常积分 $\int_a^{b^-} f(x)\mathrm{d}x$ 收敛;否则,称反常积分 $\int_a^b f(x)\mathrm{d}x$ 发散.

定义 5.4.6 设函数 $f(x)$ 在 $[a,c)\bigcup(c,b]$ 上连续,且 $\lim\limits_{x\to c}f(x)=\infty$($c$ 称为 $f(x)$ 的瑕点),我们定义反常积分

$$\int_a^b f(x)\mathrm{d}x = \int_a^{c^-} f(x)\mathrm{d}x + \int_{c^+}^b f(x)\mathrm{d}x.$$

等式的右端分别为定义 5.4.5 和定义 5.4.4 的形式. 等式右端的两个反常积分都收敛时,称反常积分 $\int_a^b f(x)\mathrm{d}x$ 收敛;否则,称反常积分 $\int_a^b f(x)\mathrm{d}x$ 发散.

借助牛顿-莱布尼茨公式,无界函数的反常积分同样可以写成下面的形式.

设 $F(x)$ 是 $f(x)$ 的一个原函数,记

$$F(a^+)=\lim_{x\to a^+}F(x),\quad F(b^-)=\lim_{x\to b^-}F(x),$$

那么

$$\int_{a^+}^b f(x)\mathrm{d}x = F(b)-F(a^+)=\left[F(x)\right]_{a^+}^b,$$

$$\int_a^{b^-} f(x)\mathrm{d}x = F(b-)-F(a)=\left[F(x)\right]_a^{b^-}.$$

对于 $\int_a^b f(x)\mathrm{d}x, a<c<b$($c$ 为瑕点)的情形,则可简记为

$$\int_a^b f(x)\mathrm{d}x = \left[F(x)\right]_a^{c^-}+\left[F(x)\right]_{c^+}^b.$$

例 5.4.4 讨论反常积分 $\int_{-1}^1 \dfrac{1}{x^2}\mathrm{d}x$ 的收敛性.

解 $x = 0$ 为 $\dfrac{1}{x^2}$ 的瑕点(见图 5.4.2),则

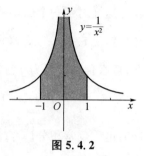

图 5.4.2

$$\int_{-1}^{1} \frac{1}{x^2}\mathrm{d}x = \int_{-1}^{0^-} \frac{1}{x^2}\mathrm{d}x + \int_{0^+}^{1} \frac{1}{x^2}\mathrm{d}x$$

$$= \left[-\frac{1}{x}\right]_{-1}^{0^-} + \left[-\frac{1}{x}\right]_{0^+}^{1}.$$

因为 $\left[-\dfrac{1}{x}\right]_{-1}^{0^-} = \infty$,所以反常积分 $\displaystyle\int_{-1}^{1} \frac{1}{x^2}\mathrm{d}x$ 发散,说明曲线 $y = \dfrac{1}{x^2}$ 在 $[-1,1]$ 上图形面积无限.

这种类型的反常积分较难识别,如果没有注意到 $x = 0$ 是 $\dfrac{1}{x^2}$ 的瑕点而直接当作定积分来解决,则 $\displaystyle\int_{-1}^{1} \frac{1}{x^2}\mathrm{d}x = \left[-\frac{1}{x}\right]_{-1}^{1} = -2$,就会发生错误. 这一点请读者注意.

习题 5.4

判断下列反常积分的收敛性,若收敛,求其值.

(1) $\displaystyle\int_{1}^{+\infty} \frac{1}{x^3}\mathrm{d}x$;

(2) $\displaystyle\int_{-\infty}^{-2} \frac{1}{x+1}\mathrm{d}x$;

(3) $\displaystyle\int_{-\infty}^{+\infty} \mathrm{e}^{-2x}\mathrm{d}x$;

(4) $\displaystyle\int_{-\infty}^{0} \frac{1}{x^2+4}\mathrm{d}x$;

(5) $\displaystyle\int_{0}^{1^-} \frac{\mathrm{d}x}{\sqrt{1-x}}$;

(6) $\displaystyle\int_{0}^{2} \frac{\mathrm{d}x}{\sqrt[3]{x-1}}$.

5.5 定积分在几何上的应用

在第 5.1 节,我们通过曲边梯形的面积、变速直线运动的路程问题引入了定积分的概念;反过来,用定积分的概念又可以解决更一般的几何、物理问题.本节首先讨论用定积分概念解决实际问题的一种常用方法 —— 微元法,然后讨论该法在几何上的两种应用.

5.5.1 微元法

首先回忆定积分的概念,不妨仍以曲边梯形的面积 A 来说明.

(1)分割:将区间 $[a,b]$ 分成 n 个小区间,相应的曲边梯形被分成 n 个小曲边梯

形,设第 i 个小曲边梯形面积为 ΔA_i,那么 $A = \sum_{i=1}^{n} \Delta A_i$.

(2) 近似求 ΔA_i 的值:取 $\xi_i \in [x_{i-1}, x_i]$,令 $\Delta A_i \approx f(\xi_i) \cdot \Delta x_i$.

(3) 求和:$A \approx \sum_{i=1}^{n} f(\xi_i) \cdot \Delta x_i$.

(4) 求极限:$A = \lim_{\lambda \to 0} \sum_{i=1}^{n} f(\xi_i) \cdot \Delta x_i = \int_{a}^{b} f(x) \mathrm{d}x$.

对上述定义进行分析,要求的量 A 与区间 $[a,b]$ 有关,并且 A 对于 $[a,b]$ 具有可加性(即可以将 A 分成各个部分的和的形式). 任一 ΔA_i 有近似结果 $f(\xi_i) \cdot \Delta x_i$,它与定积分 $\int_{a}^{b} f(x) \mathrm{d}x$ 的被积表达式 $f(x) \mathrm{d}x$ 非常相似. 这是关键的一步,相当于将划分的区间 $[x_i, x_i + \Delta x_i]$ 省略了下标后得到的区间 $[x, x + \mathrm{d}x]$,ξ_i 取区间的左端点,从而得到 ΔA 的近似结果 $f(x) \mathrm{d}x$,有 $\Delta A \approx f(x) \mathrm{d}x$. 再将 $f(x) \mathrm{d}x$ 在 $[a,b]$ 之间进行"无限累加",则有

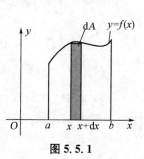

图 5.5.1

$$A = \sum f(x) \mathrm{d}x = \int_{a}^{b} f(x) \mathrm{d}x.$$

这种方法称为定积分的微元法,其中 $f(x) \mathrm{d}x$ 称为面积 A 的面积微元,记为 $\mathrm{d}A = f(x) \mathrm{d}x$(如图 5.5.1 所示).

因此,在实际问题中要求的量 S 只要具备下面的条件:

(1) 要求的量 S 与变量 x 有关,且 $x \in [a,b]$;

(2) S 对于区间 $[a,b]$ 具有可加性,即 $S = \sum \Delta S$;

(3) 每个部分量 ΔS 有近似结果 $f(\xi_i) \cdot \Delta x_i$,

那么求 S 的结果就可以用定积分的微元法.

微元法的一般步骤如下:

(1) 确定一个积分变量 x,且 $x \in [a,b]$;

(2) 在 $[a,b]$ 上任取一个代表区间 $[x, x + \mathrm{d}x]$,求 S 的微元 $\mathrm{d}S = f(x) \mathrm{d}x$(常用"以常代变"、"以直代曲" 的方法);

(3) 将 $\mathrm{d}S$ 在区间 $[a,b]$ 上"无限累加",即 $S = \int_{a}^{b} \mathrm{d}S = \int_{a}^{b} f(x) \mathrm{d}x$.

5.5.2 平面图形的面积

1) 直角坐标系情形

由定积分的几何意义,我们已经知道由曲线 $y = f(x)(\geqslant 0)$ 及直线 $x = a$,

$x = b(a < b), y = 0$ 围成的曲边梯形的面积 $A = \int_a^b f(x)\mathrm{d}x$,而 $f(x)\mathrm{d}x$ 就是直角坐标系下 A 的微元.

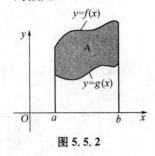

图 5.5.2

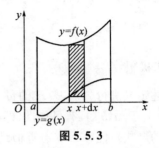

图 5.5.3

而对于由两条曲线 $y = f(x), y = g(x)$ 及直线 $x = a, x = b$ 围成($f(x) \geqslant g(x), a < b$)的图形面积 A,如果 $f(x) \geqslant g(x) \geqslant 0$,$A$ 可以看成两个曲边梯形 $y = f(x), x = a, x = b, y = 0$ 及 $y = g(x), x = a, x = b, y = 0$ 的面积差(如图 5.5.2 所示),从而有

$$A = \int_a^b f(x)\mathrm{d}x - \int_a^b g(x)\mathrm{d}x$$
$$= \int_a^b [f(x) - g(x)]\mathrm{d}x.$$

更一般的,可以采用微元法求出平面图形的面积 A.

取 x 为积分变量,且 $x \in [a, b]$,在 $[a, b]$ 上任取一个代表区间 $[x, x + \mathrm{d}x]$,对应的小平面图形的面积 ΔA 近似等于以 $f(x) - g(x)$ 为高,以 $\mathrm{d}x$ 为底的小矩形面积,所以面积微元(见图 5.5.3)

$$\mathrm{d}A = [f(x) - g(x)]\mathrm{d}x,$$
$$A = \int_a^b \mathrm{d}A = \int_a^b [f(x) - g(x)]\mathrm{d}x.$$

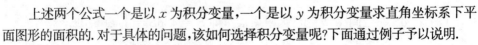

用类似的方法可得出由 $x = \varphi(y), x = \psi(y)(\psi(y) \leqslant \varphi(y)), y = c, y = d(c < d)$ 围成的平面图形面积为(见图 5.5.4)

图 5.5.4

$$A = \int_c^d [\varphi(y) - \psi(y)]\mathrm{d}y.$$

上述两个公式一个是以 x 为积分变量,一个是以 y 为积分变量求直角坐标系下平面图形的面积的. 对于具体的问题,该如何选择积分变量呢?下面通过例子予以说明.

例 5.5.1 计算由曲线 $y = x^2$ 与 $y = x$ 围成的图形面积.

解 如图 5.5.5 所示,要求的图形为阴影部分.

列方程组 $\begin{cases} y = x^2 \\ y = x, \end{cases}$ 得交点 $(0, 0)$ 和 $(1, 1)$.

取 x 为积分变量,$x \in [0,1]$,所求的图形面积为

$$A = \int_0^1 (x - x^2)\mathrm{d}x = \left[\frac{x^2}{2} - \frac{x^3}{3}\right]_0^1 = \frac{1}{6}.$$

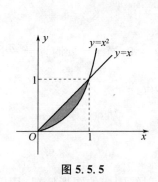

图 5.5.5

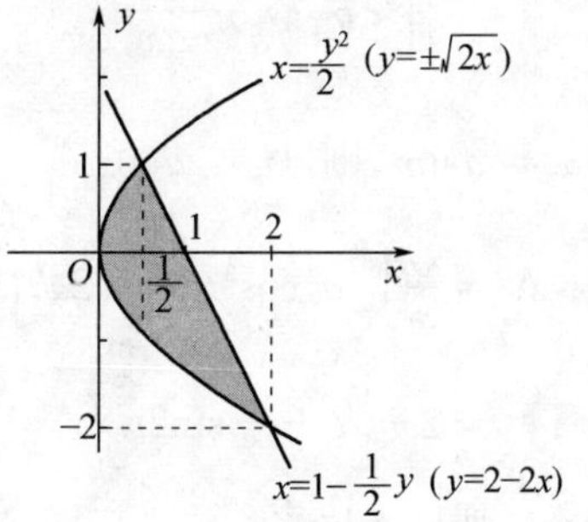

图 5.5.6

例 5.5.2 求由抛物线 $y^2 = 2x$ 与直线 $2x + y - 2 = 0$ 所围成的图形面积.

解 如图 5.5.6 所示,要求的图形为阴影部分.

列方程组 $\begin{cases} y^2 = 2x, \\ 2x + y - 2 = 0, \end{cases}$ 得交点 $\left(\frac{1}{2}, 1\right)$ 和 $(2, -2)$.

确定 y 为积分变量,则 $y \in [-2, 1]$,要求的图形面积为

$$A = \int_{-2}^1 \left[\left(1 - \frac{1}{2}y\right) - \frac{y^2}{2}\right]\mathrm{d}y$$

$$= \left[y - \frac{y^2}{4} - \frac{y^3}{6}\right]_{-2}^1 = \frac{9}{4}.$$

假设取 x 为积分变量,则 $x \in [0,2]$,但不能对 x 从 0 到 2 积分,因为被积函数不同. 在区间 $\left[0, \frac{1}{2}\right]$ 上,被积函数为 $\sqrt{2x} - (-\sqrt{2x}) = 2\sqrt{2x}$;在区间 $\left[\frac{1}{2}, 2\right]$ 上,被积函数为 $(2-2x) - (-\sqrt{2x}) = 2 - 2x + \sqrt{2x}$. 因此要求图形的面积为

$$A = \int_0^{\frac{1}{2}} 2\sqrt{2x}\,\mathrm{d}x + \int_{\frac{1}{2}}^2 (2 - 2x + \sqrt{2x})\mathrm{d}x$$

$$= \left[\frac{4\sqrt{2}}{3}x^{\frac{3}{2}}\right]_0^{\frac{1}{2}} + \left[2x - x^2 + \frac{2\sqrt{2}}{3}x^{\frac{3}{2}}\right]_{\frac{1}{2}}^2 = \frac{9}{4}.$$

显然第一种方法比第二种方法简便多了,因此选择积分变量很重要.

例 5.5.3 求椭圆 $\frac{x^2}{a^2} + \frac{y^2}{b^2} = 1$ 的面积.

解 如图 5.5.7 所示,由椭圆的对称性,只须求出椭圆在第一象限内的面积再乘以 4 即可.

取 x 为积分变量,则 $x \in [0, a]$,且

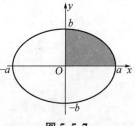

图 5.5.7

$$y = \frac{b}{a}\sqrt{a^2 - x^2},$$

所以椭圆的面积为

$$A = 4\int_0^a \frac{b}{a}\sqrt{a^2 - x^2}\,\mathrm{d}x = \frac{4b}{a}\int_0^a \sqrt{a^2 - x^2}\,\mathrm{d}x.$$

令 $x = a\sin t$，则 $\mathrm{d}x = a\cos t\,\mathrm{d}t$. 当 $x = 0$ 时，$t = 0$；当 $x = a$ 时，$t = \frac{\pi}{2}$. 所以

$$A = \frac{4b}{a}\int_0^{\frac{\pi}{2}} a^2\cos^2 t\,\mathrm{d}t = 2ab\int_0^{\frac{\pi}{2}}(1 + \cos 2t)\,\mathrm{d}t$$

$$= 2ab\left[t + \frac{1}{2}\sin 2t\right]_0^{\frac{\pi}{2}} = \pi ab.$$

* 2) 极坐标系情形

对于一些平面图形如圆环等一些由曲线弧及射线围成的图形情况，用极坐标系来计算它们的面积更方便.

设由曲线 $\rho = \rho(\theta)$ 与射线 $\theta = \alpha, \theta = \beta\,(\alpha < \beta)$ 围成的图形叫曲边扇形. 下面看曲边扇形的面积如何计算.

如图 5.5.8 所示，取 θ 为积分变量，则 $\theta \in [\alpha, \beta]$. 在区间 $[\alpha, \beta]$ 上任取代表区间 $[\theta, \theta + \mathrm{d}\theta]$，相应的小曲边扇形的面积近似等于以 $\rho(\theta)$ 为半径，以 $\mathrm{d}\theta$ 为圆心角的扇形面积，所以 $\mathrm{d}A = \frac{1}{2}\rho^2(\theta) \cdot \mathrm{d}\theta$. 将 $\mathrm{d}A$ 在 $[\alpha, \beta]$ 上"无限累加"，得曲边扇形面积

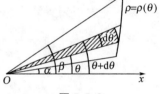

图 5.5.8

$$A = \frac{1}{2}\int_\alpha^\beta \rho^2(\theta)\,\mathrm{d}\theta.$$

这就是极坐标下的平面图形的面积公式.

例 5.5.4 计算心形线 $\rho = a(1 + \cos\theta)\,(a > 0)$ 围成的图形面积.

解 心形线所围成的图形如图 5.5.9 所示.

取 θ 为积分变量，则 $\theta \in [0, 2\pi]$，所以心形线所围成的图形面积

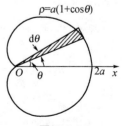

图 5.5.9

$$A = \frac{1}{2}\int_0^{2\pi} a^2(1 + \cos\theta)^2\,\mathrm{d}\theta$$

$$= \frac{a^2}{2}\int_0^{2\pi}(1 + 2\cos\theta + \cos^2\theta)\,\mathrm{d}\theta$$

$$= \frac{a^2}{2}\int_0^{2\pi}\left(\frac{3}{2} + 2\cos\theta + \frac{1}{2}\cos 2\theta\right)\mathrm{d}\theta$$

$$= \frac{a^2}{2}\left[\frac{3}{2}\theta + 2\sin\theta + \frac{1}{4}\sin2\theta\right]_0^{2\pi} = \frac{3\pi}{2}a^2.$$

5.5.3 旋转体的体积

中学里,我们已经学习过圆柱、圆锥、圆台和球体,它们可以分别看成矩形绕一条边、直角三角形绕一条直角边、直角梯形绕其直角边、半圆绕其直径旋转一周所得到的立体 —— 特殊的旋转体,它们的体积已经知道(见图 5.5.10).而对于一般的旋转体(一平面图形绕平面内一条直线旋转一周而成的立体),其体积可以用微元法来求.

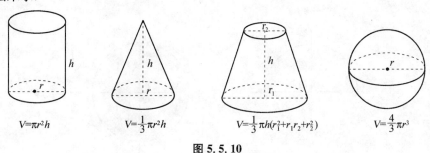

$V=\pi r^2 h$ $V=\frac{1}{3}\pi r^2 h$ $V=\frac{1}{3}\pi h(r_1^2+r_1r_2+r_2^2)$ $V=\frac{4}{3}\pi r^3$

图 5.5.10

设连续曲线 $y = f(x)$,直线 $x = a, x = b$ 及 $y = 0$ 围成的曲边梯形绕 x 轴旋转一周得到一旋转体(见图 5.5.11),现在来求其体积 V.

取 x 为积分变量,则 $x \in [a,b]$,在区间 $[a,b]$ 上任取代表区间 $[x, x+\mathrm{d}x]$,相应的近似薄片的体积 ΔV 近似等于以 $f(x)$ 为底半径,以 $\mathrm{d}x$ 为高的薄圆柱体的体积,因此体积微元 $\mathrm{d}V = \pi \cdot f^2(x) \cdot \mathrm{d}x$,所以旋转体的体积为

$$V_x = \int_a^b \mathrm{d}V = \pi\int_a^b f^2(x)\mathrm{d}x.$$

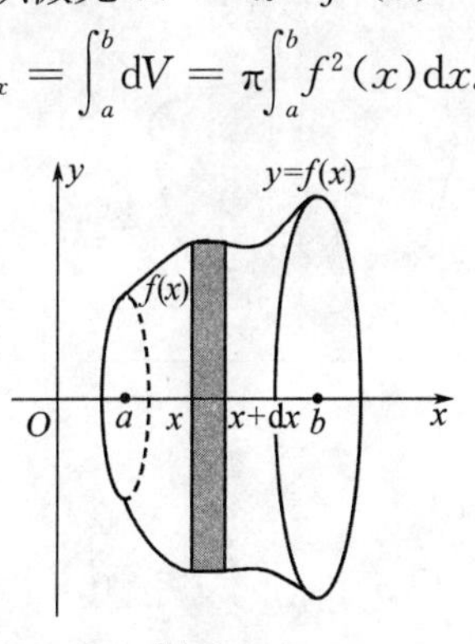

图 5.5.11 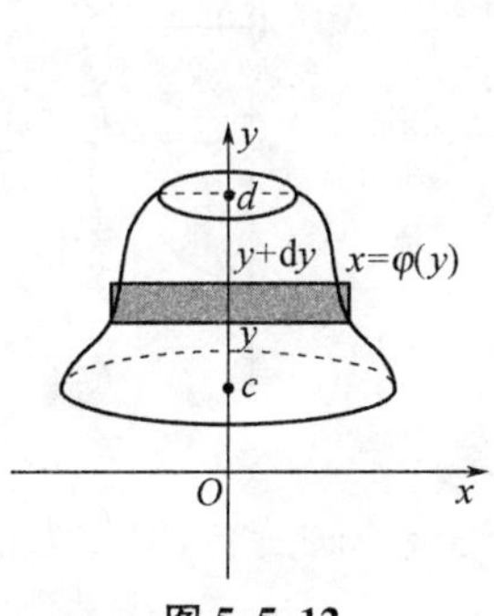   图 5.5.12

用类似方法可以得到连续曲线 $x = \varphi(y), y = c, y = d (c < d), x = 0$ 围成的曲边梯形绕 y 轴旋转一周得到的旋转体(如图 5.5.12 所示)的体积为

$$V_y = \pi\int_c^d \varphi^2(y)\mathrm{d}y.$$

例 5.5.5 求证:半径为 r 的球体的体积为 $V = \dfrac{4}{3}\pi r^3$.

证明 球体实际上可以看成半径 r 的半圆绕其直径旋转一周得到的立体. 不妨设半圆为 $y = \sqrt{r^2 - x^2}$ 与 x 轴围成的图形(见图 5.5.13),绕 x 轴旋转一周,则

$$V_x = \pi \int_{-r}^{r} (\sqrt{r^2 - x^2})^2 \mathrm{d}x = \pi \int_{-r}^{r} (r^2 - x^2) \mathrm{d}x$$

$$= 2\pi \int_{0}^{r} (r^2 - x^2) \mathrm{d}x = 2\pi \left[r^2 x - \frac{x^3}{3} \right]_{0}^{r}$$

$$= \frac{4}{3}\pi r^3.$$

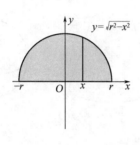 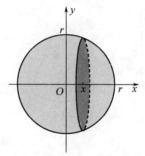

图 5.5.13

通过本例可以检验微元法得到的旋转体的体积公式的正确性.

例 5.5.6 求由曲线 $y = x^2$, $y = 4$ 和 $x = 0$ 围成的图形绕 y 轴旋转一周所得的旋转体的体积.

解 平面图形和旋转一周所得的立体图形如图 5.5.14 所示.

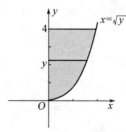 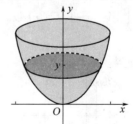

图 5.5.14

因为图形绕 y 轴旋转,取 y 为积分变量. 这里 $x = \sqrt{y}$, $y \in [0, 4]$,故所求旋转体的体积为

$$V_y = \pi \int_{0}^{4} (\sqrt{y})^2 \mathrm{d}y = \pi \int_{0}^{4} y \mathrm{d}y = \pi \left[\frac{y^2}{2} \right]_{0}^{4} = 8\pi.$$

例 5.5.7 求由曲线 $y = \sqrt{x}$, $y = x^3$ 围成的图形绕 x 轴旋转一周所得旋转体的体积.

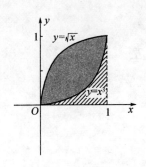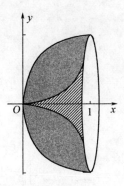

图 5.5.15

解　平面图形和旋转一周所得的立体图形如图 5.5.15 所示.

列方程组 $\begin{cases} y = \sqrt{x}, \\ y = x^3, \end{cases}$ 得交点 $(0,0)$ 和 $(1,1)$.

要求的旋转体的体积 V 可以看成两个旋转体的体积之差,其中一个是由 $y = \sqrt{x}, x = 1, y = 0$ 围成的曲边梯形绕 x 轴旋转一周所得的旋转体体积 V_1;另一个是由 $y = x^3, x = 1, y = 0$ 围成的曲边梯形绕 x 轴旋转一周所得的旋转体体积 V_2.

因为旋转轴是 x 轴,取 x 为积分变量,且 $x \in [0,1]$,所以旋转体的体积

$$V = V_1 - V_2 = \pi \int_0^1 (\sqrt{x})^2 \, dx - \pi \int_0^1 (x^3)^2 \, dx = \pi \int_0^1 (x - x^6) \, dx$$

$$= \pi \left[\frac{x^2}{2} - \frac{x^7}{7} \right]_0^1 = \frac{5}{14} \pi.$$

习题 5.5

1. 求下列各曲线所围成的图形面积:

(1) $y = \dfrac{1}{x}, y = x$ 及 $x = 2$;

(2) $y = 3x - x^2$ 与 x 轴;

(3) $y = e^x, y = e^{-x}$ 与 $x = 1$;

(4) $y = \ln x, y = \ln 2, y = \ln 5$ 与 y 轴.

2. 求下列曲线围成的图形绕指定轴旋转一周所得旋转体的体积:

(1) $y = \sin x \ (0 \leqslant x \leqslant \pi), y = 0$,绕 x 轴;

(2) $y = x^3, y = 8$ 和 y 轴,绕 y 轴;

(3) $\dfrac{x^2}{a^2} + \dfrac{y^2}{b^2} = 1$,分别绕 x 轴和 y 轴;

(4) $x^2 + (y - 5)^2 = 16$,绕 x 轴.

复习题五

A

一、填空题

1. $\int_1^1 x^2 \, \mathrm{d}x = $ _____ , $\int_0^1 x^2 \, \mathrm{d}x = $ _____ .

2. $\int_{-1}^1 (x^3 + \arcsin x)\cos x \, \mathrm{d}x = $ _____ .

3. 函数 $y = \sin x$ 在 $[0, \pi]$ 上的平均值 $\bar{y} = $ _____ .

4. 已知做变速直线运动的物体的速度 $v = (2t+1)\mathrm{m/s}$, 当物体从 $t = 1\mathrm{s}$ 开始运动 $3\mathrm{s}$ 后所经过的路程 $s = $ _____ .

5. $\int_0^3 \sqrt{9-x^2} \, \mathrm{d}x = $ _____ .

6. $\lim\limits_{x \to 0} \dfrac{\int_0^x \sin t \, \mathrm{d}t}{1 - \cos x} = $ _____ .

7. $\int_0^\pi |\cos x| \, \mathrm{d}x = $ _____ .

8. 右图中阴影部分的面积用定积分表示为 _____ .

*9. $\int_{-\infty}^1 e^{x+1} \, \mathrm{d}x = $ _____ .

10. 如果 $b > 0$ 且 $\int_1^b \ln x \, \mathrm{d}x = 1$, 那么 $b = $ _____ .

二、选择题

1. 如果 $\int_0^1 (2x + k)\mathrm{d}x = 2$, 那么 $k = $ (   )

   A. 0   B. -1 C. 1   D. $\dfrac{1}{2}$

2. 如果 $f(x)$ 可导, 那么可变积分上限函数 $\Phi(x) = \int_a^x f(t)\mathrm{d}t$ 是   (   )

   A. $f'(x)$ 的一个原函数   B. $f(x)$ 的一个原函数

   C. $f'(x)$ 的所有原函数   D. $f(x)$ 的所有原函数

3. $\int_0^3 |x-1| \, \mathrm{d}x = $ (   )

   A. 2   B. 0   C. 1   D. $\dfrac{5}{2}$

4. 下列积分中不为零的是 　　　　　　　　　　　　　　　（　　）

A. $\displaystyle\int_{-\frac{\pi}{4}}^{\frac{\pi}{4}} \sin x \tan^2 x \, \mathrm{d}x$ 　　　　　　　　B. $\displaystyle\int_{-\pi}^{\pi} \cos x \, \mathrm{d}x$

C. $\displaystyle\int_{-\frac{\pi}{2}}^{\frac{\pi}{2}} \frac{\sin x}{1+\cos^2 x} \, \mathrm{d}x$ 　　　　　D. $\displaystyle\int_{-\frac{\pi}{4}}^{\frac{\pi}{3}} \tan x \, \mathrm{d}x$

*5. 下列反常积分中收敛的是 　　　　　　　　　　　　　　　（　　）

A. $\displaystyle\int_{1}^{+\infty} \frac{1}{x} \, \mathrm{d}x$ 　　　　　　　　　　B. $\displaystyle\int_{-\infty}^{0} \cos x \, \mathrm{d}x$

C. $\displaystyle\int_{1^+}^{2} \frac{1}{x\ln x} \, \mathrm{d}x$ 　　　　　　　D. $\displaystyle\int_{0^+}^{1} \frac{1}{\sqrt{x}} \, \mathrm{d}x$

6. 如果 $f(x)=x^3+x^2$，那么定积分 $\displaystyle\int_{-2}^{2} f(x)\,\mathrm{d}x$ 的值等于 （　　）

A. 0 　　　　　B. $\dfrac{16}{3}$ 　　　　　C. $\displaystyle\int_{0}^{2} f(x)\,\mathrm{d}x$ 　　D. $2\displaystyle\int_{0}^{2} f(x)\,\mathrm{d}x$

7. 曲线 $y=x^2, x=y^2$ 所围成的图形面积是 　　　　　　　　（　　）

A. $\displaystyle\int_{0}^{1} (x^2-\sqrt{x})\,\mathrm{d}x$ 　　　　　　B. $\displaystyle\int_{0}^{1} (x-x^2)\,\mathrm{d}x$

C. $\displaystyle\int_{0}^{1} (\sqrt{x}-x^2)\,\mathrm{d}x$ 　　　　　D. $\displaystyle\int_{0}^{1} (x^2-x)\,\mathrm{d}x$

8. $\displaystyle\int_{0}^{\frac{1}{2}} (\arcsin x)'\,\mathrm{d}x =$ 　　　　　　　　　　　　（　　）

A. $\dfrac{1}{\sqrt{1-x^2}}$ 　　B. $-\dfrac{1}{\sqrt{1-x^2}}$ 　　C. $\dfrac{\pi}{6}$ 　　　D. $\dfrac{\pi}{3}$

9. 下列等式中错误的是 　　　　　　　　　　　　　　　　（　　）

A. $\displaystyle\int_{a}^{b} f(x)\,\mathrm{d}x + \displaystyle\int_{b}^{a} f(x)\,\mathrm{d}x = 0$ 　　B. $\displaystyle\int_{a}^{b} f(t)\,\mathrm{d}t = \displaystyle\int_{a}^{b} f(x)\,\mathrm{d}x$

C. $\displaystyle\int_{-a}^{a} f(x)\,\mathrm{d}x = 0$ 　　　　　　D. $\displaystyle\int_{a}^{a} f(x)\,\mathrm{d}x = 0$

10. 已知 $\varPhi(x) = \displaystyle\int_{0}^{x} (t-1)(t-2)\,\mathrm{d}t$，则 $\varPhi'(2) =$ 　　（　　）

A. 0 　　　　　B. 1 　　　　　C. -2 　　　　D. 2

三、判断题

1. $\left(\displaystyle\int_{a}^{b} \sqrt{2+t^2}\,\mathrm{d}t \right)' = \sqrt{2+x^2}$. 　　　　　　　　（　　）

2. 由 $y=f(x), x=a, x=b, y=0$ 围成的曲边梯形的面积是 $\displaystyle\int_{a}^{b} f(x)\,\mathrm{d}x$.

　　　　　　　　　　　　　　　　　　　　　　　　　　（　　）

3. $\displaystyle\int_{1}^{2} \frac{1}{x^2}\,\mathrm{d}x = \left[-\dfrac{1}{x} \right]_{1}^{2} = -\dfrac{3}{2}$. 　　　　　　　（　　）

4. $\int_0^3 \dfrac{\mathrm{d}x}{\sqrt{x+1}}$ 经过 $\sqrt{x+1}=t$ 换元后,变量 t 的积分上限为 2,积分下限为 1.

                                                                                                                                                     (　　)

5. $\int_a^b f(x)\mathrm{d}x = \int_a^c f(x)\mathrm{d}x - \int_b^c f(x)\mathrm{d}x$.   (　　)

6. $\int_{-1}^1 \dfrac{1}{1+x^2}\mathrm{d}x = \dfrac{\pi}{2}$.   (　　)

7. $\int_1^2 \ln x \,\mathrm{d}x \leqslant \int_1^2 (\ln x)^2 \,\mathrm{d}x$.   (　　)

8. $\int_0^{\frac{\pi}{2}} \cos^3 x \sin x \,\mathrm{d}x = \int_0^{\frac{\pi}{2}} \cos^3 x \,\mathrm{d}(\cos x) = \left[\dfrac{1}{4}\cos^4 x\right]_0^{\frac{\pi}{2}} = -\dfrac{1}{4}$.   (　　)

四、求下列定积分

1. $\int_1^2 \dfrac{x^2+x-6}{x+3}\mathrm{d}x$;
2. $\int_{-1}^1 \dfrac{x^2}{1+x^2}\mathrm{d}x$;

3. $\int_1^e \dfrac{1+\ln x}{x}\mathrm{d}x$;
4. $\int_0^3 \dfrac{x}{1+\sqrt{1+x}}\mathrm{d}x$;

5. $\int_0^1 \dfrac{\mathrm{d}x}{(1+4x)^3}\mathrm{d}x$;
6. $\int_{\frac{1}{\pi}}^{\frac{2}{\pi}} \dfrac{1}{x^2}\sin\dfrac{1}{x}\mathrm{d}x$;

7. $\int_0^{\frac{\pi}{2}} \sqrt{\cos x - \cos^3 x}\,\mathrm{d}x$;
8. $\int_1^e \ln x\,\mathrm{d}x$.

五、求由曲线 $xy=1,y=x,x=2$ 所围成的平面图形的面积.

六、一个平面图形是由曲线 $y=x^3$ 及 $y=\sqrt{x}$ 所围成.

  (1) 求该平面图形的面积;

  (2) 求此平面图形绕 x 轴旋转而成的旋转体的体积.

B

一、求 $\lim\limits_{x\to 0} \dfrac{\int_{\cos x}^1 \mathrm{e}^{-t^2}\mathrm{d}t}{x^2}$.

二、已知函数 $f(x)=\begin{cases} \dfrac{1}{1+\mathrm{e}^x}, & x<0, \\ \dfrac{1}{x+1}, & x\geqslant 0, \end{cases}$ 求 $\int_0^2 f(x-1)\mathrm{d}x$.

三、利用定积分的换元积分法证明

$$\int_0^\pi x f(\sin x)\mathrm{d}x = \dfrac{\pi}{2}\int_0^\pi f(\sin x)\mathrm{d}x,$$

并求 $\int_0^\pi x\dfrac{\sin x}{1+\cos^2 x}\mathrm{d}x$.

自测题五

一、填空题

1. $\displaystyle\int_1^1 \mathrm{d}x = $ _____ , $\displaystyle\int_0^1 \mathrm{d}x = $ _____ .

2. $\displaystyle\int_{-1}^1 \frac{x\tan^2 x}{1+x^2}\mathrm{d}x = $ _____ .

3. 曲线 $y = 3x^2$ 与直线 $x = 2, y = 0$ 围成的曲边梯形的面积为 _____ .

4. 比较大小: $\displaystyle\int_0^1 \mathrm{e}^x \mathrm{d}x$ _____ $\displaystyle\int_0^1 (1+x)\mathrm{d}x$, $\displaystyle\int_3^5 \ln x \mathrm{d}x$ _____ $\displaystyle\int_3^5 (\ln x)^2 \mathrm{d}x$.

5. $\dfrac{\mathrm{d}}{\mathrm{d}x}\displaystyle\int_1^{x^2} \tan t \mathrm{d}t = $ _____ .

二、选择题

1. $\displaystyle\int_{-\frac{\pi}{2}}^{\frac{\pi}{2}} |\sin x| \mathrm{d}x = $ ( )

A. 0   B. 1   C. 2   D. π

2. $\displaystyle\lim_{x\to 0} \frac{\displaystyle\int_0^x \sin t \mathrm{d}t}{x^2} = $ ( )

A. 0   B. 2   C. ∞ D. $\dfrac{1}{2}$

3. 如图所示阴影部分的面积为 ( )

A. $\displaystyle\int_1^4 \ln x \mathrm{d}x$ B. $\displaystyle\int_1^4 \mathrm{d}x$

C. $\displaystyle\int_0^1 (4 - \mathrm{e}^y)\mathrm{d}y$ D. $\displaystyle\int_0^1 \mathrm{e}^y \mathrm{d}y$

4. 下列积分值是 0 的为 ( )

A. $\displaystyle\int_{-\frac{\pi}{2}}^{\frac{\pi}{2}} \sin^2 x \mathrm{d}x$ B. $\displaystyle\int_{-1}^1 x\sin x \mathrm{d}x$

C. $\displaystyle\int_{-1}^1 \frac{x}{1+x^4}\mathrm{d}x$ D. $\displaystyle\int_{-2}^3 x \mathrm{d}x$

5. 曲线 $y = \mathrm{e}^x$ 和直线 $y = 1, x = 1$ 所围成的图形面积是 ( )

A. $\mathrm{e} - 2$ B. $2 - \mathrm{e}$ C. $\mathrm{e} - 1$ D. $\mathrm{e} + 1$

三、求下列积分

1. $\displaystyle\int_0^{\frac{\pi}{4}} \tan x \mathrm{d}x$;

2. $\displaystyle\int_0^1 \sqrt{x}(1 - \sqrt{x})\mathrm{d}x$;

3. $\displaystyle\int_1^e \frac{1}{x(1+x)}\mathrm{d}x$;

4. $\displaystyle\int_0^2 \frac{\mathrm{d}x}{\sqrt{x+1}+\sqrt{(x+1)^3}}$;

5. $\displaystyle\int_{-1}^1 x^4\arcsin x\,\mathrm{d}x$;

6. $\displaystyle\int_0^{\ln 2} \mathrm{e}^x(\mathrm{e}^x-1)^2\,\mathrm{d}x$.

四、一个平面图形是由 $y=\ln x$，$x=3$ 及 $y=0$ 围成的.

(1) 求该平面图形的面积；

(2) 求该平面图形绕 y 轴旋转而成的旋转体的体积.

阅读材料四

定积分的近似计算

定积分是"和式的极限"，但利用定义求定积分的值往往比较复杂. 牛顿-莱布尼茨公式大大简化了定积分的计算，并且可以求出定积分的精确值，但是在下面两种情况下该公式失效了.

(1) 对于定积分 $\displaystyle\int_a^b f(x)\mathrm{d}x$，$f(x)$ 的原函数很难或不可能找到. 例如，我们不能精确地计算 $\displaystyle\int_0^1 \mathrm{e}^{x^2}\mathrm{d}x$，$\displaystyle\int_{-1}^1 \sqrt{1+x^3}\,\mathrm{d}x$ 的结果.

(2) 函数是由通过实验得到的数据确定的，即函数不是用解析式而是用图形或表格给出的.

这时我们需要求出定积分的近似值，也就是进行定积分的近似计算.

在"感受微积分"的面积问题和定积分的概念部分，同学们对于近似的思想已经有所涉及. 我们用 n 个小矩形的面积之和近似代替曲边梯形面积，n 愈大，分割愈细，n 个小矩形的面积之和近似代替曲边梯形的面积的误差愈小. 这种求定积分 $\displaystyle\int_a^b f(x)\mathrm{d}x$ 近似值的方法称为矩形法，该法在这里我们不再重述. 下面我们讨论另外两种定积分近似计算的方法.

1) 梯形法

与矩形法类似，在 n 个小区间上以 n 个小梯形的面积之和近似代替曲边梯形的面积，从而求到定积分的近似值，这种定积分近似计算的方法称为梯形法.

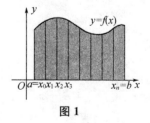

图 1

取分点 $a=x_0<x_1<x_2<\cdots<x_{n-1}<x_n=b$，将 $[a,b]$ 分成 n 个等分的小区间，其中 $\Delta x_i=\dfrac{b-a}{n}(i=1,2,\cdots,n)$，各个分点对应的函数值分别为 $y_0,y_1,y_2,\cdots,y_n$. 以 $y_{i-1},y_i(i=1,2,\cdots,n)$ 为小梯形的上、下底，以 $\dfrac{b-a}{n}$ 为小梯形的高（见图 1），根据梯形的面积公式，有

$$\int_a^b f(x)\mathrm{d}x \approx \frac{1}{2}\frac{b-a}{n}\left[(y_0+y_1)+(y_1+y_2)+\cdots+(y_{n-1}+y_n)\right]$$

$$=\frac{b-a}{2n}\left[y_0+2(y_1+y_2+\cdots+y_{n-1})+y_n\right]$$

$$=\frac{b-a}{n}\left(\frac{y_0+y_n}{2}+y_1+y_2+\cdots+y_{n-1}\right).$$

例 1　利用梯形法计算$\int_0^1 \dfrac{1}{1+x^2}\mathrm{d}x$.

解　(1) 将$[0,1]$分成 5 等份,分点及对应函数值列表如下(精确到10^{-4}):

x	0	0.2	0.4	0.6	0.8	1
y	1	0.961 5	0.862 1	0.735 3	0.609 8	0.5

根据梯形法的近似公式,有

$$\int_0^1 \frac{1}{1+x^2}\mathrm{d}x \approx \frac{1}{5}\left(\frac{1+0.5}{2}+0.961\ 5+0.862\ 1+0.735\ 3+0.609\ 8\right)$$

$$\approx 0.783\ 7.$$

(2) 将$[0,1]$分成 10 等份,分点及对应函数值列表如下(精确到10^{-4}):

x	0	0.1	0.2	0.3	0.4	0.5	0.6	0.7	0.8	0.9	1
y	1	0.990 1	0.961 5	0.917 4	0.862 1	0.8	0.735 3	0.671 1	0.609 8	0.552 5	0.5

根据梯形法的近似公式,有

$$\int_0^1 \frac{1}{1+x^2}\mathrm{d}x \approx \frac{1}{10}\left(\frac{1+0.5}{2}+0.990\ 1+0.961\ 5+0.917\ 4+0.862\ 1\right.$$

$$\left.+0.8+0.735\ 3+0.671\ 1+0.609\ 8+0.552\ 5\right)$$

$$\approx 0.785\ 0.$$

根据定积分

$$\int_0^1 \frac{1}{1+x^2}\mathrm{d}x = [\arctan x]_0^1 = \frac{\pi}{4} \approx 0.785\ 4,$$

比较(1)和(2)可以看出 n 越大,近似的精确度越高.

例 2　利用梯形法求$\int_0^1 \mathrm{e}^{x^2}\mathrm{d}x$ 的近似值.

解　将$[0,1]$分成 10 等份,分点及对应函数值列表如下(精确到10^{-4}):

x	0	0.1	0.2	0.3	0.4	0.5	0.6	0.7	0.8	0.9	1
y	1	1.010 1	1.040 8	1.094 1	1.173 5	1.284 0	1.433 3	1.632 3	1.896 5	2.247 9	2.718 3

根据梯形法的近似公式,有

$$\int_0^1 \mathrm{e}^{x^2}\mathrm{d}x \approx \frac{1}{10}\left(\frac{1+2.718\ 3}{2}+1.010\ 1+1.040\ 8+1.094\ 1+1.173\ 5\right.$$

$$\left.+1.284\ 0+1.433\ 3+1.632\ 3+1.896\ 5+2.247\ 9\right)$$

$$\approx 1.467\ 2.$$

2) 抛物线法

矩形法和梯形法都是局部范围内用直线段代替曲线段("以直代曲"),把计算曲边梯形的面积转化为求矩形和梯形的面积.为了提高近似的精确度,也可以考虑在局部范围内用抛物线段来代替曲线段,即用对称轴平行 y 轴的抛物线近似代替对应的曲线,从而通过求抛物线下的面积而得到定积分的近似值.这种近似计算的方法称为抛物线法,也叫辛普森(Simpson)法.

由中学数学知识可知,平面上三点坐标可以确定一个对称轴平行于 y 轴的抛物线,因此需要把积分区间 $[a,b]$ 分成偶数等份.

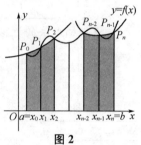

图 2

取分点 $a = x_0 < x_1 < x_2 < \cdots < x_{n-1} < x_n = b$($n$ 为偶数),将 $[a,b]$ 分成 n 等份,其中 $\Delta x_i = \dfrac{b-a}{n}$($i = 1,2,\cdots,n$),各分点对应的函数值分别为 $y_0,y_1,y_2,\cdots,y_n$. 这样构成了平面上的 $(n+1)$ 个点 $P_0(x_0,y_0),P_1(x_1,y_1),\cdots,P_n(x_n,y_n)$,过相邻的三个点 $P_0,P_1,P_2;P_2,P_3,P_4;\cdots;P_{n-2},P_{n-1},P_n$ 分别作抛物线,其对称轴平行于 y 轴(见图2).

为了简化运算,首先看过 P_0,P_1,P_2 三点的抛物线. 我们知道如果将抛物线沿着 x 轴平行移动,抛物线下的图形面积不变.

令 $\dfrac{b-a}{n} = d$,将 P_0,P_1,P_2 三点沿 x 轴平行移动至 $x_0 = -d,x_1 = 0,x_2 = d$(见图3). 不妨设过 P_0,P_1,P_2 三点的抛物线为

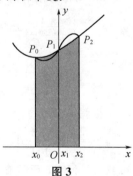

图 3

$$y = Ax^2 + Bx + C,$$

抛物线下从 x_0 到 x_2 的图形面积为

$$
\begin{aligned}
S_1 &= \int_{-d}^{d} (Ax^2 + Bx + C)\,\mathrm{d}x \\
&= \int_{-d}^{d} (Ax^2 + C)\,\mathrm{d}x \\
&= 2\left[\frac{A}{3}x^3 + Cx\right]_0^d \\
&= \frac{2d}{3}(Ad^2 + 3C).
\end{aligned}
$$

又 P_0,P_1,P_2 三点在抛物线上,所以

$$
\begin{cases}
y_0 = Ad^2 - Bd + C, \\
y_1 = C, \\
y_2 = Ad^2 + Bd + C,
\end{cases}
$$

解出 $2Ad^2 + 6C = y_0 + 4y_1 + y_2$,所以

$$S_1 = \frac{d}{3}(y_0 + 4y_1 + y_2).$$

同理过 P_2, P_3, P_4 三点的抛物线下 x_2 到 x_4 的图形面积为

$$S_2 = \frac{d}{3}(y_2 + 4y_3 + y_4),$$

依次类推,可得过 P_{n-2}, P_{n-1}, P_n 三点的抛物线下 x_{n-2} 到 x_n 的图形面积为

$$S_{\frac{n}{2}} = \frac{d}{3}(y_{n-2} + 4y_{n-1} + y_n).$$

这 $\frac{n}{2}$ 个抛物线下的图形面积近似等于 $[a, b]$ 上曲边梯形的面积,所以

$$\begin{aligned}
\int_a^b f(x)\mathrm{d}x &\approx \frac{d}{3}\big[(y_0 + 4y_1 + y_2) + (y_2 + 4y_3 + y_4) + \cdots \\
&\quad + (y_{n-2} + 4y_{n-1} + y_n)\big] \\
&= \frac{d}{3}\big[(y_0 + y_n) + 4(y_1 + y_3 + \cdots + y_{n-1}) \\
&\quad + 2(y_2 + y_4 + \cdots + y_{n-2})\big] \\
&= \frac{b-a}{3n}\big[(y_0 + y_n) + 4(y_1 + y_3 + \cdots + y_{n-1}) \\
&\quad + 2(y_2 + y_4 + \cdots + y_{n-2})\big].
\end{aligned}$$

这个公式也称为辛普森公式.

例3 设有一条河,宽为 28 m,现在每隔 2 m 测得河水深(单位:m)见下表:

x	0	2	4	6	8	10	12	14	16	18	20	22	24	26	28
y	0	0.5	1	1.5	1.8	2.0	2.2	2.4	2.6	2.5	2.1	1.9	1.6	1.4	0.8

试求河床的横截面积(见图 4).

解 把河床的横截面的底看作曲线 $y = f(x)$. 根据已知数据利用辛普森公式,则河床的横截面积为

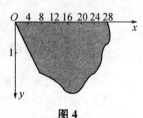

图 4

$$\begin{aligned}
A &= \int_0^{28} f(x)\mathrm{d}x \\
&\approx \frac{28}{3 \times 14}\big[(0 + 0.8) + 4 \times (0.5 + 1.5 + 2.0 \\
&\quad + 2.4 + 2.5 + 1.9 + 1.4) + 2 \times (1 \\
&\quad + 1.8 + 2.2 + 2.6 + 2.1 + 1.6)\big] \\
&\approx 48.13(\mathrm{m}^2).
\end{aligned}$$

*6 数学建模简介

学习基本要求

(1) 了解数学模型、数学建模的基本概念.

(2) 了解数学建模的方法、步骤,会求解简单的数学建模问题.

数学,作为一门研究现实世界数量关系和空间形式的科学,在它产生和发展的历史长河中,一直是和人们生活的实际需要密切相关的. 随着社会的进步和科学技术的飞速发展,人类已进入到了计算机、网络、数码、光纤、多媒体为主要标志的信息时代,各个科技领域都进入了定量化和精确化的阶段. 数学更广泛地渗透到自然科学、社会科学、工业技术和经济管理各个领域之中. 社会不仅仅需要一些数学家和专门从事数学活动、研究的专门人才,而且更大量需要的是在实际工作能善于运用数学知识及数学思维方法来解决他们每天面临的大量的实际问题的人才. 他们不是为了应用数学知识去寻找实际问题,而是不断地遇到实际问题需要用到数学知识,并且这些实际问题几乎都不能直接套用现成的公式,其中的数学"奥妙"不是明显地摆在那里等着你去解决,而是暗藏在深处等着你去发现. 这就需要数学建模的知识. 本章将简单介绍数学建模的相关知识,并给一些典型的例子.

6.1 数学建模的基本知识

6.1.1 数学建模的基本概念

人们通常把客观现实世界里存在并被关注或研究的实际对象称为原型.

人们为了定量地研究各领域中的某些原型,需要对原型进行分析,发现其中可以用数学语言来描述的关系或规律,再把这些关系或规律化归为一个数学问题——一个数学模型. 到现在为止,数学模型还没有一个统一的定义,下面给出数学模型的一种定义.

数学模型就是指对于现实世界的某一特定原型,为了某个特定的目的,做出一些必要的简化和假设,运用适当的数学工具根据特有的内在规律得到的一个数学结构.

具体地说,数学模型就是为了某种目的,用字母、数字及其他数学符号建立起来的等式或不等式及图表、图象、框图等描述原型的特征及内在联系的数学结构.

建立数学模型及其求解的过程称为数学建模.

通过数学建模,或者能解释原型中某种特定现象的现实性态,或者能预测原型的未来状况,或者能提供处理原型的最优决策或控制等.

数学模型的分类方法有多种,下面介绍常用的几种分类:

(1) 按照建立模型的数学方法,可分为初等模型、几何模型、运筹学模型、微分方程模型、概率统计模型等;

(2) 按照模型的应用领域,可分为人口模型、交通模型、经济模型、环境模型、生态模型等;

(3) 按照变量的性质,可分为离散模型、连续模型、确定性模型、随机性模型等;

(4) 按照时间关系,可分为静态模型、动态模型等.

6.1.2　建立数学模型的方法和步骤

1) 模型准备

在建模前应对实际问题的背景作深刻地了解,并进行全面细致的观察.明确所要解决问题的目的要求,按要求收集必要的数据,且数据必须符合所要求的精确度.

2) 模型假设

现实问题通常错综复杂、涉及面广.首先要对问题作认真细致地分析,抓住主要因素,暂不考虑次要因素,理清变量之间的关系,并进行必要的、合理的简化假设,从而将问题简单化、理想化.

模型假设是建立模型的关键.要注意的是,不同的假设会得到不同的模型.如果假设合理,则模型与实际问题比较吻合;如果假设不合理或过于简单(即过多地忽略了一些因素),则模型与实际情况不吻合或部分吻合,那就要修改假设,修改模型.

3) 模型建立

根据已有假设,着手建立数学模型.建立数学模型应注意以下几点:

(1) 分清变量类型,恰当使用数学工具.如果实际问题中的变量是确定性变量,建模时数学工具多用微积分、微分方程、线性规划等;如果变量是随机变量,则数学工具多用概率、统计等.对变量进行分析是建立数学模型的基础.

(2) 抓住问题本质,简化变量间的关系.因为模型过于复杂,则求解困难或无法求解,因此应尽可能地用简单的模型如线性化、均匀化等来描述实际问题.

(3) 建立数学模型时要有严密的数学推理.模型本身(如微分方程或图形)要正确,否则将造成建模失败,前功尽弃.

（4）建立模型要有足够的精确度. 即要把实际问题（原型）本质的东西和关系反映进去，把非本质的东西去掉，同时注意去掉的东西要不影响反映现实的真实程度.

4）模型求解

不同的模型要用不同的数学工具来求解，特别要注意借助计算机和各种软件工具.

5）模型检验

一个模型是否反映了客观实际，可用已有的数据去验证. 如果由模型求解得到的理论值与实际数值比较吻合，则模型是成功的；如果理论数值与实际数值差别太大，则模型是失败的；如果理论数值与实际数值部分吻合，则须找出原因，发现问题，修正模型.

6）模型修正

因为实际问题往往比较复杂，故在模型假设过程中，由于理想化抛弃了一些次要因素，因此模型与实际问题并不完全吻合. 此时，要重新分析模型假设的合理性，将合理的部分保留，不合理的部分修改. 对实际问题中的次要因素再次分析，如果某一因素被忽略而致使前面的模型失败或部分失败，则再建立模型时须把它考虑进去.

以上步骤可用框图 6.1.1 表示如下：

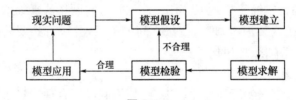

图 6.1.1

当然并不是说所有数学建模都要经过上述步骤，有时各个步骤之间的界限也并不那么分明. 建模过程并不一定要拘泥于以上形式，重要的是根据对象的特点和建模的目的去粗取精，抓住关键，从简到繁，不断完善.

6.2 数学建模举例

数学建模是一项涉及知识面较广且极具挑战性的工作，需要不断汲取新知识，对问题给出合理的简单假设，构造模型求解. 它没有固定的解法，有时由于假设的不同，甚至会得到完全不同的结论. 为了使学习者对数学建模有更进一步的了解，下面介绍一些典型的例子.

6.2.1 古典模型

例 6.2.1 四条腿一样长的方桌子,放在不平的地面上,怎样才能放稳?

解 模型假设:

(1) 桌子四条腿一样长,桌脚与地面接触点看作一点,四条腿的连线呈正方形.

(2) 地面高度是连续变化的,沿任何方向都不会出现间断(没有台阶),即地面可以看作是连续的曲面.

(3) 对于桌腿的间距和桌腿的长度而言,地面是相对平坦的,使桌子放在任何位置,至少有三只脚同时着地.

模型构造:桌腿连线呈正方形 $ABCD$,见图 6.2.1.

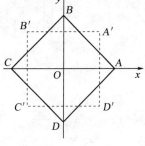

图 6.2.1

θ—— 桌子绕中心 O 旋转的角度;

$f(\theta)$——A,C 两脚离地面的距离之和;

$g(\theta)$——B,D 两脚离地面的距离之和.

其中,$f(\theta),g(\theta) \geqslant 0$.

由假设(1),$f(\theta)$ 和 $g(\theta)$ 都是连续函数.

由假设(3),对任意的 θ,$f(\theta)$ 与 $g(\theta)$ 中至少有一个为零.

当 $\theta=0$ 时,不妨设 $f(0)=0,g(0)>0$,桌子问题转化为证明下面的数学问题:

已知 $f(\theta),g(\theta)$ 是 θ 的连续函数,对任意 θ,$f(\theta) \cdot g(\theta)=0$ 且 $f(0)=0,g(0)>0$,证明:存在 θ_0,使 $f(\theta_0)=g(\theta_0)=0$.

模型求解:令 $h(\theta)=f(\theta)-g(\theta)$,则 $h(0)=f(0)-g(0)<0$.再将桌子绕中心 O 旋转 $\dfrac{\pi}{2}$,即将 AC 与 BD 位置互换,则有 $f\left(\dfrac{\pi}{2}\right)>0,g\left(\dfrac{\pi}{2}\right)=0$,所以

$$h\left(\frac{\pi}{2}\right)=f\left(\frac{\pi}{2}\right)-g\left(\frac{\pi}{2}\right)>0.$$

而 $h(\theta)$ 是连续函数,由连续函数的零值定理,则必有 $\theta_0 \in \left(0,\dfrac{\pi}{2}\right)$,使 $h(\theta_0)=0$,即 $f(\theta_0)-g(\theta_0)=0$,又 $f(\theta) \cdot g(\theta)=0$,所以 $f(\theta_0)=g(\theta_0)=0$,即存在 θ_0 角度,使桌子的四条脚能同时着地.即如果地面是光滑的曲面,桌子中心不动,最多移动 $\dfrac{\pi}{2}$ 角度,桌子就可以放稳.

思考:长方形的课桌怎样才能放稳?

例 6.2.2 双层玻璃的功效.

在一些建筑物上,常会看到有些窗户是双层的,即窗户上装两层玻璃且中间留有一定的空隙,据说这样是为了保暖,即减少室内向室外的热量流失.

问题:双层玻璃比单层玻璃减少了多少热量的流失?

解 现在建立一个数学模型给出定量的分析结果.

考虑下列情形:双层玻璃的每层玻璃厚度都为 d,两层玻璃间距为 l,单层玻璃窗的玻璃厚度为 $2d$(即所用玻璃材料与双层一样)(如图 6.2.2 所示).

图 6.2.2

模型假设:

(1) 热量的传导过程是只有传导没有对流,即假定窗户的密闭性能很好,两层玻璃之间的空气是不流动的.

(2) 室内温度 T_1 和室外温度 T_2 保持不变,热传导过程已处于稳定状态. 即沿热传导方向,单位时间通过单位面积的热量是常数.

(3) 玻璃材料是均匀的,即热传导系数是常数.

模型建立:

在上述假设下,热传导过程遵从下面的物理定律:厚度为 d 的均匀介质,两侧温度之差为 ΔT,则单位时间内由温度高的一侧向温度低的一侧通过单位面积的热量 Q 与 ΔT 成正比,与厚度 d 成反比. 即

$$Q = k \cdot \frac{\Delta T}{d}, \tag{1}$$

其中,k 为热传导系数.

记双层玻璃窗内层玻璃的外侧温度是 T_a,外层玻璃的内侧温度是 T_b,玻璃的热传导系数为 k_1,空气的热传导系数为 k_2,由式(1)可知单位时间单位面积的热量传导(即热量流失)为

$$Q_1 = k_1 \frac{T_1 - T_a}{d} = k_2 \frac{T_a - T_b}{l} = k_1 \frac{T_b - T_2}{d}, \tag{2}$$

从式(2)中消去 T_a,T_b 可得

$$Q_1 = \frac{k_1(T_1 - T_2)}{d(s+2)} \qquad \left(s = h\frac{k_1}{k_2}, h = \frac{l}{d}\right). \tag{3}$$

对于厚度为 $2d$ 的单层玻璃窗,容易写出其热量传导为

$$Q_2 = k_1 \frac{T_1 - T_2}{2d}. \tag{4}$$

这里，Q_1 与 Q_2 二者之比为

$$\frac{Q_1}{Q_2} = \frac{2}{s+2}, \tag{5}$$

显然 $Q_1 < Q_2$.

为了得到更具体的结果，我们从有关资料上可查得 k_1 和 k_2 的数据. 常用玻璃的热传导系数 $k_1 = 0.4 \sim 0.8\ \mathrm{W/(m^2 \cdot K)}$，而不流通、干燥空气的热传导系数 $k_2 = 0.025\ \mathrm{W/(m^2 \cdot K)}$，于是 $\frac{k_1}{k_2}$ 的取值为 $16 \sim 32$. 则在分析双层玻璃比单层玻璃窗可减少多少热量流失时，我们作最保守的估计，即取 $\frac{k_1}{k_2} = 16$，由(3)和(5)两式可推得

$$\frac{Q_1}{Q_2} = \frac{1}{8h+1} \qquad \left(h = \frac{l}{d} \right).$$

比值 $\frac{Q_1}{Q_2}$ 反映了双层玻璃窗在减少热量流失上的功效，它只与 $h = \frac{l}{d}$ 有关. 下面给出 $\frac{Q_1}{Q_2} - h$ 的曲线(见图 6.2.3). 从图中可以看出，当 h 由 0 增大时，$\frac{Q_1}{Q_2}$ 迅速降低，而当 h 超过一定比值(比如 $h > 4$)后，$\frac{Q_1}{Q_2}$ 下降变缓，可见 h 不宜选择过大.

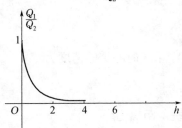

图 6.2.3

模型应用：这个模型具有一定的应用价值. 制作双层玻璃窗虽然工艺复杂，会增加一些费用，但它减少的热量流失是相当可观的.

通常建筑规范要求 $h = \frac{l}{d} \approx 4$，按照这个模型可得

$$\frac{Q_1}{Q_2} \approx 3\%,$$

即双层玻璃窗比同样多玻璃材料的单层玻璃窗减少了约 97% 的热量流失. 之所以有如此高的功效，主要是由于两玻璃层间空气的极低热传导系数，而这要求空气是干燥、不流通的. 作为模型假设的这个条件在实际环境下当然不可能完全满足，所以双层玻璃窗的实际功效由于密封不好等原因比上述结果要差一些.

例6.2.3 冬天大雪纷飞,使公路上积起厚雪而影响交通.有条长10 km的公路,由一台铲雪车负责清扫积雪,每当路面积雪平均厚度达到0.5 m时,除雪机就开始工作;当积雪厚度达到1.5 m时,除雪机就无法工作.现在大雪持续下了1 h.下雪的速度有两种:(Ⅰ)以恒速0.025 cm/s;(Ⅱ)前30 min由0均匀增加到0.1 cm/s,后30 min又均匀减少到0.问除雪机能否完成10 km的除雪任务?

解 模型假设:

(1)已知除雪机在没有雪的路上行驶速度为10 m/s.

(2)除雪机的工作速度 v(m/s)与积雪厚度(m)成反比.

(3)当积雪厚度 $d = 1.5$ m时除雪机停止工作,即 $v = 0$.

模型构造:由假设,工作速度 $v = c_1 d + c_2$.

由条件,$d = 0$ 时 $v = 10$,$d = 1.5$ 时 $v = 0$,解得 $c_1 = -\dfrac{20}{3}$,$c_2 = 10$. 所以

$$v = 10\left(1 - \frac{2}{3}d\right), \quad d \in [0.5, 1.5], \tag{6}$$

故当 $d = 0.5$ m时,除雪机的初始速度为6.7 m/s.

若下雪速度保持不变,记作 r(cm/s),则雪在 t s 内的厚度增加量为

$$rt\,\mathrm{cm} = \frac{rt}{100}\mathrm{m},$$

因此,除雪机工作 t s 时,雪的总厚度

$$d(t) = 0.5 + \frac{rt}{100}. \tag{7}$$

将式(7)代入到式(6),得 t s 时除雪的速度为

$$v(t) = \frac{10}{3}\left(2 - \frac{rt}{50}\right),$$

因此,除雪机工作 t s 时行驶的距离为

$$s(t) = \int_0^t v(t)\mathrm{d}t = \frac{10}{3}\int_0^t \left(2 - \frac{rt}{50}\right)\mathrm{d}t = \frac{20}{3}t - \frac{rt^2}{30}. \tag{8}$$

除雪机停止工作的时间由 $v(t) = 0$ 确定,有 $t_0 = \dfrac{100}{r}$.

情形Ⅰ:除雪机开始工作后,大雪以 $r = 0.025$ cm/s持续下了1 h.除雪机停止工作的时间为

$$t_0 = \frac{100}{r} = \frac{100}{0.025} = 4\,000\ (\mathrm{s}),$$

此时除雪机行驶的距离为

$$s(t_0) = s(4\,000) = 20 \times \frac{4\,000}{3} - 0.025 \times \frac{4\,000^2}{30}$$

$$\approx 13\,333.33\ (\mathrm{m}) \approx 13.33\ (\mathrm{km}),$$

这比要清扫的 10km 长,除雪机早已完成任务.

因为 $s = 10\,000$ m,代入式(8),有

$$\frac{20}{3}t - \frac{0.025}{30}t^2 = 10\,000,$$

解出 $t = 2\,000$ s,这时除雪机的速度是

$$v(2\,000) = \frac{10}{3}\Big(2 - \frac{0.025 \times 2\,000}{50}\Big) = \frac{10}{3} \text{ (m/s)}.$$

情形 Ⅱ:用 $r(t)$ 表示 t 时刻降雪的速度,速度变化情况见图 6.2.4,即

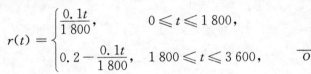
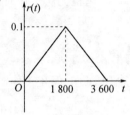

$$r(t) = \begin{cases} \dfrac{0.1t}{1\,800}, & 0 \leqslant t \leqslant 1\,800, \\[2mm] 0.2 - \dfrac{0.1t}{1\,800}, & 1\,800 \leqslant t \leqslant 3\,600, \end{cases}$$

其中,$r(t)$ 的单位为 cm/s.

对下雪的速度求积分,可得积雪厚度函数.

图 6.2.4

当 $t \leqslant 1\,800$ s,有

$$d(t) = 0.5 + \frac{1}{100}\int_0^t \frac{0.1t}{1\,800}\mathrm{d}t = 0.5 + \frac{0.001t^2}{3\,600} \text{ (m)},$$

且

$$d(1\,800) = 0.5 + \frac{0.001 \times (1\,800)^2}{3\,600} = 1.4\text{(m)},$$

即当工作到 30 min 时,积雪厚度为 1.4 m.

当 $t > 1\,800$ s,有

$$d(t) = 1.4 + \frac{1}{100}\int_{1\,800}^t \Big(0.2 - \frac{0.1t}{1\,800}\Big)\mathrm{d}t$$

$$= \frac{1}{100}\Big(0.2t - \frac{0.1t^2}{3\,600}\Big) - 1.3,$$

且

$$d(3\,600) = \frac{1}{100}\Big(0.2 \times 3\,600 - \frac{0.1 \times 3\,600^2}{3\,600}\Big) - 1.3 = 2.3\text{(m)},$$

这时除雪机早已停止了工作.

积雪的厚度函数

$$d(t) = \begin{cases} 0.5 + \dfrac{0.001t^2}{3\,600}, & 0 \leqslant t \leqslant 1\,800, \\[3mm] -1.3 + \dfrac{1}{100}\Big(0.2t - \dfrac{0.1t^2}{3\,600}\Big), & t > 1\,800, \end{cases} \qquad (9)$$

下面根据积雪速度函数及积雪厚度函数,分析除雪机是否中途被迫中断工作,能工作多长时间,已清扫了多长路程.

将式(9)代入式(6),除雪机的速度函数为

$$v(t) = 10\left[1 - \frac{2}{3}d(t)\right]$$

$$= \begin{cases} \frac{20}{3}\left(1 - \frac{0.001t^2}{3\,600}\right), & 0 \leqslant t \leqslant 1\,800, \\ \frac{10}{3}\left(5.6 - 0.004t + \frac{0.002t^2}{3\,600}\right), & t > 1\,800. \end{cases}$$

除雪机无法工作时 $v = 0$,因 $v(1\,800) > 0$,所以令

$$5.6 - 0.004t + \frac{0.002t^2}{3\,600} = 0,$$

解得 $t_0 = 1\,903\,s, t_1 = 5\,297\,s$(不合题意,舍去),即除雪机工作 $1\,903\,s$($31.7\,min$)将停止工作. 停止工作时,已经除雪的距离为

$$s = \int_0^{1\,903} v(t)\mathrm{d}t$$

$$= \int_0^{1\,800} \frac{20}{3}\left(1 - \frac{0.001t^2}{3\,600}\right)\mathrm{d}t + \int_{1\,800}^{1\,903} \frac{10}{3}\left(5.6 - 0.004t + \frac{0.002t^2}{3\,600}\right)\mathrm{d}t$$

$$= 8\,434\,(\mathrm{m}) = 8.434\,(\mathrm{km}).$$

所以除雪机只能扫除 $8.43\,km$ 的积雪就停止工作了,即除雪机无法完成 $10\,km$ 的除雪任务.

思考:在本问题中,如果大雪以恒速 $r = 0.1\,cm/s$ 下了 $1\,h$,除雪机能否完成 $10\,km$ 的除雪任务?

6.2.2 优化模型 —— 线性规划模型

线性规划是运筹学的一个重要分支,它起源于工业生产组织管理的决策问题. 在数学上,它用来确定多变量线性函数满足线性约束条件下的最优值,即可以归结为微积分中函数的极值问题.

例 6.2.4 已知某厂每日 $8\,h$ 的产量不低于 $1\,800$ 件. 为了进行质量控制,计划聘请两种不同水平的检验员. 一级检验员的标准如下:速度为每小时 25 件,正确率 98%,计时工资每小时 4 元;二级检验员的标准如下:速度为每小时 15 件,正确率 95%,计时工资每小时 3 元. 检验员每错检一次,工厂要损失 2 元. 为使总检验费用最省,该厂应聘一级、二级检验员各几名?

解 设需要一级和二级检验员的人数分别为 x_1 和 x_2,那么应付检验员的工资为

$$8 \times 4 \times x_1 + 8 \times 3 \times x_2 = 32x_1 + 24x_2,$$

因检验员可能出错而造成的损失为

$$(8 \times 25 \times 2\% \times x_1 + 8 \times 15 \times 5\% \times x_2) \times 2 = 8x_1 + 12x_2,$$

因此目标函数为
$$\min f = 40x_1 + 36x_2,$$
约束条件为
$$8 \times 25 \times x_1 + 8 \times 15 \times x_2 \geqslant 1\,800,$$
即
$$\begin{cases} 5x_1 + 3x_2 \geqslant 45, \\ x_1 \leqslant 9, x_2 \leqslant 15, \\ x_1 \geqslant 0, x_2 \geqslant 0. \end{cases}$$

利用图解法,约束条件下的可行域见图 6.2.5. 目标函数的等值线向左下方移动时,其值减小. 在到达 A 点时,f 取得最小值. 这就是说,当 $x_1 = 9, x_2 = 0$,即工厂需要聘 9 名一级检验员时,总检验费用最省.

对于一般的线性规划问题的数学模型为
$$\max(\min)f = c_1x_1 + c_2x_2 + \cdots + c_nx_n,$$
约束条件为
$$\begin{cases} a_{11}x_1 + a_{12}x_2 + \cdots + a_{1n}x_n \leqslant (=, \geqslant)b_1, \\ a_{21}x_1 + a_{22}x_2 + \cdots + a_{2n}x_n \leqslant (=, \geqslant)b_2, \\ \qquad\vdots \\ a_{m1}x_1 + a_{m2}x_2 + \cdots + a_{mn}x_n \leqslant (=, \geqslant)b_m, \\ x_1 \geqslant 0, x_2 \geqslant 0, \cdots, x_n \geqslant 0, \end{cases}$$
其解法可用数学软件(例如 Lingo)来完成.

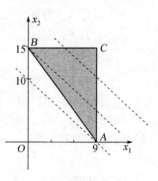

图 6.2.5

例 6.2.5 暑期即将到来,小王同学准备从徐州乘火车到南京、上海、苏州、无锡四个城市去旅游,且每个城市仅去一次,再回到徐州,问如何安排旅游线路可使总旅程最短?已知各城市之间的距离如表 6.2.1 所示(单位:km):

表 6.2.1

	徐州	南京	苏州	无锡	上海
徐州	0	340	520	480	600
南京	340	0	220	190	300
苏州	520	220	0	40	100
无锡	480	190	40	0	130
上海	600	300	100	130	0

解 为了方便解题,给上面五个城市进行编号,如表 6.2.2 所示(因为徐州是起点,将其标为 1):

表 6.2.2

徐州	南京	苏州	无锡	上海
1	2	3	4	5

设变量 x_{ij}. 如果 $x_{ij}=1$,则表示城市 i 与城市 j 直接相连(即先后紧接到达关系);否则,$x_{ij}=0$,表示城市 i 与城市 j 不相连.

注:x_{ij} 和 x_{ji} 是同一变量,都表示城市 i 与城市 j 是否有相连的关系.这里取其中 $x_{ij}(i<j)$ 的变量.

目标函数为
$$\min f = 340x_{12}+520x_{13}+480x_{14}+600x_{15}+220x_{23}+190x_{24}+300x_{25}$$
$$+40x_{34}+100x_{35}+130x_{45}.$$

约束条件:城市 1(徐州)有且仅有一个进入路线和一个出去路线,所以和它连接的路线条数为 2,即
$$x_{12}+x_{13}+x_{14}+x_{15}=2.$$

同理可得
$$\begin{cases} x_{12}+x_{23}+x_{24}+x_{25}=2, \\ x_{13}+x_{23}+x_{34}+x_{35}=2, \\ x_{14}+x_{24}+x_{34}+x_{45}=2, \\ x_{15}+x_{25}+x_{35}+x_{45}=2, \end{cases}$$

其中,$x_{ij}=1$ 或 0.

利用数学软件 Lingo 求解得到旅程最短的距离是 1 260,其中
$$x_{12}=1, \quad x_{13}=0, \quad x_{14}=1, \quad x_{15}=0, \quad x_{23}=x_{24}=0,$$
$$x_{25}=1, \quad x_{34}=x_{35}=1, \quad x_{45}=0.$$

形成的路线圈是

徐州(1)— 南京(2)— 上海(5)— 苏州(3)— 无锡(4)— 徐州(1),

所以最短旅程的旅游线路为

徐州 → 南京 → 上海 → 苏州 → 无锡 → 徐州,

或

徐州 → 无锡 → 苏州 → 上海 → 南京 → 徐州,

总旅程为 1 260 km.

附录 Ⅰ   初等数学中的常用公式

一、代数

1. 乘法和因式分解

(1) $(a \pm b)^2 = a^2 \pm 2ab + b^2$.

(2) $(a \pm b)^3 = a^3 \pm 3a^2b + 3ab^2 \pm b^3$.

(3) $a^2 - b^2 = (a+b)(a-b)$.

(4) $a^3 \pm b^3 = (a \pm b)(a^2 \mp ab + b^2)$.

2. 阶乘和数列求和

(1) $n! = 1 \cdot 2 \cdot 3 \cdots (n-1) \cdot n$（$n$ 为正整数），并规定 $0! = 1$.

(2) $1 + 2 + 3 + \cdots + (n-1) + n = \dfrac{n(n+1)}{2}$.

(3) $1^2 + 2^2 + 3^2 + \cdots + (n-1)^2 + n^2 = \dfrac{n(n+1)(2n+1)}{6}$.

(4) $(a+d) + (a+2d) + \cdots + (a+nd) = na + \dfrac{n(n+1)}{2}d$.

(5) $a + aq + aq^2 + \cdots + aq^{n-1} = a\dfrac{1-q^n}{1-q}$ （$q \neq 1$）.

3. 指数运算

(1) $a^m a^n = a^{m+n}$;　　　(2) $\dfrac{a^m}{a^n} = a^{m-n}$;　　　(3) $(a^m)^n = a^{mn}$

(4) $\left(\dfrac{a}{b}\right)^m = \dfrac{a^m}{b^m}$;　　　(5) $(ab)^m = a^m \cdot b^m$.

这里 a, b 是正实数，m, n 是任意实数.

4. 对数

(1) 恒等式

$\quad a^{\log_a N} = N$ （$a > 0, a \neq 1$）.

(2) 运算

① $\log_a(M \cdot N) = \log_a M + \log_a N$;

② $\log_a \dfrac{M}{N} = \log_a M - \log_a N$;

③ $\log_a M^n = n\log_a M$.

(3) 换底公式

$$\log_a M = \frac{\log_b M}{\log_b a} \quad (b>0, b\neq 1).$$

5. 绝对值

(1) $|a| = \begin{cases} a, & a\geqslant 0, \\ -a, & a<0, \end{cases}$ 由此可知 $|a|=\sqrt{a^2}$;

(2) $|ab|=|a|\cdot|b|$, $\left|\dfrac{a}{b}\right|=\dfrac{|a|}{|b|}(b\neq 0)$.

二、几何

1. 平面图形的基本公式

(1) 梯形面积 $S=\dfrac{1}{2}(a+b)h$ （a,b 为二底，h 为高）.

(2) 圆面积 $S=\pi R^2$,圆周长 $L=2\pi R$ （R 是圆半径）.

(3) 圆扇形面积 $S=\dfrac{1}{2}R^2\theta$,圆扇形弧长 $L=R\theta$ （R 是圆半径；θ 是圆心角,单位为弧度）.

2. 立体图形的基本公式

(1) 圆柱体体积 $V=\pi R^2 H$,侧面积 $S=2\pi RH$ （R 是底半径,H 是高）.

(2) 正圆锥体体积 $V=\dfrac{1}{3}\pi R^2 H$,侧面积 $S=\pi Rl$ （$l=\sqrt{R^2+H^2}$,为斜高）.

(3) 棱柱体体积 $V=SH$ （S 为底面积,H 为高）.

(4) 球体积 $V=\dfrac{4}{3}\pi R^3$ （R 为球半径）.

(5) 球面积 $S=4\pi R^2$ （R 为球半径）.

三、三角

1. 基本公式

(1) $\sin^2\alpha+\cos^2\alpha=1$;   (2) $1+\tan^2\alpha=\sec^2\alpha$;   (3) $1+\cot^2\alpha=\csc^2\alpha$;

(4) $\dfrac{\sin\alpha}{\cos\alpha}=\tan\alpha$;   (5) $\dfrac{\cos\alpha}{\sin\alpha}=\cot\alpha$;   (6) $\cot\alpha=\dfrac{1}{\tan\alpha}$;

(7) $\csc\alpha=\dfrac{1}{\sin\alpha}$;   (8) $\sec\alpha=\dfrac{1}{\cos\alpha}$.

2. 和差公式

(1) $\sin(\alpha\pm\beta)=\sin\alpha\cos\beta\pm\cos\alpha\sin\beta$.

(2) $\cos(\alpha\pm\beta)=\cos\alpha\cos\beta\mp\sin\alpha\sin\beta$.

(3) $\tan(\alpha\pm\beta)=\dfrac{\tan\alpha\pm\tan\beta}{1\mp\tan\alpha\tan\beta}$.

(4) $\cot(\alpha \pm \beta) = \dfrac{\cot\alpha\cot\beta \mp 1}{\cot\beta \pm \cot\alpha}$.

3. 倍角和半角公式

(1) $\sin 2\alpha = 2\sin\alpha\cos\alpha$.

(2) $\cos 2\alpha = \cos^2\alpha - \sin^2\alpha = 1 - 2\sin^2\alpha = 2\cos^2\alpha - 1$.

(3) $\tan 2\alpha = \dfrac{2\tan\alpha}{1 - \tan^2\alpha}$.

(4) $\cot 2\alpha = \dfrac{\cot^2\alpha - 1}{2\cot\alpha}$.

(5) $\sin\dfrac{\alpha}{2} = \pm\sqrt{\dfrac{1 - \cos\alpha}{2}}$.

(6) $\cos\dfrac{\alpha}{2} = \pm\sqrt{\dfrac{1 + \cos\alpha}{2}}$.

(7) $\tan\dfrac{\alpha}{2} = \pm\sqrt{\dfrac{1 - \cos\alpha}{1 + \cos\alpha}} = \dfrac{1 - \cos\alpha}{\sin\alpha} = \dfrac{\sin\alpha}{1 + \cos\alpha}$.

(8) $\cot\dfrac{\alpha}{2} = \pm\sqrt{\dfrac{1 + \cos\alpha}{1 - \cos\alpha}} = \dfrac{\sin\alpha}{1 - \cos\alpha} = \dfrac{1 + \cos\alpha}{\sin\alpha}$.

4. 和差化积公式

(1) $\sin A + \sin B = 2\sin\dfrac{A + B}{2}\cos\dfrac{A - B}{2}$.

(2) $\sin A - \sin B = 2\cos\dfrac{A + B}{2}\sin\dfrac{A - B}{2}$.

(3) $\cos A + \cos B = 2\cos\dfrac{A + B}{2}\cos\dfrac{A - B}{2}$.

(4) $\cos A - \cos B = -2\sin\dfrac{A + B}{2}\sin\dfrac{A - B}{2}$.

5. 积化和差公式

(1) $\cos A\cos B = \dfrac{1}{2}\left[\cos(A - B) + \cos(A + B)\right]$.

(2) $\sin A\sin B = \dfrac{1}{2}\left[\cos(A - B) - \cos(A + B)\right]$.

(3) $\sin A\cos B = \dfrac{1}{2}\left[\sin(A - B) + \sin(A + B)\right]$.

6. 三角形边角关系和三角形面积

设 A, B, C 为三角形 ABC 的三个内角，a, b, c 分别是它们所对的边.

（1）正弦定理

$$\dfrac{a}{\sin A} = \dfrac{b}{\sin B} = \dfrac{c}{\sin C} = 2R \quad (R\ \text{为三角形}\ ABC\ \text{外接圆的半径}).$$

(2) 余弦定理

$$a^2 = b^2 + c^2 - 2bc\cos A, \quad b^2 = c^2 + a^2 - 2ca\cos B,$$
$$c^2 = a^2 + b^2 - 2ab\cos C.$$

(3) 三角形面积

$$S = \frac{1}{2}ab\sin C,$$

$$S = \sqrt{l(l-a)(l-b)(l-c)}, \quad \text{其中 } l = \frac{1}{2}(a+b+c).$$

7. 角的度量

$$1° = \frac{\pi}{180}\mathrm{rad} = 0.017\ 453\ 3\cdots\mathrm{rad}, \quad 1\ \mathrm{rad} = \frac{180°}{\pi} = 57.295\ 78\cdots°,$$

$$\pi = 3.141\ 592\ 6\cdots.$$

附录 Ⅱ 积分表

(一) 含有 $ax+b$ 的积分

1. $\displaystyle\int \frac{\mathrm{d}x}{ax+b} = \frac{1}{a}\ln|ax+b|+C.$

2. $\displaystyle\int (ax+b)^{\mu}\mathrm{d}x = \frac{1}{a(\mu+1)}(ax+b)^{\mu+1}+C \quad (\mu\neq-1).$

3. $\displaystyle\int \frac{\mathrm{d}x}{x(ax+b)} = -\frac{1}{b}\ln\left|\frac{ax+b}{x}\right|+C.$

4. $\displaystyle\int \frac{\mathrm{d}x}{x^2(ax+b)} = -\frac{1}{bx}+\frac{a}{b^2}\ln\left|\frac{ax+b}{x}\right|+C.$

5. $\displaystyle\int \frac{x}{(ax+b)^2}\mathrm{d}x = \frac{1}{a^2}\left(\ln|ax+b|+\frac{b}{ax+b}\right)+C.$

6. $\displaystyle\int \frac{\mathrm{d}x}{x(ax+b)^2} = \frac{1}{b(ax+b)}-\frac{1}{b^2}\ln\left|\frac{ax+b}{x}\right|+C.$

(二) 含有 $\sqrt{ax+b}$ 的积分

7. $\displaystyle\int \sqrt{ax+b}\,\mathrm{d}x = \frac{2}{3a}\sqrt{(ax+b)^3}+C.$

8. $\displaystyle\int x\sqrt{ax+b}\,\mathrm{d}x = \frac{2}{15a^2}(3ax-2b)\sqrt{(ax+b)^3}+C.$

9. $\displaystyle\int \frac{x}{\sqrt{ax+b}}\,\mathrm{d}x = \frac{2}{3a^2}(ax-2b)\sqrt{ax+b}+C.$

10. $\displaystyle\int \frac{1}{x\sqrt{ax+b}}\,\mathrm{d}x = \begin{cases} \dfrac{1}{\sqrt{b}}\ln\left|\dfrac{\sqrt{ax+b}-\sqrt{b}}{\sqrt{ax+b}+\sqrt{b}}\right|+C & (b>0), \\[3mm] \dfrac{2}{\sqrt{-b}}\arctan\sqrt{\dfrac{ax+b}{-b}}+C & (b<0). \end{cases}$

11. $\displaystyle\int \frac{\sqrt{ax+b}}{x}\,\mathrm{d}x = 2\sqrt{ax+b}+b\int \frac{\mathrm{d}x}{x\sqrt{ax+b}}.$

(三) 含有 $x^2\pm a^2$ 的积分

12. $\displaystyle\int \frac{\mathrm{d}x}{x^2+a^2} = \frac{1}{a}\arctan\frac{x}{a}+C.$

13. $\displaystyle\int \frac{\mathrm{d}x}{(x^2+a^2)^n} = \frac{x}{2(n-1)a^2(x^2+a^2)^{n-1}} + \frac{2n-3}{2(n-1)a^2}\int \frac{\mathrm{d}x}{(x^2+a^2)^{n-1}}.$

14. $\displaystyle\int \frac{\mathrm{d}x}{x^2-a^2} = \frac{1}{2a}\ln\left|\frac{x-a}{x+a}\right| + C.$

（四）含有 $ax^2+b\,(a>0)$ 的积分

15. $\displaystyle\int \frac{\mathrm{d}x}{ax^2+b} = \begin{cases} \dfrac{1}{\sqrt{ab}}\arctan\sqrt{\dfrac{a}{b}}\,x + C & (b>0),\\[4mm] \dfrac{1}{2\sqrt{-ab}}\ln\left|\dfrac{\sqrt{a}\,x-\sqrt{-b}}{\sqrt{a}\,x+\sqrt{-b}}\right| + C & (b<0). \end{cases}$

16. $\displaystyle\int \frac{x}{ax^2+b}\mathrm{d}x = \frac{1}{2a}\ln|ax^2+b| + C.$

17. $\displaystyle\int \frac{\mathrm{d}x}{x(ax^2+b)} = \frac{1}{2b}\ln\frac{x^2}{|ax^2+b|} + C.$

18. $\displaystyle\int \frac{\mathrm{d}x}{x^2(ax^2+b)} = -\frac{1}{bx} - \frac{a}{b}\int \frac{\mathrm{d}x}{ax^2+b}.$

19. $\displaystyle\int \frac{\mathrm{d}x}{(ax^2+b)^2} = \frac{x}{2b(ax^2+b)} + \frac{1}{2b}\int \frac{\mathrm{d}x}{ax^2+b}.$

（五）含有 $\sqrt{x^2+a^2}\,(a>0)$ 的积分

20. $\displaystyle\int \frac{\mathrm{d}x}{\sqrt{x^2+a^2}} = \operatorname{arsh}\frac{x}{a} + C_1 = \ln(x+\sqrt{x^2+a^2}) + C.$

21. $\displaystyle\int \frac{x}{\sqrt{x^2+a^2}}\mathrm{d}x = \sqrt{x^2+a^2} + C.$

22. $\displaystyle\int \frac{\mathrm{d}x}{x\sqrt{x^2+a^2}} = \frac{1}{a}\ln\frac{\sqrt{x^2+a^2}-a}{|x|} + C.$

23. $\displaystyle\int \sqrt{x^2+a^2}\,\mathrm{d}x = \frac{x}{2}\sqrt{x^2+a^2} + \frac{a^2}{2}\ln(x+\sqrt{x^2+a^2}) + C.$

24. $\displaystyle\int x\sqrt{x^2+a^2}\,\mathrm{d}x = \frac{1}{3}\sqrt{(x^2+a^2)^3} + C.$

25. $\displaystyle\int \frac{\sqrt{x^2+a^2}}{x}\mathrm{d}x = \sqrt{x^2+a^2} + a\ln\frac{\sqrt{x^2+a^2}-a}{|x|} + C.$

（六）含有 $\sqrt{x^2-a^2}\,(a>0)$ 的积分

26. $\displaystyle\int \frac{\mathrm{d}x}{\sqrt{x^2-a^2}} = \frac{x}{|x|}\operatorname{arch}\frac{|x|}{a} + C_1 = \ln|x+\sqrt{x^2-a^2}| + C.$

27. $\int \dfrac{x}{\sqrt{x^2-a^2}}\mathrm{d}x = \sqrt{x^2-a^2}+C.$

28. $\int \dfrac{\mathrm{d}x}{x\sqrt{x^2-a^2}} = \dfrac{1}{a}\arccos\dfrac{a}{|x|}+C.$

29. $\int \sqrt{x^2-a^2}\,\mathrm{d}x = \dfrac{x}{2}\sqrt{x^2-a^2}-\dfrac{a^2}{2}\ln|x+\sqrt{x^2-a^2}|+C.$

30. $\int x\sqrt{x^2-a^2}\,\mathrm{d}x = \dfrac{1}{3}\sqrt{(x^2-a^2)^3}+C.$

31. $\int \dfrac{\sqrt{x^2-a^2}}{x}\mathrm{d}x = \sqrt{x^2-a^2}-a\arccos\dfrac{a}{|x|}+C.$

（七）含有 $\sqrt{a^2-x^2}\,(a>0)$ 的积分

32. $\int \dfrac{\mathrm{d}x}{\sqrt{a^2-x^2}} = \arcsin\dfrac{x}{a}+C.$

33. $\int \dfrac{x}{\sqrt{a^2-x^2}}\mathrm{d}x = -\sqrt{a^2-x^2}+C.$

34. $\int \dfrac{\mathrm{d}x}{x\sqrt{a^2-x^2}} = \dfrac{1}{a}\ln\dfrac{a-\sqrt{a^2-x^2}}{|x|}+C.$

35. $\int \sqrt{a^2-x^2}\,\mathrm{d}x = \dfrac{x}{2}\sqrt{a^2-x^2}+\dfrac{a^2}{2}\arcsin\dfrac{x}{a}+C.$

36. $\int x\sqrt{a^2-x^2}\,\mathrm{d}x = -\dfrac{1}{3}\sqrt{(a^2-x^2)^3}+C.$

37. $\int \dfrac{\sqrt{a^2-x^2}}{x}\mathrm{d}x = \sqrt{a^2-x^2}+a\ln\dfrac{a-\sqrt{a^2-x^2}}{|x|}+C.$

（八）含有 $\sqrt{\pm\dfrac{x-a}{x-b}}$ 或 $\sqrt{(x-a)(b-x)}$ 的积分

38. $\int \sqrt{\dfrac{x-a}{x-b}}\,\mathrm{d}x = (x-b)\sqrt{\dfrac{x-a}{x-b}}+(b-a)\ln(\sqrt{|x-a|}+\sqrt{|x-b|})+C.$

39. $\int \sqrt{\dfrac{x-a}{b-x}}\,\mathrm{d}x = (x-b)\sqrt{\dfrac{x-a}{b-x}}+(b-a)\arcsin\sqrt{\dfrac{x-a}{b-a}}+C.$

40. $\int \dfrac{\mathrm{d}x}{\sqrt{(x-a)(b-x)}} = 2\arcsin\sqrt{\dfrac{x-a}{b-a}}+C \quad (a<b).$

41. $\int \sqrt{(x-a)(b-x)}\,\mathrm{d}x = \dfrac{2x-a-b}{4}\sqrt{(x-a)(b-x)}$

$$+\dfrac{(b-a)^2}{4}\arcsin\sqrt{\dfrac{x-a}{b-a}}+C \quad (a<b).$$

（九）含有三角函数的积分

42. $\int \sin x \, \mathrm{d}x = -\cos x + C.$

43. $\int \cos x \, \mathrm{d}x = \sin x + C.$

44. $\int \tan x \, \mathrm{d}x = -\ln |\cos x| + C.$

45. $\int \cot x \, \mathrm{d}x = \ln |\sin x| + C.$

46. $\int \sec x \, \mathrm{d}x = \ln |\sec x + \tan x| + C.$

47. $\int \csc x \, \mathrm{d}x = \ln |\csc x - \cot x| + C.$

48. $\int \sec^2 x \, \mathrm{d}x = \tan x + C.$

49. $\int \csc^2 x \, \mathrm{d}x = -\cot x + C.$

50. $\int \sec x \tan x \, \mathrm{d}x = \sec x + C.$

51. $\int \csc x \cot x \, \mathrm{d}x = -\csc x + C.$

52. $\int \sin^2 x \, \mathrm{d}x = \dfrac{x}{2} - \dfrac{1}{4}\sin 2x + C.$

53. $\int \cos^2 x \, \mathrm{d}x = \dfrac{x}{2} + \dfrac{1}{4}\sin 2x + C.$

54. $\int \sin^n x \, \mathrm{d}x = -\dfrac{1}{n}\sin^{n-1} x \cos x + \dfrac{n-1}{n}\int \sin^{n-2} x \, \mathrm{d}x.$

55. $\int \cos^n x \, \mathrm{d}x = \dfrac{1}{n}\cos^{n-1} x \sin x + \dfrac{n-1}{n}\int \cos^{n-2} x \, \mathrm{d}x.$

56. $\int \dfrac{\mathrm{d}x}{\sin^n x} = -\dfrac{1}{n-1} \cdot \dfrac{\cos x}{\sin^{n-1} x} + \dfrac{n-2}{n-1}\int \dfrac{\mathrm{d}x}{\sin^{n-2} x}.$

57. $\int \dfrac{\mathrm{d}x}{\cos^n x} = \dfrac{1}{n-1} \cdot \dfrac{\sin x}{\cos^{n-1} x} + \dfrac{n-2}{n-1}\int \dfrac{\mathrm{d}x}{\cos^{n-2} x}.$

58. $\int \cos^m x \sin^n x \, \mathrm{d}x = \dfrac{1}{m+n}\cos^{m-1} x \sin^{n+1} x + \dfrac{m-1}{m+n}\int \cos^{m-2} x \sin^n x \, \mathrm{d}x$

$\qquad = -\dfrac{1}{m+n}\cos^{m+1} x \sin^{n-1} x + \dfrac{n-1}{m+n}\int \cos^m x \sin^{n-2} x \, \mathrm{d}x.$

59. $\int \sin ax \cos bx \, \mathrm{d}x = -\dfrac{1}{2(a+b)}\cos(a+b)x - \dfrac{1}{2(a-b)}\cos(a-b)x + C.$

60. $\displaystyle\int \sin ax \sin bx\, \mathrm{d}x = -\frac{1}{2(a+b)}\sin(a+b)x + \frac{1}{2(a-b)}\sin(a-b)x + C.$

61. $\displaystyle\int \cos ax \cos bx\, \mathrm{d}x = \frac{1}{2(a+b)}\sin(a+b)x + \frac{1}{2(a-b)}\sin(a-b)x + C.$

62. $\displaystyle\int \frac{\mathrm{d}x}{a+b\sin x} = \frac{2}{\sqrt{a^2-b^2}}\arctan\frac{a\tan\frac{x}{2}+b}{\sqrt{a^2-b^2}} + C \quad (a^2 > b^2).$

63. $\displaystyle\int \frac{\mathrm{d}x}{a+b\sin x} = \frac{1}{\sqrt{b^2-a^2}}\ln\left|\frac{a\tan\frac{x}{2}+b-\sqrt{b^2-a^2}}{a\tan\frac{x}{2}+b+\sqrt{b^2-a^2}}\right| + C \quad (a^2 < b^2).$

64. $\displaystyle\int \frac{\mathrm{d}x}{a+b\cos x} = \frac{2}{a+b}\sqrt{\frac{a+b}{a-b}}\arctan\left(\sqrt{\frac{a-b}{a+b}}\tan\frac{x}{2}\right) + C \quad (a^2 > b^2).$

65. $\displaystyle\int \frac{\mathrm{d}x}{a+b\cos x} = \frac{1}{a+b}\sqrt{\frac{a+b}{b-a}}\ln\left|\frac{\tan\frac{x}{2}+\sqrt{\frac{a+b}{b-a}}}{\tan\frac{x}{2}-\sqrt{\frac{a+b}{b-a}}}\right| + C \quad (a^2 < b^2).$

66. $\displaystyle\int \frac{\mathrm{d}x}{a^2\cos^2 x + b^2\sin^2 x} = \frac{1}{ab}\arctan\left(\frac{b}{a}\tan x\right) + C.$

67. $\displaystyle\int \frac{\mathrm{d}x}{a^2\cos^2 x - b^2\sin^2 x} = \frac{1}{2ab}\ln\left|\frac{b\tan x + a}{b\tan x - a}\right| + C.$

68. $\displaystyle\int x\sin ax\, \mathrm{d}x = \frac{1}{a^2}\sin ax - \frac{1}{a}x\cos ax + C.$

69. $\displaystyle\int x^2\sin ax\, \mathrm{d}x = -\frac{1}{a}x^2\cos ax + \frac{2}{a^2}x\sin ax + \frac{2}{a^3}\cos ax + C.$

70. $\displaystyle\int x\cos ax\, \mathrm{d}x = \frac{1}{a^2}\cos ax + \frac{1}{a}x\sin ax + C.$

71. $\displaystyle\int x^2\cos ax\, \mathrm{d}x = \frac{1}{a}x^2\sin ax + \frac{2}{a^2}x\cos ax - \frac{2}{a^3}\sin ax + C.$

（十）含有反三角函数的积分（其中 $a > 0$）

72. $\displaystyle\int \arcsin\frac{x}{a}\, \mathrm{d}x = x\arcsin\frac{x}{a} + \sqrt{a^2 - x^2} + C.$

73. $\displaystyle\int x\arcsin\frac{x}{a}\, \mathrm{d}x = \left(\frac{x^2}{2} - \frac{a^2}{4}\right)\arcsin\frac{x}{a} + \frac{x}{4}\sqrt{a^2 - x^2} + C.$

74. $\displaystyle\int \arccos\frac{x}{a}\, \mathrm{d}x = x\arccos\frac{x}{a} - \sqrt{a^2 - x^2} + C.$

75. $\displaystyle\int x\arccos\frac{x}{a}\, \mathrm{d}x = \left(\frac{x^2}{2} - \frac{a^2}{4}\right)\arccos\frac{x}{a} - \frac{x}{4}\sqrt{a^2 - x^2} + C.$

76. $\int \arctan \dfrac{x}{a} \mathrm{d}x = x \arctan \dfrac{x}{a} - \dfrac{a}{2} \ln(a^2 + x^2) + C.$

77. $\int x \arctan \dfrac{x}{a} \mathrm{d}x = \dfrac{1}{2}(a^2 + x^2) \arctan \dfrac{x}{a} - \dfrac{a}{2}x + C.$

(十一) 含有指数函数的积分

78. $\int a^x \mathrm{d}x = \dfrac{1}{\ln a} a^x + C.$

79. $\int \mathrm{e}^{ax} \mathrm{d}x = \dfrac{1}{a} \mathrm{e}^{ax} + C.$

80. $\int x \mathrm{e}^{ax} \mathrm{d}x = \dfrac{1}{a^2}(ax - 1) \mathrm{e}^{ax} + C.$

81. $\int x^n \mathrm{e}^{ax} \mathrm{d}x = \dfrac{1}{a} x^n \mathrm{e}^{ax} - \dfrac{n}{a} \int x^{n-1} \mathrm{e}^{ax} \mathrm{d}x.$

82. $\int x a^x \mathrm{d}x = \dfrac{x}{\ln a} a^x - \dfrac{1}{(\ln a)^2} a^x + C.$

83. $\int x^n a^x \mathrm{d}x = \dfrac{1}{\ln a} x^n a^x - \dfrac{n}{\ln a} \int x^{n-1} a^x \mathrm{d}x.$

84. $\int \mathrm{e}^{ax} \sin bx \, \mathrm{d}x = \dfrac{1}{a^2 + b^2} \mathrm{e}^{ax}(a \sin bx - b \cos bx) + C.$

85. $\int \mathrm{e}^{ax} \cos bx \, \mathrm{d}x = \dfrac{1}{a^2 + b^2} \mathrm{e}^{ax}(b \sin bx + a \cos bx) + C.$

86. $\int \mathrm{e}^{ax} \sin^n bx \, \mathrm{d}x = \dfrac{1}{a^2 + b^2 n^2} \mathrm{e}^{ax} \sin^{n-1} bx (a \sin bx - nb \cos bx)$
$$+ \dfrac{n(n-1)b^2}{a^2 + b^2 n^2} \int \mathrm{e}^{ax} \sin^{n-2} bx \, \mathrm{d}x.$$

87. $\int \mathrm{e}^{ax} \cos^n bx \, \mathrm{d}x = \dfrac{1}{a^2 + b^2 n^2} \mathrm{e}^{ax} \cos^{n-1} bx (a \cos bx + nb \sin bx)$
$$+ \dfrac{n(n-1)b^2}{a^2 + b^2 n^2} \int \mathrm{e}^{ax} \cos^{n-2} bx \, \mathrm{d}x.$$

(十二) 含有对数函数的积分

88. $\int \ln x \, \mathrm{d}x = x \ln x - x + C.$

89. $\int \dfrac{\mathrm{d}x}{x \ln x} = \ln |\ln x| + C.$

90. $\int x^n \ln x \, \mathrm{d}x = \dfrac{1}{n+1} x^{n+1} \left(\ln x - \dfrac{1}{n+1} \right) + C.$

91. $\int x^m (\ln x)^n \mathrm{d}x = \dfrac{1}{m+1} x^{m+1} (\ln x)^n - \dfrac{n}{m+1} \int x^m (\ln x)^{n-1} \mathrm{d}x.$

(十三) 含有双曲函数的积分

92. $\int \operatorname{sh}x\,\mathrm{d}x = \operatorname{ch}x + C.$

93. $\int \operatorname{ch}x\,\mathrm{d}x = \operatorname{sh}x + C.$

94. $\int \operatorname{th}x\,\mathrm{d}x = \ln\operatorname{ch}x + C.$

95. $\int \operatorname{sh}^2 x\,\mathrm{d}x = -\dfrac{x}{2} + \dfrac{1}{4}\operatorname{sh}2x + C.$

96. $\int \operatorname{ch}^2 x\,\mathrm{d}x = \dfrac{x}{2} + \dfrac{1}{4}\operatorname{sh}2x + C.$

(十四) 定积分

97. $\displaystyle\int_{-\pi}^{\pi} \cos nx\,\mathrm{d}x = \int_{-\pi}^{\pi} \sin nx\,\mathrm{d}x = 0.$

98. $\displaystyle\int_{-\pi}^{\pi} \cos mx \sin nx\,\mathrm{d}x = 0.$

99. $\displaystyle\int_{-\pi}^{\pi} \cos mx \cos nx\,\mathrm{d}x = \begin{cases} 0 & (m \neq n); \\ \pi & (m = n). \end{cases}$

100. $\displaystyle\int_{-\pi}^{\pi} \sin mx \sin nx\,\mathrm{d}x = \begin{cases} 0 & (m \neq n); \\ \pi & (m = n). \end{cases}$

101. $I_n = \displaystyle\int_0^{\frac{\pi}{2}} \sin^n x\,\mathrm{d}x = \int_0^{\frac{\pi}{2}} \cos^n x\,\mathrm{d}x = \dfrac{n-1}{n} I_{n-2}$

$$= \begin{cases} \dfrac{(n-1)!!}{n!!}\,(n\text{ 为大于 }1\text{ 的正奇数}) \quad (I_1 = 1); \\[3mm] \dfrac{(n-1)!!}{n!!} \cdot \dfrac{\pi}{2}\,(n\text{ 为正偶数}) \qquad \left(I_0 = \dfrac{\pi}{2}\right). \end{cases}$$

参考答案

1　函数与极限

习题 1.1

1. (1) $(-\infty,1)\bigcup(1,2)\bigcup(2,+\infty)$　(2) $(-\infty,-1)\bigcup\left(-1,\dfrac{5}{2}\right)$　2. $\dfrac{1}{9},2,3$　3. $f(0)=$
$1,f(x+h)=\dfrac{1}{1-x-h},f\left(\dfrac{1}{x}\right)=\dfrac{x}{x-1}\,(x\neq0,x\neq1)$　4. (1) 非奇非偶　(2) 奇　(3) 偶
(4) 奇　5. (1) $y=\cos u,u=7x$　(2) $y=u^{-\frac{1}{3}},u=x+1$　(3) $y=\mathrm{e}^u,u=-v^{\frac{1}{2}},v=x+1$
(4) $y=\ln u,u=\tan v,v=3x$　6. 事件(1)与图 1.1.3 对
应;事件(2)与图 1.1.4 对应;事件(3)与图 1.1.6 对应;事件
(4) 对应的图形如右图所示

7. (1) $y=\begin{cases}0, & 0\leqslant x\leqslant 3\,500;\\ 0.03x-105, & 3\,500<x\leqslant 5\,000;\\ 0.1x-455, & 5\,000<x\leqslant 8\,000\end{cases}$

(2) 9 元,145 元

习题 1.2

1. $\lim\limits_{x\to1}f(x)=3$ 的含义是当 x 无限趋近 1 时,$f(x)$ 无限趋近于 3. 若 $f(1)=2$,上式仍可能成立,
这是因为 $\lim\limits_{x\to1}f(x)=3$ 与 $f(x)$ 在 $x=1$ 点有没有定义及函数值是多少无关　2. (1) $\lim\limits_{x\to0}f(x)=$
-1　(2) $\lim\limits_{x\to2^-}f(x)=1.5$　(3) $\lim\limits_{x\to2^+}f(x)=2$　(4) $\lim\limits_{x\to2}f(x)$ 不存在,因为 $f(2^-)\neq f(2^+)$
3. (1) 1　(2) 0　(3) 不存在　(4) 不存在　4. (1) 0　(2) 1　5. (1) 水平渐近线 $y=$
$\pm\dfrac{\pi}{2}$　(2) 水平渐近线 $y=0$　(3) 水平渐近线 $y=1$,垂直渐近线 $x=0$　(4) 无水平渐近线或
垂直渐近线　6. (1) $f(0^-)=-2,f(0^+)=2$　(2) 不存在

习题 1.3

1. (1) $\checkmark$　(2) $\times$　(3) $\checkmark$　(4) $\times$　2. (1) $\times$　(2) $\times$　(3) $\times$　3. 略　4. (1) $x\to-1,$

$x \to \infty$ (2) $x \to \infty, x \to 1$ (3) $x \to 0^-, x \to 0^+$ 5. (1) 1 (2) $\dfrac{2}{3}$ (3) ∞ (4) $\dfrac{8}{27}$

6. (1) 3 (2) $\dfrac{3}{14}$ (3) $\dfrac{1}{4}$ (4) $2x$ (5) -1 (6) 1

习题 1.4

1. (1) 3 (2) 1 (3) 1 (4) 3 (5) e^{-2} (6) e^3 (7) e^2 2. 同阶且等价 *3. (1) 高阶 (2) 同阶 (3) 高阶

习题 1.5

1. (1) 连续区间为 $(-\infty, -3) \bigcup (-3, +\infty)$; $x = -3$ 为第二类间断点,因为 $\lim\limits_{x \to 3}\dfrac{1}{x+3} = \infty$, $x = -3$ 也称为无穷间断点 (2) 连续区间为 $(-\infty, -2) \bigcup (-2, -1) \bigcup (-1, +\infty)$; $x = -1$ 为可去间断点, $x = -2$ 为无穷间断点 (3) 连续区间为 $(-\infty, 0) \bigcup (0, +\infty)$; $x = 0$ 为可去间断点 (4) 连续区间为 $(-\infty, -1) \bigcup (-1, 1) \bigcup (1, +\infty)$; $x = \pm 1$ 为无穷间断点

2. (1) $a = 1$ (2) $1 + e^{-1}, 2$ 3. (1) -6 (2) $-\dfrac{1}{2}$ (3) 2 (4) $\dfrac{1}{6}$ 4. 略

复习题一

A

一、1. $[-4, 1)$ 2. $(0, 16]$ 3. $1, 1$ 4. $f(x) = 2 - x^2, x \in [-1, 1]$ 5. $y = e^u, u = \cos v$, $v = 1 + x^2$ 6. 1 7. $\dfrac{1}{\sqrt{e}}$ 8. 4 9. $x = 0, x = 2$ 10. $[-3, -2) \bigcup (-2, 3) \bigcup (3, +\infty)$

二、1. A 2. D 3. C 4. C 5. D 6. C 7. B 8. A 9. A 10. C 三、1. √ 2. × 3. × 4. × 5. √ 6. × 7. √ 8. √ 9. √ 10. × 四、1. -2 2. $\dfrac{2}{3}$

3. $\dfrac{1}{2}$ 4. 0 5. -3 6. $\dfrac{\alpha}{\beta}$ 7. $\dfrac{1}{4}$ 8. $e^{-\frac{1}{2}}$ 9. $\left(\dfrac{2}{3}\right)^5$ 10. 2

五、提示:证 $\lim\limits_{x \to 0}\dfrac{\frac{1}{1-x} - 1 - x}{x^2} = 1$ 六、(1) 略 (2) $f(1^-) = f(1^+) = f(1) = 2$,故在 $x = 1$ 点连续; $f(-1^-) = 1, f(-1^+) = 2 \neq f(-1^-)$,故 $x = -1$ 为间断点 七、略

B

一、1. $\dfrac{3}{4}$ 2. 1 3. 1 4. 0 5. $-\dfrac{\sqrt{2}}{4}$ 6. 3 7. $\dfrac{1}{3}$ 8. 0 二、(1) $f(1^-) = -a, f(1^+) =$ 2 (2) $a = -2$ (3) $0, 3$ 三、$x = \dfrac{p^2 - 100}{2p}, p > 0$ 四、间断点为 $x = 0, x = 3, x = -3$;可

去间断点为 $x=3$,跳跃间断点为 $x=0$,第二类间断点为 $x=-3$

自测题一

一、1. D 2. A 3. C 4. A 5. B   二、1. $(1,5]$ 2. $\sqrt{t^2+2t+2}$ 3. 1 4. $\infty,1$ 5. $[0,2)$ 三、1. 0 2. 1 3. $\dfrac{1}{2}$ 4. $\dfrac{1}{2}$ 四、$f(x)$ 的连续区间为 $[-1,0)\bigcup(0,+\infty)$,$x=0$ 是跳跃间断点   五、略

2   导数与微分

习题 2.1

1. (1) $\bar{v}=7+3\Delta t$ (2) $v(2)=7$ (3) $v(t)=6t-5$ 2. $c=Q'=0.1053+0.000142T,0\leqslant T\leqslant180$ 3. (1) $T'(t)$ 的符号为负,因为温度随时间逐渐降低 (2) $T'(15)$ 的单位是 ℃/min;$T'(15)=-2$ 表明在 $t=15$ min 时,再过 1 min 温度将大约降低 2℃ 4. (1) $y'=3x^2$ (2) $y'=-\dfrac{3}{x^4}$ (3) $y'=\dfrac{2}{3\sqrt[3]{x}}$ (4) $y'=\dfrac{4}{3}\sqrt[3]{x}$ (5) $y'=\dfrac{7}{8\sqrt[8]{x}}$ (6) $y'=\dfrac{1}{x\ln2}$

5. (1) $(1,1)$ 点 (2) 切线方程为 $2x-y-1=0$,法线方程为 $x+2y-3=0$

习题 2.2

1. (1) $y'=6x^2+\dfrac{3}{x}+\dfrac{2}{x^2}$ (2) $y'=\dfrac{5}{2}x\sqrt{x}-4x$ (3) $y'=\dfrac{\sqrt{x}(\ln x+2)}{2x}$ (4) $y'=\arctan x+\dfrac{x}{1+x^2}-\csc^2 x$ (5) $y'=\dfrac{1}{2x\sqrt{x}}(3x^2-x-1)$ (6) $y'=\tan x+x\sec^2 x+2\sec x\tan x$

(7) $y'=18x-12$ (8) $y'=\dfrac{2\sin x}{(1+\cos x)^2}$ (9) $r'=\dfrac{1}{2\sqrt{\varphi}}(\sin\varphi+2\varphi\cos\varphi)$

(10) $s'=2^t(\ln2\cdot\cos t-\sin t)$ 2. (1) -2 (2) $-\dfrac{1}{4}$ 3. $\left(-\dfrac{1}{2},\dfrac{9}{4}\right),4x-4y+11=0$

习题 2.3

1. (1) $y=u^2,u=\sin x,u^2,\sin x,2\sin x\cos x$ (2) $y=u^{-2},u=2x-1,u^{-2},2x-1,\dfrac{-4}{(2x-1)^3}$

(3) $x^2-1,\dfrac{2x}{x^2-1}$ 2. (1) $y'=-10(1-2x)^4$ (2) $y'=-3\sin\left(3x+\dfrac{\pi}{5}\right)$

(3) $y' = \cos(\tan x) \cdot \sec^2 x$　(4) $y' = -\dfrac{e^{\sqrt{x}}}{2\sqrt{x}}$　(5) $y' = 2\sin(4x+2)$

(6) $y' = \dfrac{3x^2 - 2}{4\sqrt[4]{(1-2x+x^3)^3}}$　(7) $u' = -\dfrac{8t^3}{(t^4-1)^3}$　(8) $y' = -e^{-3x}(3\cos 5x + 5\sin 5x)$

(9) $y' = \dfrac{3x^3 + 5x}{\sqrt{x^2+2}}$　3. (1) $\ln 10 - \dfrac{1}{\ln 10}$　(2) $6 - \dfrac{\pi}{2}$　(3) $\dfrac{\sqrt{2}}{2}$　4. 略

5. $\left(1, \dfrac{1}{e}\right), y = \dfrac{1}{e}$　6. $v = \dfrac{\mathrm{d}(m_0 - m)}{\mathrm{d}t} = m_0 k e^{-kt}, t \in [0, +\infty)$

习题 2.4

1. (1) $y' = \dfrac{x}{y}$　(2) $y' = \dfrac{y - e^{x+y}}{e^{x+y} - x}$　(3) $y' = \dfrac{y\cos x + \sin(x-y)}{\sin(x-y) - \sin x}$　(4) $y' = -\dfrac{y^2 e^x}{ye^x + 1}$

2. (1) $y' = (\ln x)^x \left[\ln(\ln x) + \dfrac{1}{\ln x}\right]$　(2) $y' = \dfrac{x^{\frac{3}{4}}\sqrt{x^2-1}}{(3x+2)^5}\left(\dfrac{3}{4x} + \dfrac{x}{x^2-1} - \dfrac{15}{3x+2}\right)$

3. (1) $\dfrac{\mathrm{d}y}{\mathrm{d}x} = \dfrac{1}{3(t^2-1)(t+1)}$　(2) $\dfrac{\mathrm{d}y}{\mathrm{d}x} = \cot\dfrac{t}{2}$　4. 略　5. $3x + y - 4 = 0$

习题 2.5

1. (1) $y'' = -\dfrac{1}{4(x-1)\sqrt{x-1}}$　(2) $y'' = 2\cos x - x\sin x$　(3) $y'' = \dfrac{3x+4}{4(x+1)\sqrt{x+1}}$

(4) $y'' = -\dfrac{9e^{x+y}}{(1+e^{x+y})^3}$　(5) $y'' = \sec^2 t \tan t$　2. (1) $y^{(n)} = a^x (\ln a)^n$　(2) $y^{(n)} = \dfrac{(-1)^n (n-2)!}{x^{n-1}}$

(3) $y^{(n)} = n!$　3. (1) $10, 12$　(2) $\dfrac{\pi}{2}, -\dfrac{\sqrt{3}}{6}\pi^2$

习题 2.6

1. $f(x) \approx 1 - \dfrac{1}{2}x, 0.99, 1.01$;图略　2. $0.242\,408, 0.24$　3. (1) $\mathrm{d}y = \mathrm{d}x$　(2) $\mathrm{d}y = -\mathrm{d}x$

4. (1) $\mathrm{d}y = \left(-\dfrac{1}{x^2} - \dfrac{1}{2\sqrt{x}}\right)\mathrm{d}x$　(2) $\mathrm{d}y = 3(1+2x)(1+x+x^2)^2\,\mathrm{d}x$　(3) $\mathrm{d}y = 3\sec^2 3x\,\mathrm{d}x$

(4) $\mathrm{d}y = (2x - x^2)e^{-x}\,\mathrm{d}x$　(5) $\mathrm{d}y = \dfrac{1}{2(x-1)}\,\mathrm{d}x$　(6) $\mathrm{d}y = -\dfrac{2x\sin 2x + \cos 2x}{x^2}\,\mathrm{d}x$　5. (1) 略

(2) $0.95, 1.18$　6. (1) $\dfrac{1}{2-3x}, -\dfrac{3}{2-3x}$　(2) $3\cos^2 x$　(3) $3x + C$　(4) $\dfrac{1}{2}x^2 + C$　(5) $\dfrac{2}{3}x^{\frac{3}{2}}$

$+C$　(6) $-\dfrac{1}{2}e^{-2t} + C$　(7) $\dfrac{1}{2}\sin 2x + C$

复习题二

A

一、1. $6x^2\sec^2 2x^3$ 2. 7 3. 1 4. $\sin(1-x)$ 5. $\dfrac{1}{x-1}\mathrm{d}x$ 6. $-\dfrac{1}{2}\cos 2x+C$ 7. e^{3x}, $3\mathrm{e}^{3x}$ 8. 1.01 9. $(\ln(\mathrm{e}-1),\mathrm{e}-1)$ 10. $\dfrac{\mathrm{d}T}{\mathrm{d}t}$ 二、1. D 2. A 3. D 4. B 5. B 6. C 7. B 8. D 9. C 10. B 三、1. √ 2. × 3. √ 4. × 5. × 6. × 7. × 8. × 9. × 10. √ 四、1. $y'=\mathrm{e}x^{\mathrm{e}-1}+\mathrm{e}^x$ 2. $y'=\dfrac{2x}{3(1-x^2)\sqrt[3]{1-x^2}}$ 3. $y'=\tan 2x+2x\sec^2 2x$ 4. $\dfrac{\mathrm{d}y}{\mathrm{d}x}=\dfrac{\cos t-\sin t}{\cos t+\sin t}$ 5. $y'=-\dfrac{\mathrm{e}^y+y\mathrm{e}^x}{x\mathrm{e}^y+\mathrm{e}^x}$ 五、1. $\mathrm{d}y=(\ln^2 x+2\ln x)\mathrm{d}x$ 2. $\mathrm{d}y=\dfrac{2}{\sqrt{1-4x^2}}\mathrm{d}x$ 六、1. $y''=12x-9\cos 3x$ 2. $y''=\dfrac{2x}{1+x^2}+2\arctan x$ 七、切线方程为 $2x-y-1=0$,法线方程为 $x+2y-3=0$

B

一、1. $\mathrm{d}y=\dfrac{2\sin^2 x-x^2}{(\cos x-x\sin x)^2}\mathrm{d}x$ 2. $\mathrm{d}y=\dfrac{1}{\sqrt{1+x^2}}\mathrm{d}x$ 3. $\mathrm{d}y=-\dfrac{\sin(x+y)}{1+\sin(x+y)}\mathrm{d}x$ 4. $\mathrm{d}y=\dfrac{y(x\ln y-y)}{x(y\ln x-x)}\mathrm{d}x$ 二、1. $\dfrac{\mathrm{d}^2 y}{\mathrm{d}x^2}=-\dfrac{2}{y^3}\left(1+\dfrac{1}{y^2}\right)$ $(y\neq 0)$ 2. $\dfrac{\mathrm{d}^2 y}{\mathrm{d}x^2}=-\dfrac{b}{a^2}\csc^3 t$ 三、$-1\,999!$ 四、(1) $\dfrac{1}{270}\mathrm{cm/min}$ (2) $\dfrac{4}{3}\,\mathrm{cm^2/min}$ 五、(1) 略 (2) 连续 (3) 可导 (4) $y-x+1=0$

自测题二

一、1. A 2. D 3. C 4. D 5. D 6. D 二、1. $(\ln 2)^3$ 2. $-\sec^2(1-x)\mathrm{d}x$ 3. 0 4. $(2x-3x^2)\mathrm{e}^{-3x}\mathrm{d}x$ 5. $-\sin t$ 6. $2x-3y+10=0$ 三、1. $y'=-15(2-3x)^4$ 2. $y'=\mathrm{e}^{-x}(-x^2+2x-2)$ 3. $y'=\dfrac{y\cos x+\sin(x-y)}{\sin(x-y)-\sin x}$ 四、1. $\mathrm{d}y\Big|_{x=\frac{a^2}{2}}=\dfrac{1}{a\sqrt{2-a^2}}\mathrm{d}x$ 2. $\mathrm{d}y=\dfrac{1}{2}\mathrm{d}x$ 五、1. $y''=\dfrac{2x}{(1+x^2)^2}$ 2. $y''=-\dfrac{\cos x}{2}$ 六、1. 117 84 g

3 导数的应用

习题 3.1

1. 略 2. $\xi=\ln(\mathrm{e}-1)$ *3. (1) 提示:令 $f(x)=\ln x$ (2) 提示:令 $f(x)=x^n$ 4. (1) 1

(2) $\dfrac{3}{2}$ (3) $\dfrac{3}{5}$ (4) $8\ln2$ (5) $\dfrac{3}{2}$ (6) $+\infty$ (7) 0 (8) 1

习题 3.2

1. (1) 单调递增区间 $(-\infty,-1]\bigcup[3,+\infty)$，单调递减区间 $[-1,3]$；极小值点 $x=3$，极小值 $y(3)=-13$；极大值点 $x=-1$，极大值 $y(-1)=19$ (2) 单调递增区间 $[-1,0]\bigcup[1,+\infty)$，单调递减区间 $(-\infty,-1]\bigcup[0,1]$；极小值点 $x=-1,1$，极小值 $y(-1)=y(1)=-6$；极大值点 $x=0$，极大值 $y(0)=-5$ (3) 单调递增区间 $\left[\dfrac{1}{2},+\infty\right)$，单调递减区间 $\left(0,\dfrac{1}{2}\right]$；极小值点 $x=\dfrac{1}{2}$，极小值 $y\left(\dfrac{1}{2}\right)=\dfrac{1}{2}+\ln2$；无极大值   (4) 单调递增区间 $(-\infty,1]$，单调递减区间 $[1,+\infty)$；极大值点 $x=1$，极大值 $y(1)=2$；无极小值   *2. 略   3. (1) 极小值点 $x=1$，极小值 $y(1)=-1$；极大值点 $x=0$，极大值 $y(0)=0$ (2) 极小值点 $x=2,x=-2$，极小值 $y(2)=y(-2)=-18$；极大值点 $x=0$，极大值 $y(0)=-2$ *4. $a=2$，是极大值，极大值为 $f\left(\dfrac{\pi}{3}\right)=\sqrt{3}$

习题 3.3

1. 略   2. (1) 最大值 11，最小值 -14 (2) 最大值 $\dfrac{5}{4}$，最小值 $\sqrt{6}-5$ (3) 最大值 $2\pi+1$，最小值 1   (4) 最大值 -29，最小值 -61 3. 25 和 25   4. 3 和 -3 5. 长宽均为 10 m   6. 长宽各为 13.5 m   7. 减去的小正方形边长为 5 cm   8. 底边 4 m，高 2 m   9. 350 元

习题 3.4

1. (1) 凹区间 $\left[\dfrac{5}{3},+\infty\right)$，凸区间 $\left(-\infty,\dfrac{5}{3}\right]$，拐点 $\left(\dfrac{5}{3},\dfrac{20}{27}\right)$ (2) 凹区间 $[1,+\infty)$ 与 $(-\infty,0]$，凸区间 $[0,1]$，拐点 $(0,1)$，$(1,0)$ (3) 凹区间 $[2,+\infty)$，凸区间 $(-\infty,2]$，拐点 $(2,2e^{-2})$ (4) 凹区间 $[-1,1]$，凸区间 $[1,+\infty)$ 与 $(-\infty,-1]$，拐点 $(-1,\ln2)$，$(1,\ln2)$ 2. 略
3. $a=-\dfrac{3}{2},b=\dfrac{9}{2}$

复习题三

A

一、1. $\dfrac{1}{2}\pi$ 2. $\dfrac{\sqrt{21}}{3}$ 3. $1-\cos x,(-\infty,+\infty)$ 4. 极大值   5. $f'(x_0)=0$ 6. $x=-1$，

4 7. 3, -1 8. 必要 9. $(-\infty, 2], (2, -15)$ 二、1. B 2. A 3. A 4. B 5. A
6. C 7. D 8. D 9. B 三、1. × 2. × 3. × 4. × 5. × 6. × 7. ×
8. × 9. × 四、1. $\dfrac{1}{4}$ 2. $\dfrac{1}{2}$ 3. 0 五、单调增区间$[3, +\infty)$, $(-\infty, 1]$, 单调减区间
$[1, 3]$, 极大值 $y(1) = 6$, 极小值 $y(3) = 2$, 凸区间$(-\infty, 2]$, 凹区间$[2, +\infty)$, 拐点$(2, 4)$
六、$a = -3, b = 0, c = 1$ 七、24 cm, 36 cm

B

一、提示：令 $F(x) = xf(x)$ 二、1. $-\dfrac{1}{2}$ 2. 1 三、提示：令 $F(x) = \dfrac{\tan x}{x}$ 四、$x =$
$\dfrac{a_1 + \cdots + a_n}{n}$ 五、最小值 -4, 最大值 0 六、$k = \pm\dfrac{\sqrt{2}}{8}$

自测题三

一、1. $\dfrac{3}{2}$ 2. 0 3. $(-\infty, +\infty)$ 4. $x = 1, 1$ 5. 凸的, 凹的, $(b, f(b))$ 6. 51, $-\dfrac{7}{3}$
二、1. D 2. D 3. B 4. C(提示：$f'(-1) = 0$, 当 $x < -1$ 时 $f'(x) < 0$, 当 $x > -1$ 时 $f'(x)$
> 0, 所以 $x = -1$ 是极小值点) 5. B 6. D 三、1. $\dfrac{\sqrt{3}}{3}$ 2. $+\infty$ 3. 1 四、提示：令 $F(x)$
$= 2\sqrt{x} - 3 + \dfrac{1}{x}$ 五、$f(x) = -2x^3 + 6x$, 图略 六、污水处理厂建在距甲城$(40 - 10\sqrt{3})$km 处

4 不定积分

习题 4.1

1. (1) $x^2 - \sin x, 2 + \sin x$ (2) C (3) $2F(x) + C$ (4) $H(x) + C$ 2. (1) $\dfrac{2}{5}x^{\frac{5}{2}} + C$
(2) $-\dfrac{1}{2x^2} + C$ (3) $4x + \dfrac{1}{3}x^3 - \dfrac{5}{4}x^4 + C$ (4) $3\mathrm{e}^x + 7\ln|x| + C$ (5) $2x^{\frac{1}{2}} - \dfrac{4}{3}x^{\frac{3}{2}} + \dfrac{2}{5}x^{\frac{5}{2}} + C$
(6) $x^3 + \arctan x + C$ (7) $\dfrac{2}{3}x^{\frac{3}{2}} - 3x + C$ (8) $-\cot x - \tan x + C$ (9) $-\dfrac{1}{x} - \arctan x + C$
(10) $\dfrac{(3\mathrm{e})^x}{\ln 3\mathrm{e}} + C$

习题 4.2

1. (1) $\dfrac{1}{2}$ (2) $\dfrac{1}{2}$ (3) $\dfrac{1}{3}\mathrm{e}^{3x}$ (4) $\ln|1 + x|$ (5) $\arctan x$ (6) $\dfrac{1}{2}\sin 2x$ 2. (1) $\dfrac{1}{2}\sin(2x$

$-1)+C$　(2)$-\dfrac{1}{2}\ln|1-2x|+C$　(3)$\dfrac{2}{3}(1+\ln x)^{\frac{3}{2}}+C$　(4)$\arcsin\dfrac{x}{2}+C$　(5)$\dfrac{1}{2}e^{x^2}+C$

(6)$-2(\sqrt{x}+\ln|1-\sqrt{x}|)+C$　(7)$2\sqrt{x-1}-2\arctan\sqrt{x-1}+C$　(8)$\sqrt{x^2+1}+C$

(9)$x\ln x-x+C$　(10)$-(x+1)e^{-x}+C$　(11)$\dfrac{1}{2}(1+x^2)\arctan x-\dfrac{1}{2}x+C$　(12)$4\cos\dfrac{x}{2}+$

$2x\sin\dfrac{x}{2}+C$　3. (1)$\dfrac{1}{3}\arctan\dfrac{x-2}{3}+C$　(2)$-\dfrac{1}{16}\sin 8x+\dfrac{1}{4}\sin 2x+C$　(3)$\dfrac{\sqrt{3}}{3}\arctan\left(\dfrac{\sqrt{3}}{3}\tan\dfrac{x}{2}\right)+$

C　(4)$-\dfrac{1}{4}\sin^3 x\cos x+\dfrac{3}{8}(x-\sin x\cos x)+C$　(5)$-\dfrac{1}{34}e^{-3x}(3\sin 5x+5\cos 5x)+C$

(6)$\dfrac{x}{2}\sqrt{3x^2-2}-\dfrac{\sqrt{3}}{3}\ln|\sqrt{3}x+\sqrt{3x^2-2}|+C$

习题 4.3

1. (1)是　(2)不是　(3)是　(4)是　2. (1)$(1-x)(1+y)=C$　(2)$y=C\sqrt{x^2+1}$

(3)$e^x+e^{-y}=C$　(4)$\ln y=Ce^{\arctan x}$　3. (1)$y=5x-2$　(2)$y=e^{\sqrt{x}-2}$　4. $y=2x^3$

习题 4.4

1. (1)$y=x^2+Cx$　(2)$y=(\tan x+C)\cos x$　(3)$y=\dfrac{\sin x+C}{x^2+1}$　(4)$y=\dfrac{x}{3}+\dfrac{C}{x^2}$

2. (1)$y=\dfrac{1}{x}(e^x+2-e)$　(2)$x=(\theta-\pi-1)\cos\theta$　3. $xy=6$　4. $T=10+800e^{-kt}$

复习题四

A

一、1. $x^2+\sin x+C$　2. $2e^{\sqrt{x}}+C$　3. $\ln x,\dfrac{\ln^2 x}{2}$　4. $-\dfrac{1}{3}\cos 3x+C$　5. $(2+x)xe^x$　6. 未知

函数的导数(或微分),函数,常数　7. 1,2　8. $y'=\dfrac{y}{x}$　9. $y=y^*+Y$　10. $e^{-x}+C$

二、1. D　2. B　3. B　4. A　5. B　6. D　7. A　8. B　9. C　10. D　三、1. ×

2. ×　3. √　4. ×　5. ×　6. √　7. ×　8. ×　9. √　10. ×　四、1. $e^x-\dfrac{x^2}{2}+C$

2. $\dfrac{1}{2}\arctan(2x)+C$　3. $\dfrac{4}{15}x^{\frac{15}{4}}+C$　4. $-\dfrac{1}{27}(1-3x)^9+C$　5. $\dfrac{x^2}{2}-\dfrac{1}{2}\ln|1+x^2|+C$

6. $2\arctan\sqrt{x}+C$　7. $2\sqrt{x-1}-2\arctan\sqrt{x-1}+C$　8. $-\sqrt{4-x^2}+C$　9. $\dfrac{1}{4}(2x-1)e^{2x}$

$+C$　10. $x\arcsin x+\sqrt{1-x^2}+C$　五、1. $y=C\sin x$　2. $y=\dfrac{1}{3}x^2-\dfrac{3}{2}x+1+\dfrac{C}{x}$

3. $x^2+y^2=10$　4. $y=x(\cos x+1)$　5. $y^2=2\ln|e^x-1|+C$　6. $y=(1+x^2)(x+C)$

六、$y=2(2e^x-x-1)$　七、$T=19e^{-0.9191t}+6,1$ 小时 42 分

B

一、1. $-2\sqrt{1+e^{-x}}+C$　2. $\ln x\cdot e^x+C$　3. $xe^{x^2+x}+C$　4. $\arctan x+\dfrac{1}{3}\arctan x^3+C$

5. $\dfrac{1}{4}\arcsin^2 x^2+C$　6. $\dfrac{\ln x}{1-x}-\ln\left|\dfrac{x}{1-x}\right|+C$　二、$2\sqrt{x}\ln x-4\sqrt{x}+C$　三、$\dfrac{e^{2x}(x-1)}{4x}+C$

四、略

自测题四

一、$\dfrac{3}{7}x^2\sqrt[3]{x}+C$　2. $y=Ce^{-\frac{x^2}{2}}$　3. $\dfrac{\sin x}{x}$　4. $2x^2-x+C$　5. $y=x(x+C)$　6. $-F(e^{-x})+C$

二、1. C　2. C　3. D　4. D　5. A　6. D　三、1. $\dfrac{1}{2}x^2+3x+C$　2. $-\dfrac{1}{2}e^{-x^2}+C$

3. $\dfrac{1}{2}\arctan x^2+C$　4. $\dfrac{1}{3}\ln\left|\dfrac{x-2}{x+1}\right|+C$　5. $2[\sqrt{1+x}-\ln(1+\sqrt{1+x})]+C$　6. $\dfrac{x}{\sqrt{1-x^2}}$

$+C$　四、1. $e^y=\dfrac{1}{2}e^{2x}+\dfrac{1}{2}$　2. $y^2=Ce^{-\frac{1}{x}}-1$　3. $y=x(\ln|\ln x|+C)$　4. $y=\dfrac{x^3}{2}+Cx$

五、$y=x(C-2\ln|x|)$　六、约 17.28 万人

5　定积分及其应用

习题 5.1

1. (1) $\displaystyle\int_1^2 x^2 dx$　(2) $\displaystyle\int_2^6(2t+1)dt$　(3) 0　(4) $2,-1,$正号　(5) $b-a$　2. (1) A　(2) C

(3) D　3. (1) $A=\displaystyle\int_0^{\frac{\pi}{2}}\cos x dx-\int_{\frac{\pi}{2}}^{\frac{3\pi}{2}}\cos x dx$　(2) $A=\displaystyle\int_1^2\ln x dx$　(3) $A=\displaystyle\int_a^b[f(x)-$

$g(x)]dx$　(4) $A=\displaystyle\int_0^1(1-x^2)dx$　4. (1) $\dfrac{3}{2}$　(2) 4π　(3) 0　(4) $\dfrac{\pi}{2}$　5. (1) $[2,5]$

(2) $[0,\pi]$　6. (1) $\geqslant$　(2) $\leqslant$　7. $\bar{v}=9$ m/s

习题 5.2

1. (1) $\sqrt{1+x}$　(2) $-\cos x$　(3) $2x\sin^2 x^2$　(4) $1+x^2$　(5) 0　(6) $-2e^{-4x^2}$

2. (1) $2(\sqrt{2}-1)$　(2) $\dfrac{40}{3}$　(3) $\dfrac{\pi}{6}$　(4) $\dfrac{\pi}{12}$　(5) $1-\dfrac{\pi}{4}$　(6) -1　(7) $\dfrac{\pi}{4}+\dfrac{1}{2}$　(8) $\dfrac{1}{2}$

(9) $\dfrac{\pi}{12}+1-\dfrac{\sqrt{3}}{3}$　(10) 2

习题 5.3

1. (1) $\dfrac{8}{3}$ (2) $\dfrac{1}{2}$ (3) $\dfrac{\pi}{12}$ (4) $3\ln3$ (5) $\dfrac{1}{3}$ (6) 1 (7) $1-\dfrac{2}{e}$ (8) 1

2. $-(\pi\ln\pi+\sin1)$

习题 5.4

(1) 收敛，$\dfrac{1}{2}$ (2) 发散 (3) 发散 (4) 收敛，$\dfrac{\pi}{4}$ (5) 收敛，2 (6) 收敛，0

习题 5.5

1. (1) $\dfrac{3}{2}-\ln2$ (2) $\dfrac{9}{2}$ (3) $e+\dfrac{1}{e}-2$ (4) 3

2. (1) $\dfrac{\pi^2}{2}$ (2) $\dfrac{96}{5}\pi$ (3) $\dfrac{4}{3}\pi ab^2,\dfrac{4}{3}\pi a^2 b$ (4) $160\pi^2$

复习题五

A

一、1. $0,\dfrac{1}{3}$ 2. 0 3. $\dfrac{2}{\pi}$ 4. 18 m 5. $\dfrac{9}{4}\pi$ 6. 1 7. 2 8. $-\int_1^3 f(x)\mathrm{d}x+\int_3^5 f(x)\mathrm{d}x-$ $\int_5^6 f(x)\mathrm{d}x$ 9. e^2 10. e 二、1. C 2. B 3. D 4. D 5. D 6. B 7. C 8. C

9. C 10. A 三、1. × 2. × 3. × 4. √ 5. √ 6. √ 7. × 8. × 四、1. $-\dfrac{1}{2}$

2. $2-\dfrac{\pi}{2}$ 3. $\dfrac{3}{2}$ 4. $\dfrac{5}{3}$ 5. $\dfrac{3}{25}$ 6. 1 7. $\dfrac{2}{3}$ 8. 1 五、$\dfrac{3}{2}-\ln2$ 六、$\dfrac{5}{12},\dfrac{5}{14}\pi$

B

一、$\dfrac{1}{2e}$ 二、$\ln(1+e)$ 三、证明略，$\dfrac{\pi^2}{4}$

自测题五

一、1. $0,1$ 2. 0 3. 8 4. $>,<$ 5. $2x\tan x^2$ 二、1. C 2. D 3. C 4. C 5. A

三、1. $\dfrac{\ln2}{2}$ 2. $\dfrac{1}{6}$ 3. $1+\ln2-\ln(1+e)$ 4. $\dfrac{\pi}{6}$ 5. 0 6. $\dfrac{1}{3}$ 四、(1) $3\ln3-2$

(2) $(9\ln3-4)\pi$

参考文献

1. 吴学澄,黄炳生主编. 高等数学. 南京:东南大学出版社,1999
2. 龚成通主编. 大学数学应用题精讲. 上海:华东理工大学出版社,2006
3. James Stewart 著;白峰杉主译. 微积分(上、下册). 北京:高等教育出版社,2004
4. 张银生,安建业主编. 微积分. 北京:中国人民大学出版社,2004
5. 工科中专数学教材编写组. 数学(三、四册). 第 3 版. 北京:高等教育出版社,1995
6. 辽宁省中专数学教材编写组. 中专数学的例题与习题. 北京:高等教育出版社,1997
7. 宣立新主编. 高等数学(上、下册). 北京:高等教育出版社,1999
8. 同济大学应用数学系主编. 高等数学(上、下册). 第 5 版. 北京:高等教育出版社,2002
9. 王升瑞,张晓宁,朱开永编. 高等数学. 第 3 版. 徐州:中国矿业大学出版社,2003